全国电力高职高专“十二五”规划教材
电力技术类（动力工程）专业系列教材

中国电力教育协会审定

泵与风机

全国电力职业教育教材编审委员会　组　编
江文贱　杜中庆　主　编
徐艳萍　王海瑛　副主编
毛正孝　主　审

中国电力出版社
CHINA ELECTRIC POWER PRESS

内 容 提 要

本书为全国电力高职高专“十二五”规划教材 电力技术类（动力工程）专业系列教材。

全书分为四个情境，共十一个学习任务。学习情境一为泵与风机的初步认识，通过参观火力发电厂或火力发电厂全厂模型，让学生了解泵与风机在火力发电厂的应用。学习情境二和学习情境三为泵与风机的结构认识，通过动手拆装泵或风机，让学生了解泵与风机的结构、泵与风机各组成部件及其装配关系。学习情境四是泵与风机的运行，通过仿真运行，学习如给水泵、送风机、引风机等火力发电厂中大型泵与风机启停、运行监控和常见故障现象及其处理等知识。

本书可作为高职高专电力技术类电厂热能动力装置、火力发电厂集控运行专业的教材，也可供相关专业技术人员参考。

图书在版编目（CIP）数据

泵与风机/江文贱，杜中庆主编；全国电力职业教育教材编审委员会组编．—北京：中国电力出版社，2014.8

全国电力高职高专“十二五”规划教材．电力技术类（动力工程）专业系列教材

ISBN 978-7-5123-5844-7

Ⅰ.①泵… Ⅱ.①江…②杜…③全… Ⅲ.①泵－高等职业教育－教材②鼓风机－高等职业教育－教材 Ⅳ.①TH3 ②TH44

中国版本图书馆 CIP 数据核字（2014）第 083182 号

中国电力出版社出版、发行

（北京市东城区北京站西街 19 号 100005 http://www.cepp.sgcc.com.cn）

汇鑫印务有限公司印刷

各地新华书店经售

*

2014 年 8 月第一版 2014 年 8 月北京第一次印刷

787 毫米×1092 毫米 16 开本 12.5 印张 296 千字

定价 **26.00** 元

全国电力职业教育教材编审委员会

动力工程专家组

组　长　李勤道　何新洲

副组长　杨建华　董传敏　朱　飙　杜中庆

成　员　（按姓氏笔画顺序）

丁　力　阮予明　齐　强　佟　鹏　屈卫东　武　群

饶金华　黄定明　黄蔚雯　盛国林　龚在礼　操高城

曾旭华　潘汪杰

本书编写组

组　长　江文贱

副组长　杜中庆

组　员　徐艳萍　王海瑛　王国忠　刘森林

出　版　说　明

为深入贯彻《国家中长期教育改革和发展规划纲要》（2010—2020）精神，落实鼓励企业参与职业教育的要求，总结、推广电力类高职高专院校人才培养模式的创新成果，进一步深化“工学结合”的专业建设，推进“行动导向”教学模式改革，不断提高人才培养质量，满足电力发展对高素质技能型人才的需求，促进电力发展方式的转变，在中国电力企业联合会和国家电网公司的倡导下，由中国电力教育协会和中国电力出版社组织全国14所电力高职高专院校，通过统筹规划、分类指导、专题研讨、合作开发的方式，经过两年时间的艰苦工作，编写完成本套系列教材。

全国电力高职高专“十二五”规划教材分为电力工程、动力工程、实习实训、公共基础课、工科基础课、学生素质教育六大系列。其中，动力工程专业系列汇集了电力行业高等职业院校专家的力量进行编写，各分册主编为该课程的教学带头人，有丰富的教学经验。教材以行动导向形式编写而成，既体现了高等职业教育的教学规律，又融入电力行业特色，适合高职高专的动力工程专业教学，是难得的行动导向式精品教材。

本套教材的设计思路及特点主要体现在以下几方面。

（1）按照“项目导向、任务驱动、理实一体、突出特色”的原则，以岗位分析为基础，以课程标准为依据，充分体现高等职业教育教学规律，在内容设计上突出能力培养为核心的教学理念，引入国家标准、行业标准和职业规范，科学合理设计任务或项目。

（2）在内容编排上充分考虑学生认知规律，充分体现“理实一体”的特征，有利于调动学生学习积极性，是实现“教、学、做”一体化教学的适应性教材。

（3）在编写方式上主要采用任务驱动、项目导向等方式，包括学习情境描述、教学目标、学习任务描述、任务准备、相关知识等环节，目标任务明确，有利于提高学生学习的专业针对性和实用性。

（4）在编写人员组成上，融合了各电力高职高专院校骨干教师和企业技术人员，充分体现院校合作优势互补，校企合作共同育人的特征，为打造中国电力职业教育精品教材奠定了基础。

本套教材的出版是贯彻落实国家人才队伍建设总体战略，实现高端技能型人才培养的重要举措，是加快高职高专教育教学改革、全面提高高等职业教育教学质量的具体实践，必将对课程教学模式的改革与创新起到积极的推动作用。

本套教材的编写是一项创新性的、探索性的工作，由于编者的时间和经验有限，书中难免有疏漏和不当之处，恳切希望专家、学者和广大读者不吝赐教。

全国电力职业教育教材编审委员会

前　言

理实一体化教学是将理论和实践相融合的一体化教学法。它提倡以学生为主体，教师为主导，在设定的教学情境中完成教学任务和教学目标。按照理实一体化的教学思想，本书设置了四个情境，每个情境设有若干个任务，将泵与风机相关的理论知识融入到实际任务中。完成任务后，既培养了学生的动手能力，又学习了相关的理论知识，整个教学过程中理论和实践交替进行，真正做到边教、边学、边做。在编写过程中，特别注意理论知识以必需够用为原则，剔除了一些繁琐的理论分析。

本书由江西电力职业技术学院江文贱和杜中庆主编，江文贱编写了学习情境二，杜中庆编写了学习情境四，保定电力职业技术学院王海瑛编写了学习情境一，江西电力职业技术学院徐艳萍编写了学习情境三。扬州第二发电厂王国忠和渭河发电厂刘森林两位专家在本书的编写过程中给予了大力支持，在此表示感谢。由江文贱对全部内容进行统稿和修改。

本书由国网技术学院毛正孝主审，感谢毛老师提出的宝贵意见。

由于编者水平有限，书中难免存在缺点和不足，敬请读者批评指正。

编　者

2014 年 6 月

目 录

学习情境一

泵与风机的初步认识

【学习情境描述】

本学习情境首先是在具有现场氛围的各类泵与风机的模型室或各类泵与风机的热机实训室中，组织学生观看人们生活、社会各行各业生产经营和火力发电厂生产中的泵与风机等多媒体教学片（条件许可时，可以参观火力发电厂的方式进行），激发学生学习泵与风机的动力和热情。然后，在教师指导下，进行小组讨论、课堂发言等，学习泵与风机的定义、原理、作用和类型，认识学习泵与风机的意义。最后，要求在泵与风机性能试验实训室中，以识读泵与风机的铭牌来引领学生完成泵与风机某一高效工况下性能参数的数据收集、计算及泵与风机型号的查阅解读。

【教学环境】

具有利于师生互动和多媒体教学功能的模型室或热机实训室（条件许可时，最好能有可供参观的火力发电厂）。室内布置尽可能分区、分片，模拟泵与风机运检现场实际，营造浓厚的生产氛围。室内应有各种各样泵与风机的模型和实物，并至少有一台水泵或风机的性能试验台；备有相关的、齐全的教学光盘、动画和幻灯片，火力发电厂热力部分的系统简图，泵与风机的图纸、规程、制度、说明书、工作票、操作票、指导书等技术和管理资料以及有关管理看板、与实物对应的挂图、安全文明生产标语等实物。

任务一　泵与风机类型的认识

【教学目标】

一、知识目标

（1）掌握泵与风机的定义，知道它们在社会生活和生产中的应用。

（2）了解泵与风机的分类方法。

（3）理解各类泵或风机的工作原理。

二、能力目标

（1）能识读火力发电厂系统简图，从中找到电厂常用泵或风机，并说明它们的作用及特点。

（2）能根据泵与风机的外形和结构简图，判别火力发电厂常用泵与风机的类型，说明它们的工作原理及主要特点。

（3）能在火力发电厂生产过程视频中，找到电厂各类常用的泵或风机，并介绍它们的主要特点。

【任务描述】

本任务主要是在教师指导下，观看各种泵和风机的多媒体视频教学片及各种泵与风机的模型与实物，查阅相关知识和有关资料，并配合有关火力发电厂系统简图、各种泵与风机结构简图的识读及必要的讨论，掌握火力发电厂常用泵与风机类型识别，并具有简单介绍的能力。

【任务准备】

了解学生对泵与风机类型、原理、作用的认识基本情况，初步制订任务实施方案。合理分配教学时间，并适时组织讨论，回答以下问题。

（1）什么是泵与风机？

（2）泵与风机的应用包括哪些方面？

（3）泵与风机可以怎样分类？

（4）泵与风机工作原理分别是什么？按照工作原理怎样分类？

（5）按照流体在叶片式泵与风机叶轮中流出的方向又可以把叶片式泵与风机分为哪几类？其流动方向有什么区别？

（6）离心式泵与风机的工作原理分别是什么？

（7）轴流式泵与风机的工作原理分别是什么？

（8）混流式泵与风机的工作原理分别是什么？

（9）电厂常用的泵与风机有哪些？识读火力发电厂系统图，从中找到电厂常用的泵或风机。

（10）给水泵在电厂中安装在哪里？作用是什么？有哪些工作特点？

（11）凝结水泵在电厂中安装在哪里？作用是什么？有哪些工作特点？

（12）循环水泵在电厂中安装在哪里？作用是什么？有哪些工作特点？

（13）强制炉水循环泵在电厂中安装在哪里？作用是什么？有哪些工作特点？

（14）灰渣泵在电厂中安装在哪里？作用是什么？有哪些工作特点？

（15）送风机在电厂中安装在哪里？作用是什么？有哪些工作特点？

（16）引风机在电厂中安装在哪里？作用是什么？有哪些工作特点？

（17）排粉风机在电厂中安装在哪里？作用是什么？有哪些工作特点？

（18）再循环风机在电厂中安装在哪里？作用是什么？有哪些工作特点？

【任务实施】

本任务建议分组进行，以每6人为一小组，每组选一组长，以工作小组形式展开，组内成员讨论、协调配合完成指定的任务。

本任务如在电厂现场进行实习，要求学生统一着装，整队进入现场，严明实习纪律，听从指挥，规范操作，标准作业。未经现场师傅及指导老师同意，不得乱动任何设备，以免造成事故。任务完成后要求学生听从指挥，清理工具，整队离开现场。

本任务实施过程中，教师需密切观察学生情况并适时给予指导。建议本任务按以下主要步骤实施：

（1）观看社会生活和生产经营中泵与风机的教学视频。

（2）讨论泵与风机的定义和应用。

（3）预习相关知识部分，并识读火力发电厂热力部分的系统简图，从中找到电厂常用的泵或风机。

（4）观看教学视频《火力发电厂生产过程中的泵与风机》。

（5）分组讨论，在电厂中各类常用泵或风机的安装位置、作用及特点。

（6）观看各类泵与风机工作原理动画片和结构示意图幻灯片，讨论泵与风机的工作原理、结构特点，并针对泵与风机的类型，认真撰写学习小结。

（7）如在电厂实习，则可将对泵与风机分类认识的心得体会，撰写于实训报告中。

【相关知识】

一、泵与风机及其在国民经济中的地位和应用

泵与风机是将原动机的机械能转换成流体的能量，以达到输送流体或造成流体循环流动等目的的一种动力设备，输送液体的是泵，输送气体的是风机。液体和气体均属流体，故泵与风机也称为流体机械。

泵与风机是在人类社会生活和生产的需要中产生和发展起来的，是应用较早的机械之一。当今社会，泵与风机在国民经济的各部门应用十分广泛。例如：农业中的排涝、灌溉；石油工业中的输油和注水；化学工业中的高温、腐蚀性流体的排送；采矿工业中的坑道的通风与排水；冶金工业中冶炼炉的鼓风及流体的输送，航空航天中的卫星上天、火箭升空和超声速飞机的翱翔蓝天；其他工业和人们日常生活中的采暖通风、城市的给水排水等都离不开泵与风机。统计表明，在全国的总用电量中，约有1/3是泵与风机消耗的。由此可见，泵与风机在我国国民经济建设中占有重要的地位。

二、泵与风机在火力发电厂中的应用

在火力发电厂中，泵与风机是最重要的辅助设备，担负着输送各种流体，以实现电力生产热力循环的任务，火力发电厂系统简图如图1-1所示。

其中锅炉、汽轮机和发电机是电能生产的主要设备。电力生产的基本过程是：燃料在锅炉炉膛中燃烧产生的热量将给水加热成为过热蒸汽；过热蒸汽进入汽轮机膨胀做功，推动汽轮机转子旋转带动发电机发电。做过功的乏汽排入凝汽器冷却成凝结水，凝结水由凝结水泵升压，通过除盐装置、再通过升压泵升压，经低压加热器后进入除氧器；再经前置泵、给水泵升压，经高压加热器、省煤器后送入锅炉重新加热成为过热蒸汽。

从图1-1中可以看出，在电力生产过程中，需要许多泵与风机同时配合主要设备工作，才能使整个机组正常运行。如炉膛燃烧的煤粉需要排粉机或一次风机送入；燃料燃烧所需要的空气需要送风机送入；炉内燃料燃烧后的烟气需要引风机排出；向锅炉供水需要给水泵；向汽轮机凝汽器输送冷却水需要循环水泵；排送凝汽器中凝结水需要凝结水泵；排送热力系统中某些疏水需要疏水泵；为了补充管路系统的汽水损失，又需要补给水泵；排除锅炉燃烧后的灰渣需要灰渣泵和冲灰水泵；供给汽轮机调节系统、保安系统及轴承润滑用油的主油泵；供各冷却器、泵与风机、电动机轴承等冷却用水的工业水泵。此外，还有辅助油泵，

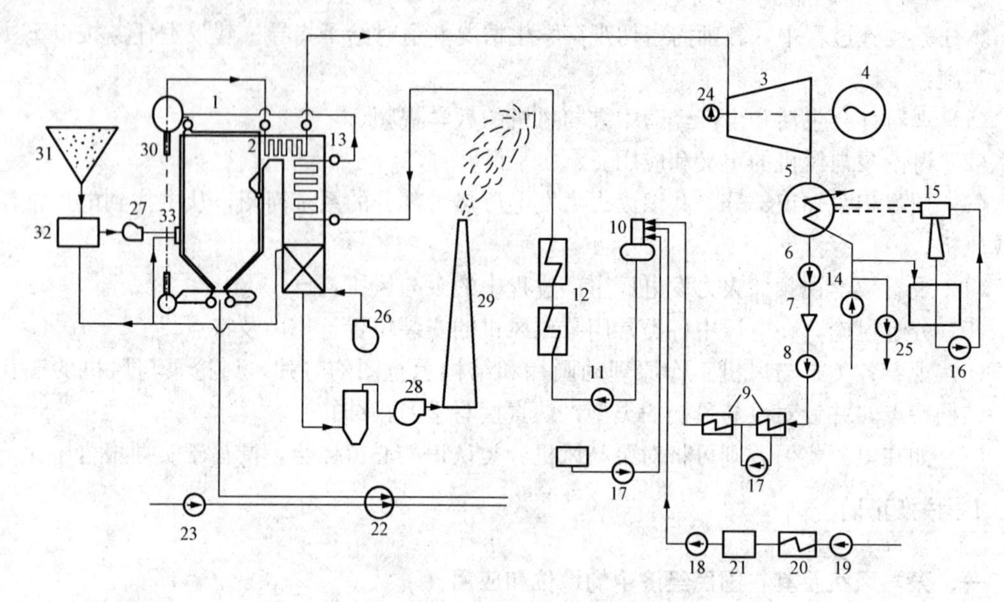

图1-1 火力发电厂系统简图

1—锅炉汽包；2—过热器；3—汽轮机；4—发电机；5—凝汽器；6—凝结水泵；7—除盐装置；8—升压泵；9—低压加热器；10—除氧器；11—给水泵；12—高压加热器；13—省煤器；14—循环水泵；15—射水抽气器；16—射水泵；17—疏水泵；18—补给水泵；19—生水泵；20—生水预热器；21—化学水处理设备；22—灰渣泵；23—冲灰水泵；24—油泵；25—工业水泵；26—送风机；27—排粉风机；28—引风机；29—烟囱；30—下降管；31—原煤仓；32—磨煤机；33—喷燃器

交、直流润滑油泵，顶轴油泵，发电机的密封油泵，化学分场的各种水泵，汽包的加药泵，各种冷却风机等。

总之，泵与风机在火力发电厂中应用极为广泛，起着极其重要的作用。其正常运行与否，直接影响火力发电厂的安全、经济运行。泵与风机发生故障，就有可能引起停机、停炉的重大事故，造成巨大的经济损失。例如，现代的大型锅炉，容量大，汽包的水容积相对较小，如果锅炉给水泵发生故障而中断给水，则汽包会在1～2min的时间内“干锅”而迫使停炉、停机。另外，由于泵和风机用途广泛、数量大，其耗电量约占全国发电量的20%～30%。在火力发电厂，厂用电量约占电厂发电量的10%左右，泵和风机耗电量又占厂用电量的70%～80%。由此可见，泵与风机对电厂的安全、经济运行起着十分重要的作用。

三、泵与风机的分类

泵与风机的应用广泛，种类繁多，分类方法也有多种，但主要是按工作原理进行分类。

（一）按产生的压头分类

泵与风机按其产生的压强大小分为不同的类型，见表1-1。

表1-1　　泵与风机按产生的压强大小分类

名称	类型	压 强 范 围
泵	低压泵	<2MPa
	中压泵	2～6MPa
	高压泵	>6MPa

续表

名称	类型	压强范围	
风机	通风机（<15kPa）	低压离心通风机	<1kPa
		中压离心通风机	1～3kPa
		高压离心通风机	3～15kPa
		低压轴流通风机	<0.5kPa
		高压轴流通风机	0.5～5kPa
	鼓风机	15～340kPa	
	压气机	>340kPa	

（二）按泵与风机在生产中的作用不同分类

在火力发电厂中，按泵与风机在生产中的作用不同分类有给水泵、凝结水泵、循环水泵、主油泵、疏水泵、灰渣泵、送风机、引风机、排粉风机等。

（三）按工作原理分类

泵与风机按照工作原理分类如下：

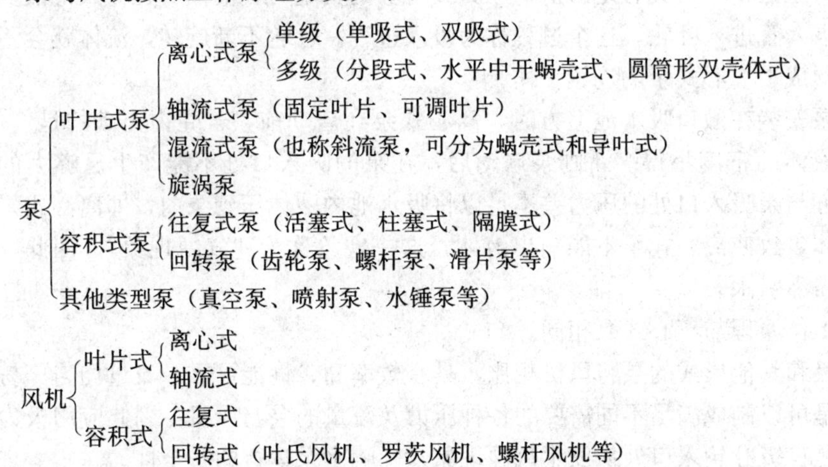

由于叶片式泵与风机的应用最广，因此重点介绍叶片式泵与风机的工作原理。

1. 叶片式泵与风机

叶片式泵与风机是指依靠装在旋转轴上叶轮的叶片的旋转，对流体做功来提高流体能量，从而输送流体的泵与风机。

根据流体在其叶轮内的流动方向和所受力的性质不同又分为离心式、轴流式和混流式三种形式。

（1）离心式泵与风机。离心式泵与风机的工作原理是利用工作叶轮的旋转运动产生惯性离心力，借离心力的作用，输送流体，并提高其能量。流体沿轴向进入叶轮，转90°后沿径向流出，如图1-2所示。

图1-2（a）所示为离心式泵示意图，叶轮1装在泵轴上，一起放入螺旋形压水室2内，在泵壳内充满液体的情况下，当原动机带动叶轮旋转时，叶轮中的叶片对其中的液体做功，迫使液体旋转而获得了惯性离心力，使其从入口到出口的压力（能）增大；同时，液体从入

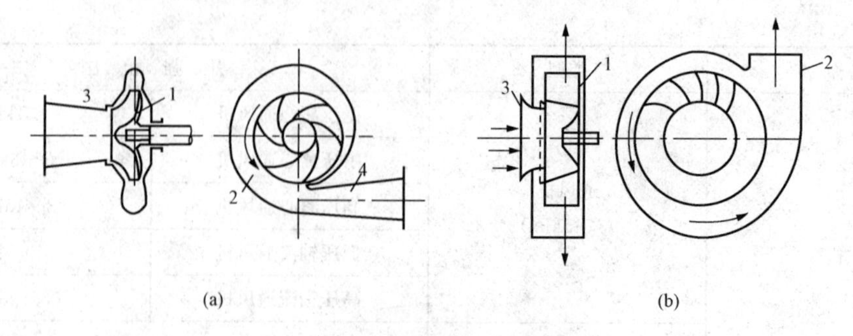

图 1-2 离心式泵与风机结构示意图

（a）离心式泵示意图

1—叶轮；2—压水室；3—吸水室；4—扩压管

（b）离心式风机示意图

1—叶轮；2—机壳；3—集流器

口流向出口的流速（动能）也会增大。在惯性离心力的作用下，叶轮出口处的高能液体进入泵壳，再由压出管排出，这个过程称为压出过程。与此同时，由于叶轮中的液体流向外缘，在叶轮中心形成了低压区，当它具有足够低的压力或足够的真空时，液体将在吸入池液面压力的作用下，经过吸入管进入叶轮，这个过程称为吸入过程。叶轮不断旋转，流体就会不断地被压出和吸入，形成了离心式泵的连续工作。

应当指出，当泵安装在敞口吸水池上方时，离心式泵在启动前，若壳内充满的是气体，由于气体的密度比液体的密度小得多，则泵启动后，在泵的吸入口处不能产生足够大的真空，这样吸水池上方与泵吸入口处的压力差不足以将吸水池内液体压到泵内，即离心式泵无法吸入水池内的液体，致使离心式泵不能输出液体，这一现象称为“气缚现象”。因此，离心式泵在启动前还需灌引水。

离心式风机的工作原理与离心式泵相同。

离心式泵与风机和其他形式的泵与风机相比，具有效率高、性能可靠、流量均匀、易于调节等优点。特别是可以制成满足不同需要的各种压力及流量的泵与风机，因此应用极为广泛。但其不足之处是首级叶轮入口处易发生汽蚀现象，影响水泵运行的安全性。

离心式泵是应用最广的泵，它种类繁多，故可以按下列方法对离心式泵进行分类：

1）按叶轮个数分为单级泵和多级泵。单级泵是只有一个叶轮的离心式泵，如图 1-4 所示。

多级泵是在同一轴上装有两个或两个以上叶轮的离心式泵，如图 1-3 所示。这种泵工作时，液体顺序地通过泵轴上的各个叶轮。液体每经过一个叶轮，能头便提高一次，其通过泵所获得的总能头等于在各个叶轮中提高能头的总和。

2）按叶轮吸入液体的方式分为单吸泵和双吸泵。

单吸泵是叶轮一侧有液体吸入口的离心式泵，如图 1-3 所示。

双吸泵是叶轮两侧各有一个液体吸入口，且相互对称的离心式泵，如图 1-4 和图 1-5 所示。

3）按泵体接合形式分为分段式多级泵、圆筒形多级泵和中开式泵。

分段式多级泵是将各级泵体在与主轴垂直的平面上依次接合，节段之间用螺栓紧固的离

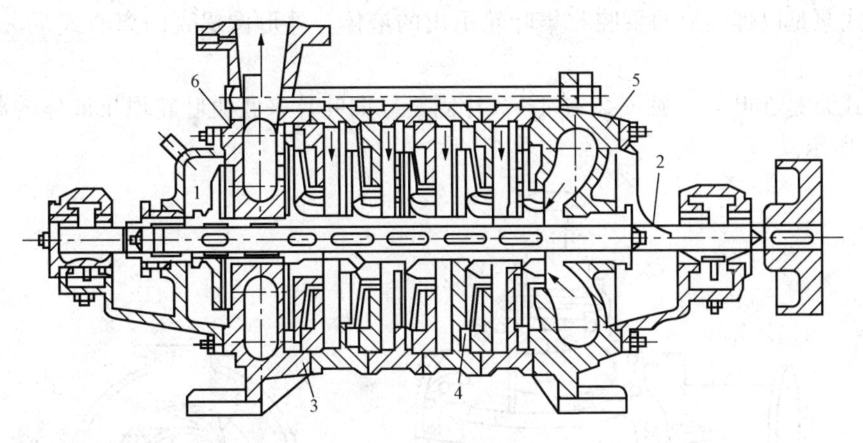

图 1-3　多级离心式泵

1—平衡盘；2—轴；3—叶轮；4—导叶；5—吸水盘；6—排水盘

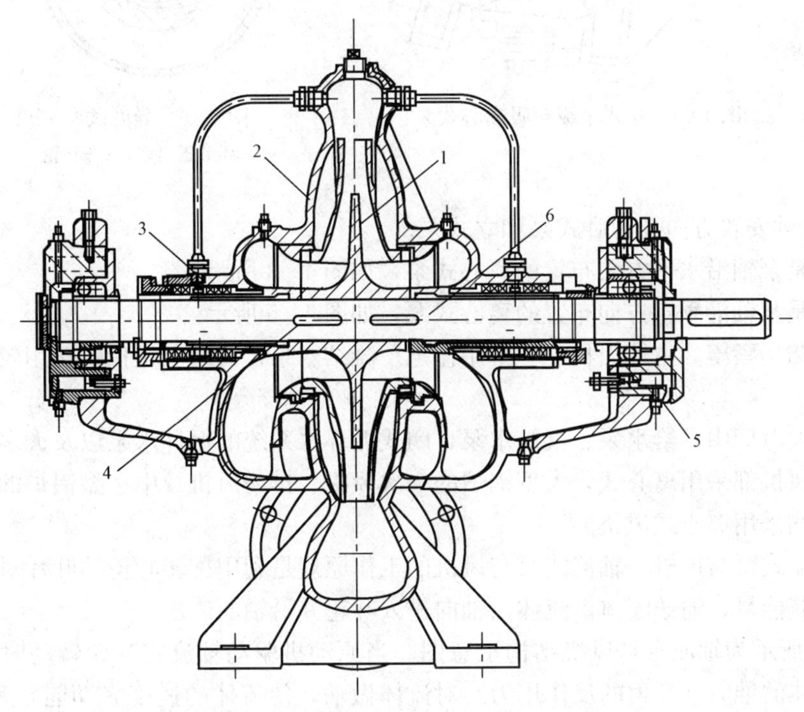

图 1-4　单级双吸水平中开式离心式泵

1—叶轮；2—泵壳；3—填料密封；4—键；5—轴承体；6—轴

心式泵，如图 1-3 所示。

圆筒形多级泵具有内、外双层壳体，外壳体是一个圆筒形整体，节段式的内壳体与转子组成一个完整的组合体，装入外壳体内。

中开式泵的泵体是在通过泵轴中心线的平面接合的离心式泵，如图 1-4 所示。按接合面的位置又可分为水平中开式（如图 1-4 所示）和垂直中开式（如图 1-5 所示）。

4）按收集叶轮甩出液体的方式分为蜗壳式泵和导叶式泵。

蜗壳式泵是以螺旋形的泵腔收集叶轮甩出的液体、外形像蜗壳的离心式泵，如图 1-2（a）所示。

导叶式泵是在叶轮外圆安装有 4～7 片固定导向叶片来收集叶轮甩出液体的离心式泵，如图 1-6 所示。

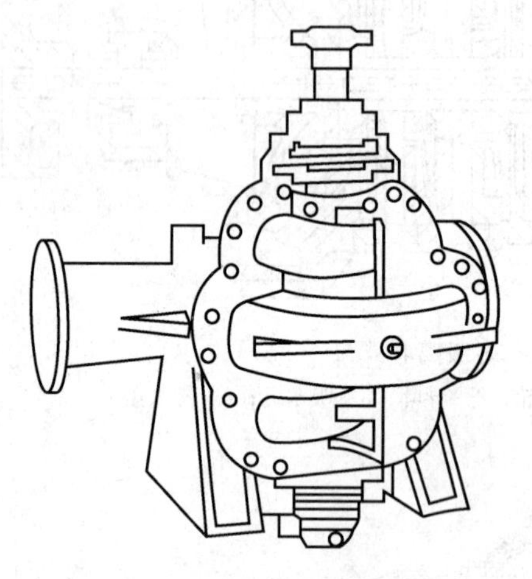

图 1-5 立式单级双吸离心式泵

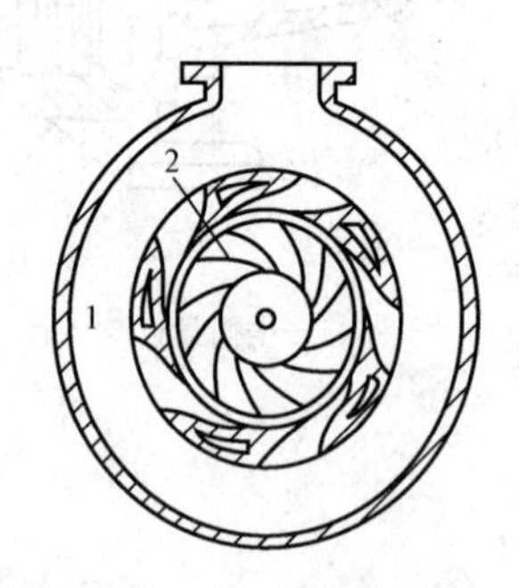

图 1-6 导叶式泵

1—环形压出室；2—叶轮

5）按泵轴安置方向分为卧式泵和立式泵。

卧式泵是泵轴沿水平方向布置的离心式泵，如图 1-3 所示。

立式泵是泵轴沿垂直方向布置的离心式泵，如图 1-5 所示。

立式泵结构紧凑，占地面积小，常用作电厂凝结水泵；其缺点是投资费用较高，检修比较麻烦。

在火力发电厂中，给水泵、凝结水泵、闭式循环水系统的循环水泵以及大多数其他用途的泵和排粉风机都采用离心式，大型锅炉的一次风机、排粉风机及中小型锅炉的送风机、引风机等一般均采用离心式风机。

（2）轴流式泵与风机。轴流式泵与风机的工作原理是利用旋转叶轮的叶片对流体作用的升力来提高其能量，输送流体。流体沿轴向进入叶轮并沿轴向流出。

图 1-7 所示为轴流泵与风机结构示意图，当原动机驱动轴流式叶轮转动时，旋转的叶片作用于流体的推力（升力的反作用力）对流体做功，使流体的速度（动能）和压力（能）从叶片入口到出口增大。在叶轮中获得能量的流体从叶片出口沿轴向流出，经过导叶等部件进入压出管道。同时，叶轮进口处形成了低压区，流体被吸入。只要叶轮不断地旋转，流体就会不断地被压出和吸入，形成轴流式泵与风机的连续工作。

轴流式泵与风机具有结构紧凑、外形尺寸小、质量轻、动叶可调、流量大的优点；其不足是产生的压头低，工作稳定性较离心式差。

轴流式泵与风机适合于大流量、低压头的管道系统选用。大型火力发电厂中常用作凝汽器的循环冷却水泵及锅炉的送风机、引风机等。

（3）混流式泵。其是工作性能介于轴流式和离心式水泵之间的一种叶片式泵。

图 1-8 所示为混流式泵结构示意图，混流式泵因流体是沿介于轴向与径向之间的圆锥

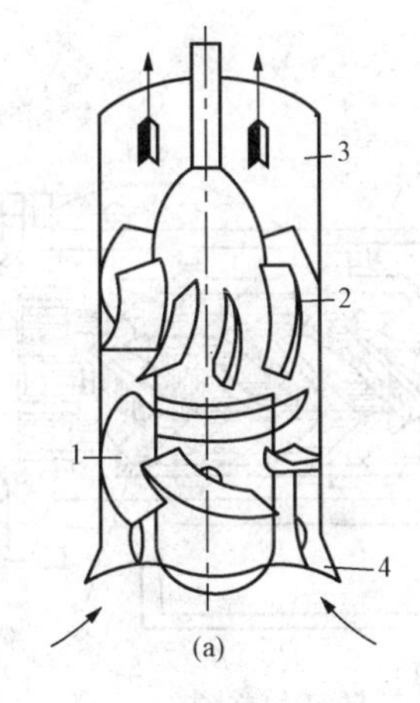

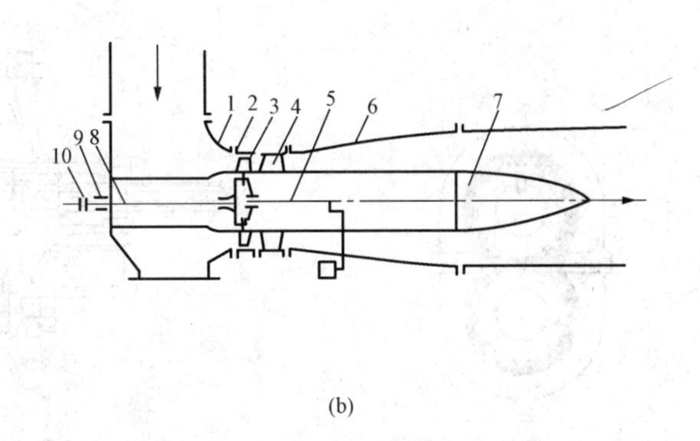

图 1-7　轴流式泵与风机结构示意图

(a) 轴流式泵简图

1—叶轮；2—导流器；3—泵壳；4—喇叭管

(b) 轴流式风机示意图

1—进气箱；2—外壳；3—动叶片；4—导叶；5—动叶调节机构；6—扩压筒；7—导流体；8—轴；9—轴承；10—联轴器

面方向流出叶轮的，故混流式泵也称斜流泵。混流式泵的获能是部分利用叶型的升力、部分利用惯性离心力的作用，故其兼有离心式与轴流式泵与风机的工作原理，其工作特性也介于离心式和轴流式之间。

混流式泵的流量较离心式泵大，压头较轴流式泵高，在火力发电厂的开式循环水系统中，常用作循环冷却水泵。

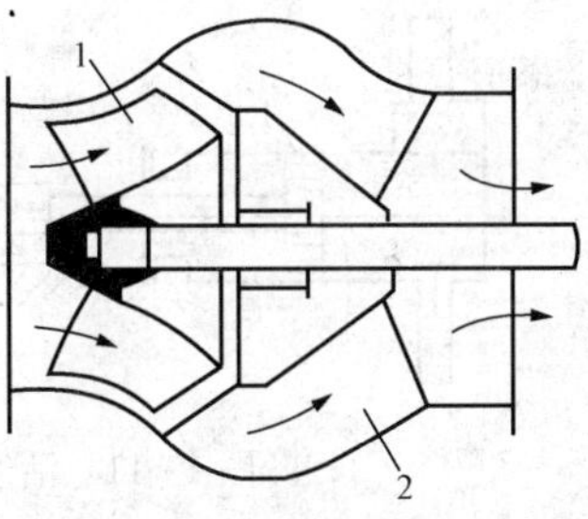

图 1-8　混流式泵结构示意图

1—叶轮；2—导叶

2. 容积式泵与风机

容积式泵与风机是利用工作室容积周期性变化来提高流体能量而实现输送流体的泵与风机。

容积式泵与风机由于工作室内工作部件的运动不同，又有往复式和回转式之分。

齿轮泵示意图如图 1-9 所示，螺杆泵示意图如图 1-10 所示。

(1) 往复式泵与风机是依靠工作部件的往复运动间歇改变工作室内的容积来输送流体的。火力发电厂中锅炉汽包的加药泵、输送灰浆的油隔离泵或水隔离泵等，采用的多是往复式泵。活塞泵示意图如图 1-11 所示。

(2) 回转式泵与风机是依靠工作部件的回转运动改变工作室内的容积来输送流体的。其中齿轮泵应用最为广泛，适合于输送流量小、压头较高且黏度较大的液体，一般用于润滑油系统。火力发电厂中，齿轮泵常用作小型汽轮机的主油泵、电动给水泵及锅炉送风机、引风机、磨煤机等的润滑油泵；而螺杆泵则适用于输送压头要求高、黏性大和含固粒的液体，在火力发电厂中既可用作中、小型汽轮机的主油泵，也可用于输送锅炉燃料油（重油、渣油）等。

罗茨风机是一种容积式回转风机，其工作原理与齿轮泵类似。在火力发电厂中常用作气力除灰系统中的送风设备。

罗茨风机示意图如图 1 - 12 所示。

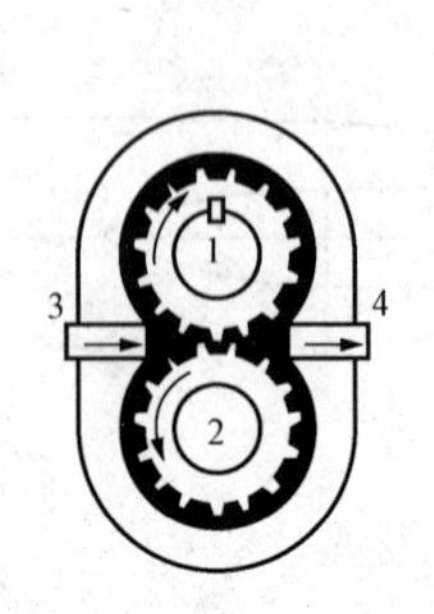

图 1 - 9　齿轮泵示意图

1—主动齿轮；2—从动齿轮；
3—吸入管；4—压出管

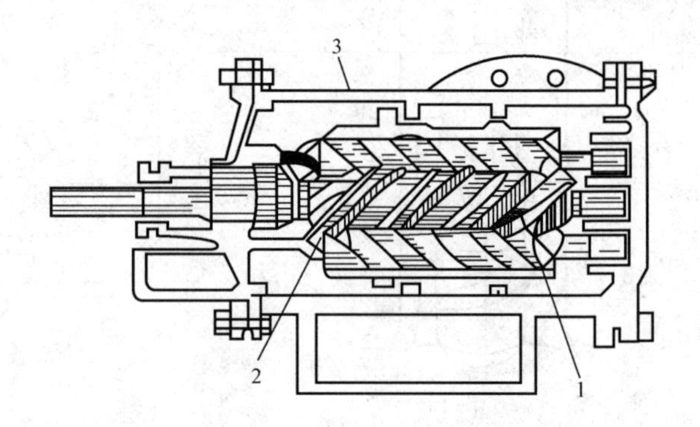

图 1 - 10　螺杆泵示意图

1—主动螺杆；2—从动螺杆；3—泵壳

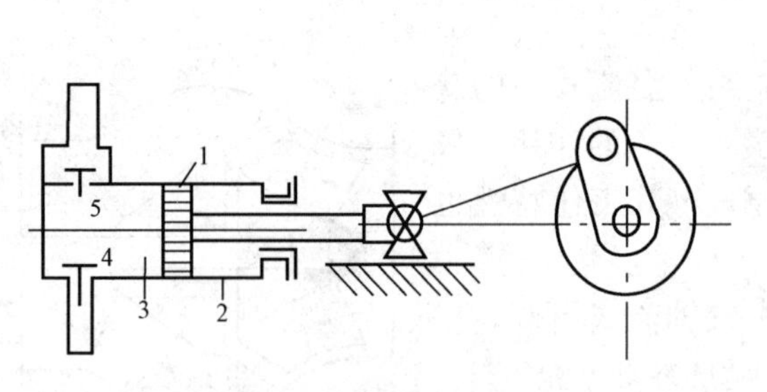

图 1 - 11　活塞泵示意图

1—活塞；2—泵缸；3—工作室；4—吸水阀；5—压水阀

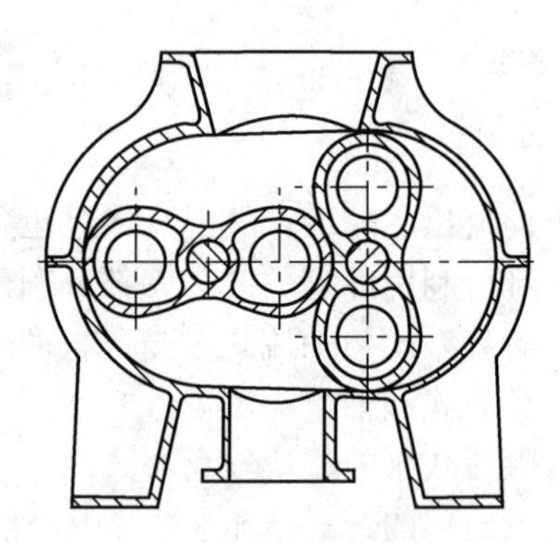

图 1 - 12　罗茨风机示意图

水环式真空泵主要用于大型水泵启动时抽真空。在大型火力发电厂中，水环式真空泵用来抽吸凝汽器内的空气，以保持凝汽器的高度真空状态，其真空度可高达 96%以上。

此外，火力发电厂负压气力除灰系统也采用了水环式真空泵。水环式真空泵示意图如图 1 - 13 所示。

3. 其他形式的泵与风机

工作原理不能归入叶片式和容积式的各种泵与风机，如喷射泵、水锤泵等。

喷射泵没有任何运动部件，它是利用高能的工作流体来抽吸混合低能态流体而实现输送流体的泵与风机。喷射泵示意图如图 1 - 14 所示。

在火力发电厂中，射流泵常用于中、小型汽轮机凝汽器的抽空气装置、循环水泵的启动抽真空装置以及为主油泵供油的注油器等。

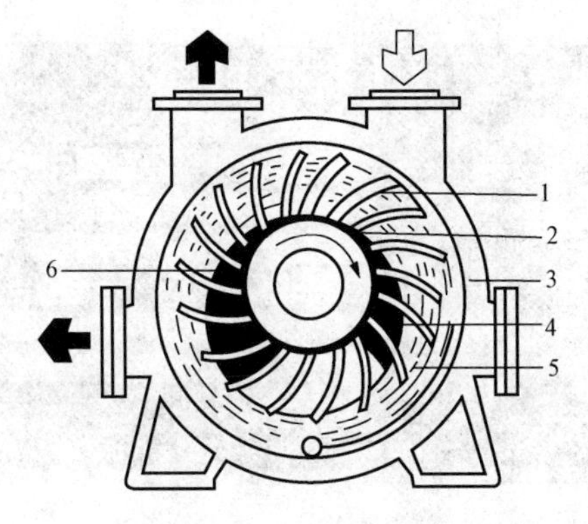

图 1 - 13　水环式真空泵示意图

1—转子；2—轮毂；3—泵壳；4—进气口；5—水环；6—排气口

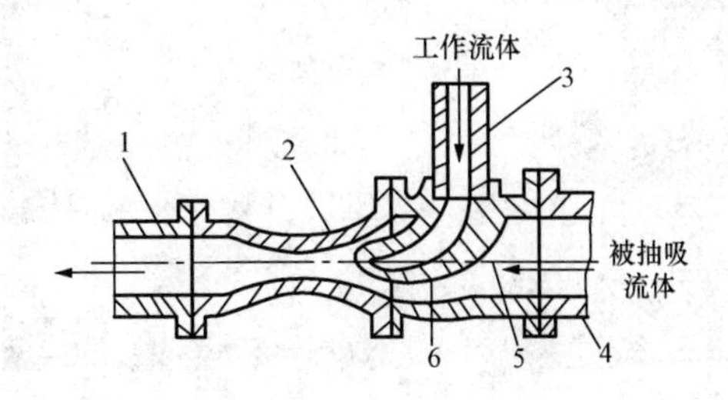

图 1 - 14　喷射泵示意图

1—排出管；2—扩散室；3—通工作流体管道；4—吸入管；5—吸入室；6—喷嘴

任务二　泵与风机的铭牌解读

【教学目标】

一、知识目标

(1) 掌握泵与风机的铭牌及其意义。

(2) 掌握泵与风机性能参数的涵义、符号、单位及主要计算公式。

(3) 了解泵与风机的型号编制规则，掌握泵与风机型号的意义。

二、能力目标

(1) 能识读电厂各类常用泵与风机的铭牌，并说明其结构和性能上的特点。

(2) 能在泵与风机某一个高效工况时，收集有关数据，并用公式计算扬程、全压、功率、效率及比转数等性能参数值。

(3) 能查阅有关资料，正确说出电厂各类常用泵或风机型号及其表示的意义。

【任务描述】

本任务是通过查阅学习资料和收集泵或风机在某一高效工况下的有关数据，计算其性能参数的实践活动，学会识读如图 1 - 15 所示的某离心式泵的铭牌，正确理解铭牌上的型号及主要性能参数等信息以及它们的实际意义。

【任务准备】

了解学生识读泵与风机铭牌的实际水平，初步制订任务实施方案。合理分配教学时间，并适时组织讨论回答以下问题。

(1) 泵与风机的铭牌上包括哪些信息？

(2) 什么是泵与风机的性能参数？它们的名称、符号、涵义、单位是什么？它们分别说明泵与风机的什么性能？

(3) 泵与风机运行时，如何计算扬程或全风压？如何计算轴功率和效率？

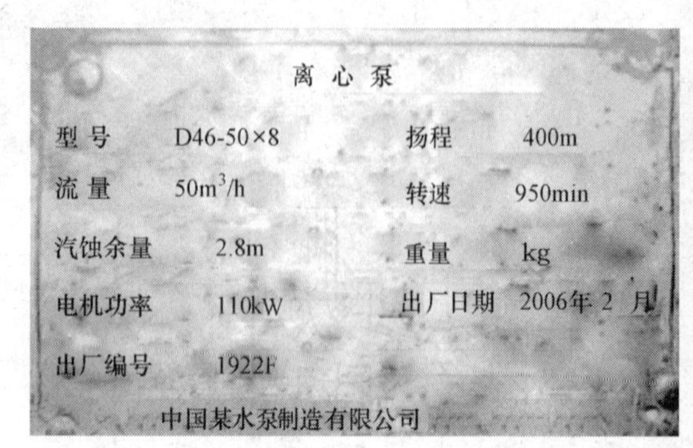

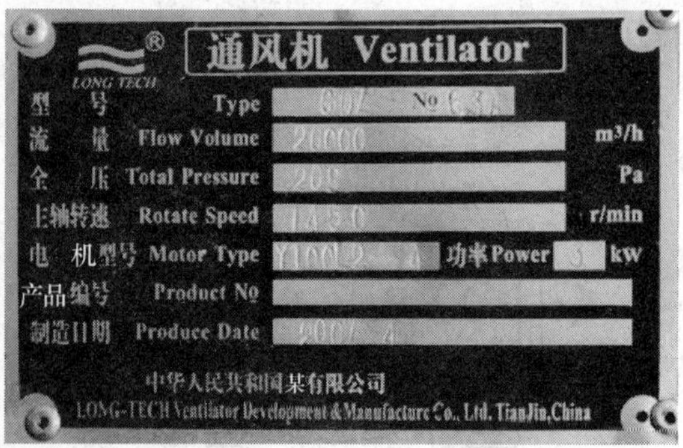

图 1-15 某离心式泵的铭牌

（4）选用泵与风机时，如何计算扬程或全风压？如何计算原动机配用功率？

（5）什么是泵与风机的比转数？如何计算？借助图表说明它们的用途。

（6）电厂各类常用泵或风机的型号分别是什么？其意义分别是什么？

【任务实施】

本任务建议分组进行，以每6人为一小组，每组选一组长，以工作小组形式展开，组内成员讨论、协调配合完成指定的任务。

本任务如在电厂现场进行实习，要求学生统一着装，整队进入现场，严明实习纪律，听从指挥，规范操作，标准作业。未经现场师傅及指导老师同意，不得乱动任何设备，以免造成事故。任务完成后要求学生听从指挥，清理工具，整队离开现场。

本任务在实施过程中，教师需密切观察学生情况并适时给予指导。建议本任务按以下主要步骤实施：

（1）寻找和识读铭牌，讨论其提供了哪些信息。

（2）观看泵或风机试验及有关视频，重点认识有关仪器、仪表，掌握、识读和记录有关数据的要点。

（3）在泵或风机性能试验中，收集在某一高效工况下泵或风机的有关数据，然后进行各性能参数的计算。

（4）观看选用泵与风机时，计算扬程或全风压的幻灯片。

（5）泵与风机性能参数计算训练。

（6）讨论泵与风机性能参数的意义。

（7）通过各常用泵与风机的铭牌，分析说明电厂各类常用泵或风机的性能和结构特点。

（8）如在电厂实习，将对泵与风机铭牌识读的心得体会，撰写于实训报告中。

【相关知识】

一、泵与风机的性能参数

泵与风机的工作状况可用一组物理量来描述，这组物理量能反映不同形式泵与风机的工作能力、结构特点、运行经济性和安全性，又能说明运行中泵与风机不同的工作状态。因此，称它们为泵与风机的性能参数。

泵与风机的性能参数有流量、扬程或全压、功率、效率、转数，泵还有允许吸上真空高度或允许汽蚀余量等描述泵汽蚀性能的参数。在泵与风机的铭牌上，一般都标有这组参数的具体数值，以说明泵与风机额定工作状况时的性能。下面结合图 1-15 介绍这些参数的概念。

（一）流量

流量是指单位时间内泵与风机输送流体的数量，可用体积流量 q_V 和质量流量 q_m 表示。体积流量 q_V 的单位为 m^3/s、m^3/h 或 L/s，质量流量 q_m 的单位为 kg/s 或 t/h。

体积流量与质量流量之间的关系为

$$q_m=\rho q_V \tag{1-1}$$

式中　ρ——输送流体的密度，kg/m^3。

泵与风机的流量可通过装设在其工作管路上的流量计测定。测量的方法较多，电厂常用孔板或喷嘴流量计和笛形管式流量计来测定。

（二）扬程或全压

单位重力作用下流体通过泵或风机后所获得的能量，称为泵或风机的扬程（或称能头），用符号 H 表示，单位为 N·m/N 或 m 流体柱。

单位体积流体通过风机或泵后所获得的能量，称为风机或泵的全压（又称压头），用符号 p 表示，单位为 Pa（帕）。

工程上，泵习惯用扬程、风机习惯用全压表示。

1. 扬程或全压的一般计算公式

如图 1-16 所示，若流体在泵或风机进口断面 1—1处的总比能为 e_1、出口断面 2—2 处的总比能为 e_2，则其扬程为

$$H=e_2-e_1 \tag{1-2}$$

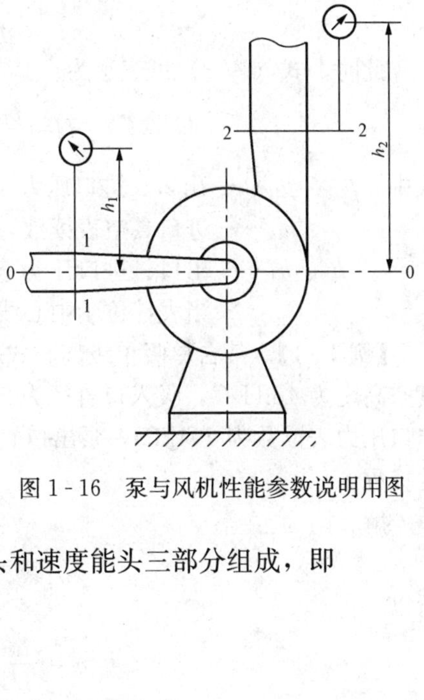

图 1-16　泵与风机性能参数说明用图

由流体力学知，液体总能头由压力能头、位置能头和速度能头三部分组成，即

$$e_2=z_2+\frac{p_2}{\rho g}+\frac{v_2^2}{2g}$$

$$e_1=z_1+\frac{p_1}{\rho g}+\frac{v_1^2}{2g}$$

式中　z_2、z_1——泵的出口、入口断面中心到基准面的距离，m；

p_2、p_1——泵的出口、入口断面中心处的液体压力，Pa；

v_2、v_1——泵的出口、入口断面上液体的平均流速，m/s；

ρ——输送液体的密度，kg/m^3。

因此，泵的扬程又可写为

$$H=(z_2-z_1)+\frac{p_2-p_1}{\rho g}+\frac{v_2^2-v_1^2}{2g} \tag{1-3}$$

全压与扬程之间的关系为

$$p=\rho g H \tag{1-4}$$

式（1-3）、式（1-4）为确定泵与风机运行时提供扬程或全压的一般计算式。

2. 泵与风机运行时，扬程或全压的计算公式

实际计算还需根据泵吸入口状态、测量仪表、仪表安装位置和高度等具体情况而定。计算扬程的关键是确定泵出口、入口处流体的压力。该处流体的压力可通过表计进行测量。

（1）当泵入口处液体的压力大于大气压力时，有

$$p_2 = p_a + p_{2g} + \rho g h_2$$
$$p_1 = p_a + p_{1g} + \rho g h_1$$

此时，式（1-3）可表达为

$$H = \frac{p_{2g} - p_{1g}}{\rho g} + h_2 - h_1 + \frac{v_2^2 - v_1^2}{2g} \tag{1-5}$$

式中，$h_2 - h_1$ 已包含了 z_1、z_2 的影响。

（2）当泵入口处液体的压力小于大气压力时，有

$$p_2 = p_a + p_{2g} + \rho g h_2$$
$$p_1 = p_a - p_{1v} + \rho g h_1$$

此时，式（1-3）可表达为

$$H = \frac{p_{2g} + p_{1v}}{\rho g} + h_2 - h_1 + \frac{v_2^2 - v_1^2}{2g} \tag{1-6}$$

式中 p_{2g}、p_{1g}——出口、进口压力表读数，Pa；

p_{1v}——进口真空表读数，Pa；

h_2、h_1——出口、进口压力表的零点（表面中心）到叶轮中心线的垂直距离，m；当表计位于中心线下方时，取负值。

【例 1-1】 某台单吸单级离心式水泵，在吸水口测得流量为 60L/s，泵入口真空计指示真空高度为 4mH_2O，吸入口直径为 25cm；泵本身向外泄漏流量约为吸入口流量的 2%；泵出口压力表读数为 294kPa，泵出口直径为 0.2m；压力表安装位置比真空计高 0.3m，求泵的扬程。

解：因为

$$q_V = 60\text{L/s} = 0.06(\text{m}^3/\text{s})$$

所以

$$v_1 = \frac{0.06 \times 4}{3.14 \times (0.25)^2} = 1.23(\text{m/s})$$

$$v_2 = \frac{0.06 \times (1 - 0.02) \times 4}{3.14 \times (0.2)^2} = 1.87(\text{m/s})$$

$$H = \frac{p_{2g} + p_{1v}}{\rho g} + h_2 - h_1 + \frac{v_2^2 - v_1^2}{2g}$$
$$= \frac{294}{9.807} + 4 + 0.3 + \frac{(1.87)^2 - (1.23)^2}{2 \times 9.807}$$
$$= 34.4(\text{N} \cdot \text{m/N})$$

风机运行时的全压，其计算式中可忽略表计高度的影响，且入口一般为真空状态。故其计算公式为

$$p = p_{2g} + p_{1v} + \frac{\rho(v_2^2 - v_1^2)}{2} \tag{1-7}$$

式（1-7）右边各项，一般情况下都用如图1-17所示的皮托管测量求得。

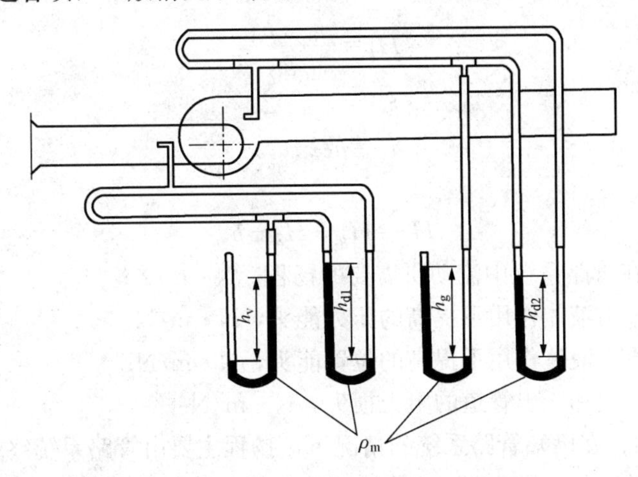

图1-17　风机运行时全压的确定（皮托管）

【例1-2】 某离心式风机装置如图1-17所示。风机运行时，由其入口U形管测压计读得 $h_v=37.5mmH_2O$，入口皮托管读得 $h_{d1}=6.5mmH_2O$；出口U形管测压计读得 $h_g=19mmH_2O$，出口皮托管读得 $h_{d2}=12.5mmH_2O$。试求该风机的全压 p。设 $\rho_m=1000kg/m^3$。

解：风机此时的全压为

$$\begin{aligned}p&=p_{2g}+p_{1v}+\frac{\rho v_2^2}{2}-\frac{\rho v_1^2}{2}\\&\approx\rho_m gh_g+\rho_m gh_v+\rho_m gh_{d2}-\rho_m gh_{d1}\\&=\rho_m g(h_g+h_v+h_{d2}-h_{d1})\\&=1000\times9.8\times(0.019+0.0375+0.0125-0.0065)\\&=612.5(Pa)\end{aligned}$$

3. 选择泵与风机时，扬程或全压的计算公式

分析图1-18可知，液体从吸入容器通过管路流至压出容器所需的能头是由泵提供的，即液体流动所需的能头与泵提供的能头是能量的供求关系，两者的大小必须相等。因此，确定流体在管路系统中流动所需能头的公式就成为计算泵与风机扬程或全压的另一途径。在选择泵与风机时，就是用此方法根据实际的管路系统来确定泵与风机的扬程或全压的。

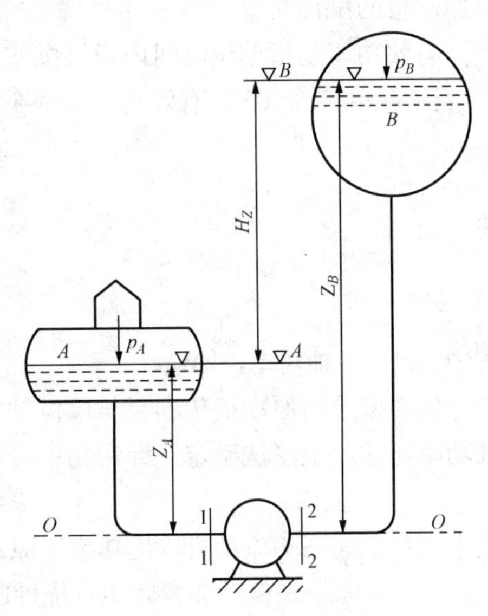

图1-18　泵扬程的确定

以图1-18所示的情况为例，说明泵扬程的另一种计算方法。

根据能量方程式，以 $O—O$ 为基准面，列出 A 断面与 B 断面的能量方程，并整理得到

$$H_c=\frac{p_B-p_A}{\rho g}+(Z_B-Z_A)+h_{w2}+h_{w1}$$

令

$$H_p=\frac{p_B-p_A}{\rho g}$$

$$H_Z=Z_B-Z_A$$

$$h_w=h_{w2}+h_{w1}$$

则可改写为

$$H_c=H_p+H_Z+h_w \tag{1-8}$$

式中 H_c——流体在管路系统中流动所需要的扬程，N·m/N；

H_p——单位重力液体作用下提高的压力能头，N·m/N；

H_Z——单位重力液体作用下提高的位置能头，N·m/N；

h_w——吸入管道和压出管道的阻力损失，N·m/N。

式（1-8）表明：在已知管路系统的情况下，扬程主要由管路系统终端和始端液体的压力能头之差和位置能头之差及吸、压液体管路的总阻力损失三部分的总和来确定，不涉及具体的泵与风机。因此，式（1-8）是一个普遍适用的流体在管路系统中流动所需要扬程的计算公式。在为实际管路系统选择泵与风机时，可直接用于计算所需的扬程。

对风机而言，因为所输送的气体密度较小，$\rho g H_Z$ 与其他几项比较，一般可以忽略不计，风机吸入的周围环境压力与压出气体的周围环境压力相差不多，即 $H_p=0$，故风机全风压为

$$p_c=\rho g H_c\approx\rho g(h_{w1}+h_{w2})=p_{w1}+p_{w2} \tag{1-9}$$

式中 p_c——流体流动所需要的全压，Pa；

p_{w1}、p_{w2}——吸入、压出风道的压头损失，Pa。

（三）功率

泵与风机的功率可分为有效功率、轴功率两种，通常所说的功率是指轴功率。此外，还有原动机的配用功率。

有效功率是指单位时间内通过泵或风机的流体所获得的功，即泵与风机的输出功率，用 P_e 表示，单位为 kW。有效功率可由泵与风机的输出流量及扬程或全压求得，即

$$P_e=\frac{\rho g q_V H}{1000} \tag{1-10}$$

或

$$P_e=\frac{q_V P}{1000} \tag{1-11}$$

式中 P——轴功率，kW。

轴功率是指原动机传到泵与风机轴上的功率，又称输入功率，用 P 表示，单位为 kW。轴功率通常由电测法确定，即用功率表测出原动机输入功率 P'_g，则

$$P=P_g\eta_d=P'_g\eta_g\eta_d \tag{1-12}$$

式中 P_g、η_g——原动机输出功率、原动机效率；

η_d——传动装置效率；挠性联轴器传动的 $\eta_d=1$，三角皮带传动的 $\eta_d=0.95$。

由图 1-19 可知：有效功率、轴功率和原动机输出、输入功率之间的关系是为

$$P_e<P\leqslant P_g<P'_g$$

原动机配用功率是指选配原动机的最小输出功率，用 P_0 表示，单位为 kW。在选配原动机时，P_0 可由下式确定，即

$$P_0 = K\frac{P}{\eta_d} \tag{1-13}$$

式中　K——原动机的容量安全系数，其值随轴功率的增大而减小，一般为 1.05～1.4。

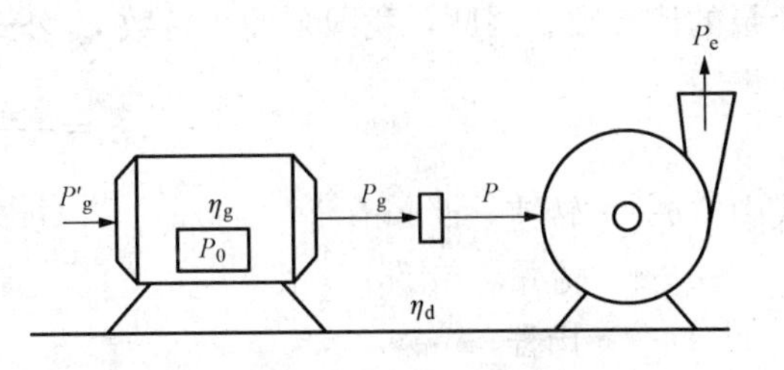

图 1-19　泵与风机的各功率之间的关系

（四）效率

效率是泵与风机总效率的简称，指泵与风机输出功率与输入功率之比的百分数。用符号 η 表示，即

$$\eta = \frac{P_e}{P} \times 100\% \tag{1-14}$$

泵与风机工作时，由于内部存在各种能量损失，其输入功率不可能全部传递给被输送的流体。效率的实质是反映泵或风机在传递能量过程中轴功率被有效利用的程度。

（五）转速

转速是指泵与风机叶轮每分钟的转数，用 n 表示，单位为 r/min。

转速是影响泵与风机结构和性能的一个重要参数。泵与风机的转速越高，流量、扬程（全压）也越大。这对电厂锅炉给水泵十分有利，因为在传递相同能量的情况下，转速增高可使泵叶轮的级数减少、外径减小。级数减少和叶轮外径减小可使泵的体积减小、泵轴缩短，这样不仅减轻了泵的质量、节约了材料，还增强了泵运行时的安全可靠性。但因提高转速受到材料强度、泵汽蚀、泵效率等因素的制约，目前，国内锅炉给水泵的转速大多采用 5000～6000r/min。

【例 1-3】 有一离心式通风机，全压 $p=2000$Pa，流量 $q_V=47\,100\text{m}^3/\text{h}$，用联轴器直连传动，试计算风机的有效功率、轴功率及应选配多大功率的电动机。风机总效率 $\eta=0.76$。

解：

$$P_e = \frac{pq_V}{1000} = \frac{2000\times\frac{47\,100}{3600}}{1000} = 26.16(\text{kW})$$

$$P = \frac{P_e}{\eta} = \frac{26.16}{0.76} = 34.42(\text{kW})$$

取电动机容量富裕系数 $K=1.15$，传动装置效率 $\eta_m=0.98$，则

$$P'_g = K\frac{P}{\eta_m} = 1.15\times\frac{34.42}{0.98} = 40.39(\text{kW})$$

（六）比转数

比转数是在相似定律的基础上推导出一个与几何形状和工作性能相联系的相似特征数，泵的比转数用 n_s 表示，风机比转数 n_y 表示。比转数在泵与风机的理论研究和设计中具有十分重要的意义。

1. 相关计算

我国把某一泵的尺寸按几何相似原理成比例地缩小为扬程为 $1\text{mH}_2\text{O}$、功率为 1PS（[米制] 马力，735.5W=75kgf·m/s）、流量为 $0.075\text{m}^3/\text{s}$ 的模型泵，该模型泵的转速就是这

个泵的比转数。因此，我国泵的比转数 n_s 公式习惯采用式（1-15）计算，即

$$n_s=\frac{3.65n\sqrt{q_V}}{H^{3/4}} \tag{1-15}$$

式中 n——转速，r/min；

q_V——流量，m^3/s；

H——扬程，m。

需要注意的是：系数 3.65 只是对水而言的，当输送其他流体时，系数则不同。

风机比转数 n_y 为

$$n_y=\frac{n\sqrt{q_V}}{p_{20}^{3/4}} \tag{1-16}$$

式中 p_{20}——进气状态为 101 325Pa 和 20℃时的全压；Pa。若使用条件下的全压为 p，则应用式（1-17）换算为 p_{20}，即

$$p_{20}=p\frac{\rho_{20}}{\rho} \tag{1-17}$$

式中 ρ——使用条件下气体的密度，kg/m^3；

ρ_{20}——状态为 101 325Pa 和 20℃时气体的密度，kg/m^3。状态为 101 325Pa 和 20℃时，取空气的密度 $\rho_{20}=1.2kg/m^3$。

说明：

（1）计算比转数时，一般采用最高效率点的参数计算。

（2）比转数是有单位的，但通常不计其单位，只记其数值。虽然，由于不同国家的比转数计算采用的公式和流量、扬程所用的单位不同，使得对同一台泵言，会计算出多个数值不同的比转数。但是，比转数的实质没有根本的差别，只是数值不同而已。考虑学术交流和国际贸易的方便，现将各国比转数的换算列出，如表 1-2 所示。

表 1-2 不同国家的比转速换算

国别	中国（俄罗斯）	美国	英国	日本	德国
公式	$3.65(r/min)\cdot\frac{\sqrt{m^3/s}}{m^{3/4}}$	$(r/min)\cdot\frac{\sqrt{USgal/min}}{(ft)^{3/4}}$	$(r/min)\cdot\frac{\sqrt{UKgal/min}}{(ft)^{3/4}}$	$(r/min)\cdot\frac{\sqrt{m^3/min}}{m^{3/4}}$	$(r/min)\cdot\frac{\sqrt{m^3/s}}{m^{3/4}}$
换算系数	1	14.16	12.89	2.12	0.274
	0.0706	1	0.91	0.15	0.0193
	0.0776	1.1	1	0.165	0.0213
	0.4709	6.68	6.079	1	0.13
	3.65	51.68	47.05	7.74	1

注 公式中的符号为单位符号，表示比转数公式中对应物理量所用的单位。

1. r/min——转速单位，每分钟转；

2. m^3/s——流量单位，每秒立方米；

3. USgal/min——流量单位，每分钟美制加仑；

4. UKgal/min——流量单位，每分钟英制加仑；

5. ft——扬程单位、英尺。

国际标准化组织（ISO）推荐使用无因次比转速，称为型式数 K，其表达式为

$$K=\frac{2\pi n\sqrt{q_V}}{60(gH)^{3/4}} \tag{1-18}$$

我国的比转速与型式数 K 的换算关系为

$$K=0.00518n_s \tag{1-19}$$

(3) 当第一级为双吸叶轮，则式（1-15）和式（1-16）中的 q_V 用 $q_V/2$ 代入。

(4) 对于多级叶轮，式（1-15）中的 H 用 H/i 代入（i 为叶轮级数）。

如某泵流量为 75m³/h，扬程为 82m，转速为 2950r/min。若是单级单吸水泵，其比转数 n_s 为

$$n_s=\frac{3.65n\sqrt{q_V}}{H^{3/4}}=\frac{3.65\times2950\times\sqrt{75/3600}}{82^{3/4}}=57$$

若为双吸单级泵，其比转数 n_s 为

$$n_s=\frac{3.65n\sqrt{q_{V/2}}}{H^{3/4}}=\frac{3.65\times2950\times\sqrt{75/3600/2}}{82^{3/4}}=40.3$$

若为单吸多级泵，级数为 5，其比转数 n_s 为

$$n_s=\frac{3.65n\sqrt{q_V}}{(H/i)^{3/4}}=\frac{3.65\times2950\times\sqrt{75/3600}}{(82/5)^{3/4}}=190.7$$

比转速是根据相似理论得出的，可以作为相似判据，即几何相似的泵或风机，在相似工况下 n_s 值相等。

但 n_s 值相等的泵或风机不一定是几何相似。这是由于构成泵的几何形状的参数很多，如 $n_s=500$ 的泵可设计成轴流式泵，也可设计成斜流泵；同一低比转速泵的叶轮可采用 6 片叶片，也可采用 7 片叶片。这些几何并不相似的泵，n_s 值可能相等。

但是对于同一种结构形式的泵而言，n_s 值相等时，若要其水力性能好，即几何形状符合客观的流动规律，其几何形状不会相差很大，一般说来是几何相似的。

2. 比转速的用途

比转速的用途主要体现在以下几方面：

(1) 利用比转速对叶轮进行分类。

表 1-3 是泵的比转数和叶轮形状、性能曲线形状的关系。

表 1-3　比转数和叶轮形状、性能曲线形状的关系

泵的类型	离心式泵			混流式泵	轴流式泵
	低比转速	中比转速	高比转速		
比转速	$30<n_s<80$	$80<n_s<150$	$150<n_s<300$	$300<n_s<500$	$500<n_s<1000$
叶轮形状					

续表

泵的类型	离心式泵			混流式泵	轴流式泵
	低比转速	中比转速	高比转速		
尺寸比$\frac{D_2}{D}$	≈3	≈2.3	≈1.8～1.4	≈1.2～1.1	≈1
叶片形状	圆柱形叶片	入口处扭曲 出口处圆柱形	扭曲叶片	扭曲叶片	轴流式泵翼型
性能曲线形状	$H-q_V$ $p-q_V$ $\eta-q_V$	$H-q_V$ $p-q_V$ $\eta-q_V$	$H-q_V$ $p-q_V$ $\eta-q_V$	$H-q_V$ $p-q_V$ $\eta-q_V$	$H-q_V$ $p-q_V$ $\eta-q_V$
扬程—流量曲线特点	空转扬程为设计工况的1.1～1.3倍，扬程随流量减少而增加，变化比较缓慢			空转扬程为设计工况的1.5～1.8倍，扬程随流量减少而增加，变化较急	空转扬程为设计工况的2倍左右，扬程随流量减少而急速上升，又急速下降
功率—流量曲线特点	空转点功率较小，轴功率随流量增加而上升			流量变动时轴功率变化较小	空转点功率最大，设计工况附近变化比较小，以后轴功率随流量增大而下降
功率—流量曲线特点	比较平坦			比轴流式泵平坦	急速上升后又急速下降

对风机，$n_y=2.7$～12为前弯式离心式风机，$n_y=3.6$～16.6为后弯式离心式风机，轴流风机的$n_y=18$～36。

（2）用比转数进行泵和风机的相似设计。

用设计参数q_V、H（或p）、n计算出比转数，再根据比转数，选择性能良好的模型进行相似设计。

二、泵与风机的型号编制

国产叶片式泵与风机的种类较多，由于用途不同，型号编制方法也有差别，至今尚未统一。下面介绍一些定型的、火力发电厂中常用的叶片式泵与风机的型号，供查阅、参考。

（一）叶片式泵的型号

叶片式泵的型号由表示名称和其基本型号及表示该泵性能参数或结构特点的补充型号组成。

1. 基本类型及其代号（见表 1-4）

表 1-4　　泵的基本类型及其代号

泵的类型	类型代号	泵的类型	类型代号
单级单吸离心式泵	IS（B）	单吸离心式油泵	Y
单级双吸离心式泵	S（Sh）	筒形离心式油泵	YT
分段式多级离心式泵	D	单级单吸卧式离心式灰渣泵	PH
立式多级筒形离心式泵	DL	液下泵	FY
分段式多级离心式泵（首级为双吸）	DS	长轴离心式深井泵	JC
分段式锅炉多段离心式泵	DG	井用潜水泵	QJ
圆筒形双壳体多级卧式离心式泵	YG	单级单吸耐腐蚀离心式泵	IH
中开式多级离心式泵	DK	高扬程卧式耐腐蚀污水泵	WGF
中开式多级离心式泵（首级为双吸）	DKS	低扬程立式污水泵	WDL
前置泵（离心式泵）	GQ	闭式叶轮立式混流泵	HB
多级前置泵（离心式泵）	DQ	半开式叶轮立式混流泵	HK
热水循环泵	R	立轴蜗壳式混流泵	HLWB
大型单级双吸中开式离心式泵	湘江	单吸卧式混流泵	FB
大型立式单级单吸离心式泵	沅江	立式混流泵	HL
卧式凝结水泵	NB	半调节立式轴流泵	ZLB
立式凝结水泵	NL	半调节卧式轴流泵	ZWB
立式多级筒袋形离心式凝结水泵	LDTN	全调节立式轴流泵	ZLQ
卧式疏水泵	NW	全调节卧式轴流泵	ZWQ

2. 型号组成形式

(1) 形式一如下。

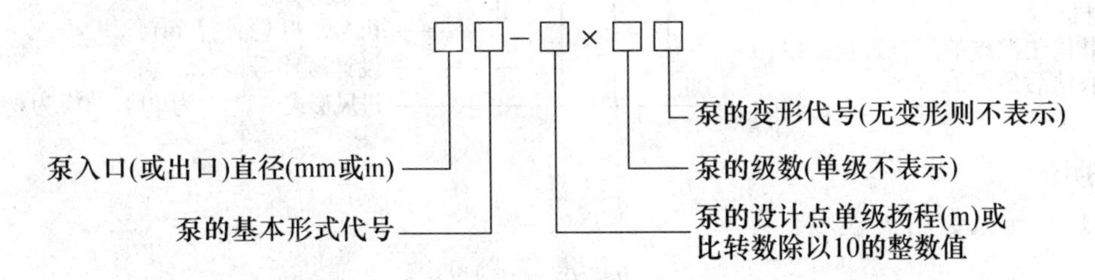

【例 1-4】 10Sh-13A 型表示：单级双吸离心式泵，泵吸入口直径为 10in（254mm），比转数 n_s=130，叶轮外径经过第一次切割。

注：S（Sh）型泵输送温度低于 80℃的清水或物理、化学性质类似于水的其他液体。

性能参数范围：流量 q_V=72～12 500m^3/h；

扬程 H=10～140N·m/N。

【例 1-5】 200D-43×9 型表示：分段式多级离心式泵，泵吸入口直径为 200mm，设计点单级扬程为 43（N·m/N），9 级叶轮。

【例 1-6】 800ZLB-125 型表示：半调节单级立式轴流泵，泵出口直径为 800mm，比转数 n_s=1250。

（2）形式二如下。

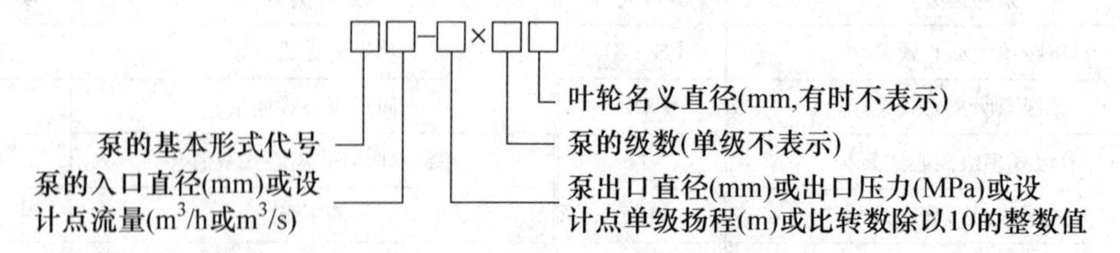

【例 1-7】 IS80-65-160 型表示：单级单吸离心式泵，泵入口直径为 80mm，泵出口直径为 65mm，泵叶轮名义外径为 160mm。

注：IS（B）型泵输送温度低于 80℃的清水或物理、化学性质类似于水的其他液体。

性能参数范围：流量 q_V=6.3～400m³/h；

扬程 H=5～125N·m/N；

转速 n=1450～2900r/min；

配用功率 P_o=0.55～90kW。

【例 1-8】 DG46-30×5 型表示：分段式锅炉多级离心式泵，泵设计工作点流量为 46m³/h，泵设计工作点单级扬程为 30N·m/N，泵级数为 5。

【例 1-9】 DG500-180 型表示：分段式锅炉多级离心式泵，泵设计工作点流量为 500m³/h，泵设计点出口压力为 17.6MPa。

（二）离心式风机的型号

离心式风机的型号仍由基本型号和补充型号组成，编制包括名称、型号、机号、传动方式、旋转方向和出风口位置六部分内容。基本型号为数字，即为 10 倍全压系数值和比转数，其组成形式如下。

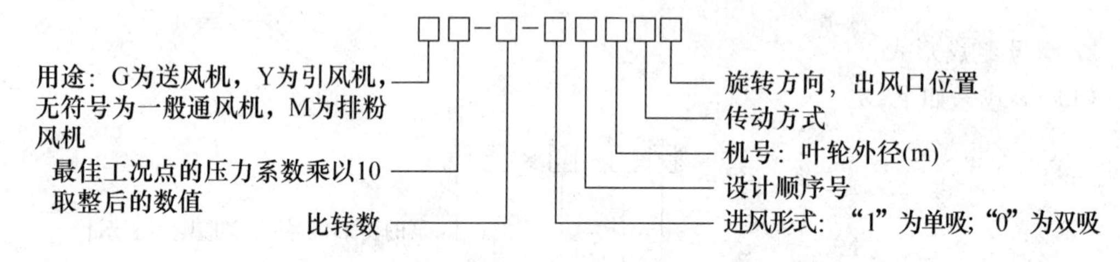

说明：

（1）全压系数用 $\bar{p}$ 表示，即

$$\bar{p}=p/(\rho u_2^2)$$

式中 u_2——叶轮出口圆周速度。

（2）如果离心式风机是双级，则压力系数的表示改为 2×压力系数×10 取整值。

（3）如果离心式风机是双吸式，则比转数的表示改为 2×比转数。

（4）当产品形式中产生重复代号或派生型时，规定在比转数后加注罗马数字Ⅰ、Ⅱ、Ⅲ等表示。

（5）设计顺序号用阿拉伯数字 1、2…表示。若性能参数、外形尺寸、地基尺寸和易损部件无变更，则不写设计顺序。

（6）旋转方向。根据旋转方向不同离心式风机分为左旋、右旋两种。从原动机一端正视叶轮旋转为顺时针方向的称为右旋，用“右”表示；叶轮旋转为逆时针方向的称为左旋，用“左”表示。

（7）出风口位置。根据使用要求，对离心式风机蜗壳出风口规定了如图 1-20 所示的八个基本出风口位置，右转风机的出风口位置是以水平向左规定为 0 位置，左转风机的出风口位置是以水平向右规定为 0 位置。

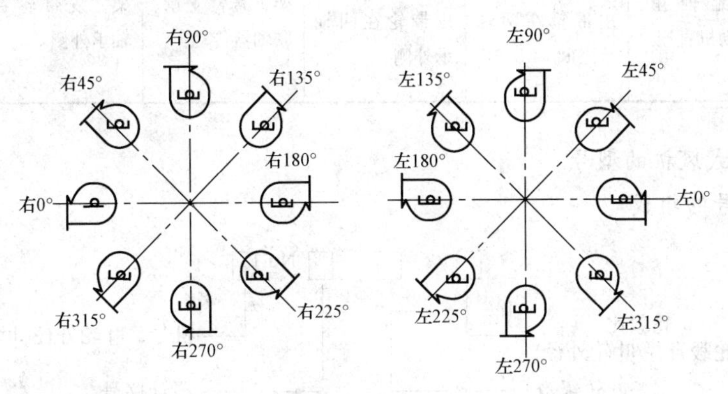

图 1-20　出风口位置

旋转方向和出风口位置一般可以不表示。

（8）离心式风机新、旧型号的主要差别是新型号删去表示进风形式、设计顺序号的符号以及紧靠两者的一条横线，进风形式改在比转数前表示。另外，比转数由原用工程单位制计算改为用国际单位制计算，两者结果相差 5.54 倍。

【例 1-10】　Y4-13.2（4-73）01No28F 右 180°型离心式风机型号的意义为：Y 表示锅炉引风机，4 表示全压系数为 0.4，13.2 表示比转数值，0 表示双吸叶轮，1 表示第一次设计，28 表示叶轮外径 $D_2=28\text{dm}$，F 表示 F 型传动方式（见图 1-21），右 180°表示旋转方向为右旋且出风口位置是 180°（如图 1-20 所示）。

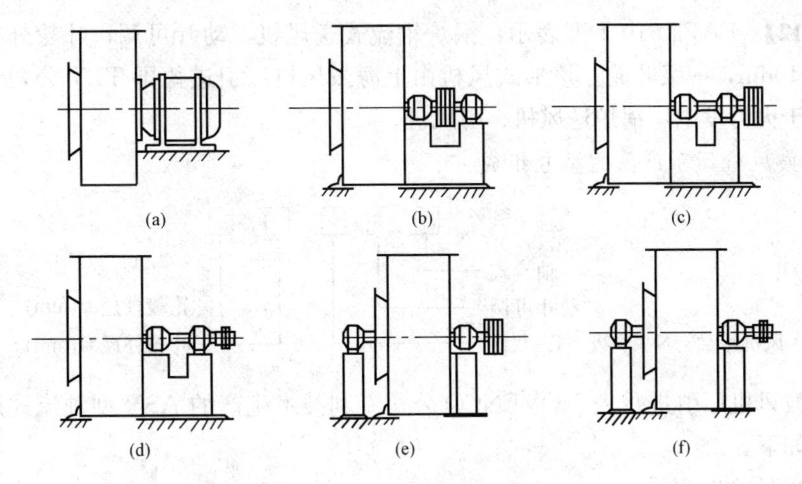

图 1-21　离心式风机传动方式

(a) A式；(b) B式；(c) C式；(d) D式；(e) E式；(f) F式

离心式风机传动方式及结构特点见表1-5。

表1-5 离心式风机传动方式及结构特点

传动方式	A	B	C	D	E	F
结构特点	单吸、单支架、无轴承、与电动机直连	单吸、单支架、悬臂支承、皮带轮在两轴承之间	单吸、单支架、悬臂支承、皮带轮在两轴承外侧	单吸、单支架、悬臂支承、联轴器传动	单吸、双支架、皮带轮在轴承外侧	单吸、双支架、联轴器传动

（三）轴流式风机的型号

1. 常规型号的组成

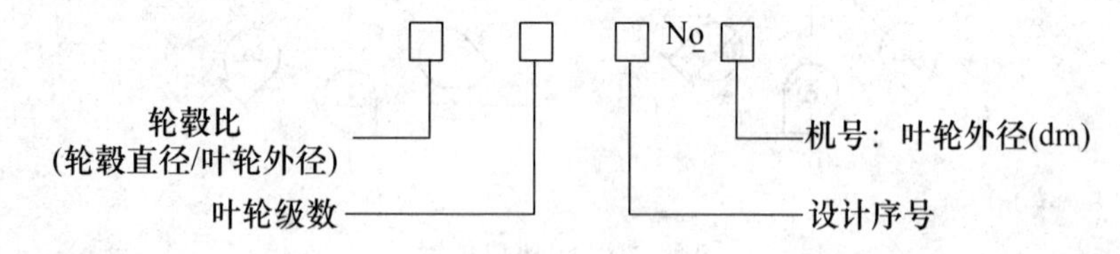

【例1-11】 G0.7-11№23型表示：锅炉轴流式送风机，轮毂比为0.7，单级叶轮，第一次设计，叶轮外径为2.3m。

2. 上海鼓风机厂新产品的型号组成

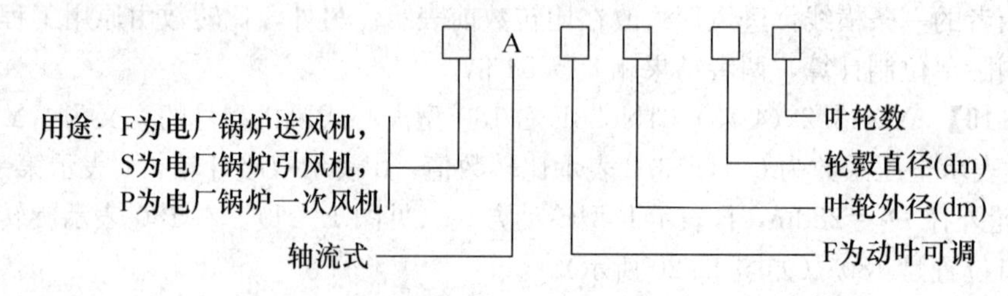

【例1-12】 FAF20-10 1型表示：锅炉轴流式送风机，动叶可调，叶轮外径为20dm，轮毂直径为10dm，一级叶轮。该形式风机由上海鼓风机厂引进德国TLT公司专利技术生产，主要用于火力发电厂锅炉送风机、引风机。

3. 沈阳鼓风机厂新产品的型号组成

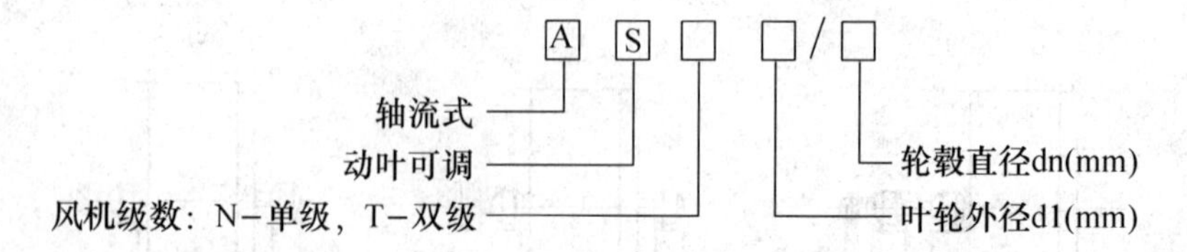

由沈阳鼓风机厂引进丹麦NOVENCO公司专利技术生产的ASN型轴流式风机，其型号组成示例如下。

ASN-1950/1000表示：

A——轴流式风机。

S——动叶可调。

第三项有四种情况：

N——铸铝叶片、单级叶轮；T——铸铝叶片、双级叶轮；F——铸钢叶片、单级叶轮；K——铸钢叶片、双级叶轮。

1950——叶轮外径（mm）。

1000——轮毂直径（mm）。

习　题

1. 有一送风机，其全压 $p=2.0$kPa 时，输出的风量为 $q_V=45\text{m}^3/\text{min}$，该送风机的效率为 67%，求其轴功率。

2. G4-73-11No12 型离心式风机，在某一工况下运行时测得 $q_V=70\ 300\text{m}^3/\text{h}$，全压 $p=1440.6$Pa，轴功率 $P=33.6$kW；在另一工况下运行时测得 $q'_V=37\ 800\text{m}^3/\text{h}$，全压 $p'=2038.4$Pa，轴功率 $P'=25.4$kW，问风机在哪一种工况下运行较经济？

3. 水泵将吸水池中的水送往水塔，如图 1-22 所示。泵的吸水高度 $H_1=3$m，泵出口到水塔水面的高度 $H_2=30$m，测得泵入口处的真空值 $h\text{v}=65.7$kPa。已知：吸水管道直径 $d_1=300$mm，长度 $L_1=8$m，局部阻力系数之和 $\sum\zeta_{01}=9$；压出管道直径 $d_2=250$mm，长度 $L_2=60$m，局部阻力系数之和 $\sum\zeta_{02}=16$；整个输水管道的沿程阻力系数 $\lambda=0.035$。试计算此时水泵的流量和扬程。取水的密度 $\rho=1000\text{kg/m}^3$，水银的密度 $\rho_m=13\ 600\text{kg/m}^3$。

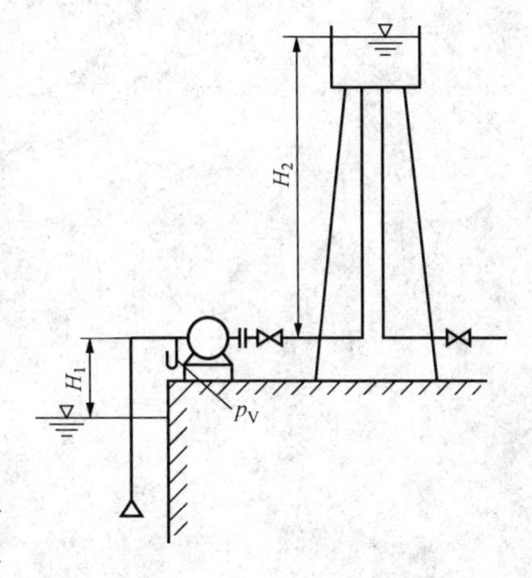

图 1-22　习题 1-3 图

4. 设一水泵流量 $q_V=1.025\text{m}^3/\text{s}$，排水管表压 $p_2=3.2$MPa，吸水管真空表压力 $p_1=39.2$kPa，排水管表压比吸水管真空表压力位置高 0.5m，吸水管和排水管直径分别为 100cm 和 60cm，求泵的扬程和有效功率。取 $\rho=1000\text{kg/m}^3$。

5. 已知一离心式泵流量为 $50\text{m}^3/\text{h}$、出口压力表读数为 254.8kPa、进口真空表读数为 33.25kPa、泵效率为 64%，求泵所需要的轴功率。设 $d_1=d_2$，取 $\rho=1000\text{kg/m}^3$，表计安装同高。

6. 设一台水泵流量 $q_V=25\text{L/s}$，出口压力表读数为 323 730Pa，入口真空表读数为 39 240Pa，两表位置高度差为 0.8m（压力表高，真空表低），吸水管和排水管直径为 1000mm 和 750mm，电动机功率为 12.5kW，电动机效率为 0.95，求轴功率、有效功率、泵的总效率（泵与电动机用联轴器连接）。

7. 有一台水泵从吸水池液面向 50m 高的水池水面输送 $q_V=0.3\text{m}^3/\text{s}$ 的常温清水，$\rho=1000\text{kg/m}^3$，水温为 20℃。设水管的内径 $d=300$mm，管道长度 $L=300$m，管道阻力系数 $\lambda=0.028$，电动机与泵为挠性联轴器传动，设泵的总效率为 0.72，求泵所需的轴功率和原动机的配用功率。取容量安全系数 $K=1.1$。

8. 把温度为 50℃的水提高到 30m 的地方，问需要泵的扬程 H 是多少？设吸水池水面的表压力为 4.905×10^4Pa，全部流动损失水头为 5m，水的密度 $\rho=988.4\text{kg/m}^3$。

9. 已知一江边水泵房，由江边吸水后送至水厂化学沉清池，化学沉清池水面与江面高度差为 32m，流量为 100m^3/h，吸水管及压水管直径均为 150mm，电动机的轴功率为 14kW，管道系统总阻力系数为 11.5，试求泵的扬程及效率。

10. 某一风机装置，送风量为 19 500m^3/h，吸入风道的压力损失为 686.5Pa，压出风道的压力损失为 392.3Pa，风机的效率为 75%，试求风机的全压及轴功率。

学习情境二

泵的结构认识

【学习情境描述】

本学习情境从组织学生观看火力发电厂大修任务书中水泵检修的计划及检修现场实景，展现水泵检修的意义，提高学生学习的主动性。在模拟水泵检修现场的热机实训室，按照大修解体、检查、组装任务驱动，循序渐进、能力为主，理论够用等原则，要求教师必须坚持实施讨论式、启发式的指导，学生必须仔细观看教师示范或有关视频等多媒体教材，自学水泵结构与检修的相关知识，刻苦训练电厂常用离心式水泵的拆装、检查、结构图识读、检修工器具选用等技能。要求在本单元学习中，还应加强诸如《电业安全工作规程》、《作业指导书》等有关水泵检修现场安全文明、现代化管理知识与能力的培训。

从简单到复杂，从单级单吸离心式泵到筒体式多级离心式泵为主的多种类水泵实物（个别为模型）拆装、检查，以及检修时用的工器具，通过泵的拆装，学习掌握泵的拆装工艺过程及工艺要求，同时学习掌握泵的构成、各组成部件的结构及其工作原理。

【教学环境】

本情境的两个教学任务均在热机实训室中完成。在该实训室中，除有用于拆装的单级水泵和多级水泵外，还备有必需的拆装和测量工具、安全保护设施等。

在指导教师的示范教学过程中，需要边操作边讲解，有时还需要借助多媒体教学设备进行讲解，因此，该实训室还应配有多媒体教学设备。

任务一　单级水泵的拆装

【教学目标】

一、知识目标

（1）了解单级泵的主要组成部件。

（2）了解单吸叶轮与双吸叶轮的结构特点。

（3）了解泵的各主要部件的结构、作用及工作原理。

（4）掌握径向力是如何产生的，在技术上采用什么措施来平衡。

二、能力目标

（1）能按要求完成单级水泵的解体操作。

（2）会使用塞尺、游标卡尺等测量工具。

（3）能按要求完成泵的装复。

【任务描述】

本教学任务完成一台单级单吸离心式泵或一台单级双吸离心式泵的解体和组装。通过泵的解体和组装，学生能够学会工具使用，能够更清楚单级水泵的整体结构、各部件的结构、各部件的作用和工作原理、各部件的装配关系、泵的组装工艺流程及要求。

【任务准备】

（1）前开门式和后开门式离心式泵的结构有何区别？

（2）为什么单级离心式泵的轴向力多采用平衡孔法来平衡？

（3）为什么有的泵采用双蜗壳结构？

（4）泵的主要部件有哪些？

（5）什么情况下会产生径向力？径向力对泵的运行有什么不良影响？

（6）径向力的平衡措施主要有哪些？

（7）泵的叶轮的形式有哪几种？它们各有什么特点？

（8）泵的吸入室有什么作用？离心式泵的吸入室主要有哪几种形式？

（9）泵的压出室有什么作用？其形式有哪几种？

（10）轴套有什么作用？轴套一般用什么材料制成？

（11）什么是联轴器？泵与风机常用联轴器有哪些？

（12）按运动元件摩擦性质的不同，轴承分哪两种？

（13）根据结构和作用的不同，滚动轴承可大致分哪几种？

（14）向心轴承由哪几部分组成？说明它的载荷性质。

（15）滚动推力轴承由哪几部分组成？说明它的载荷性质。

（16）什么是密封环（口环）？密封环结构形式有哪几种？

（17）什么是轴端密封？常用的轴端密封有哪几种？

（18）常见的填料密封的填料材料有哪些？

（19）简述单级悬臂式离心式泵的解体步骤。

（20）如何拆卸联轴器？

（21）叶轮如果拆不下，应如何操作？

（22）简述单级悬臂式离心式泵的装复步骤。

（23）如何装复填料密封？

（24）简述轴流式泵与风机的特点。

（25）轴流式泵与风机的结构形式有哪些？

（26）简述轴流式泵的整体结构。

（27）简述轴流式泵与风机的工作原理。

（28）什么是半可调式轴流泵？什么是全可调式轴流泵？

（29）轴流式泵的主要部件有哪些？

（30）轴流式泵动叶出口导叶有何作用？

（31）大容量和叶片可调的轴流式泵泵轴做成空心有何好处？

（32）轴流式泵的吸入管有何作用？

【任务实施】

本任务建议在热机实训室进行，根据实训室的具体情况，选择拆装单级单吸泵或单级双吸泵。

任务实施建议分四个阶段进行。

一、准备阶段

（1）学生在任务实施前，应学习相关知识，初步制订任务实施方案。

（2）学生分组。建议以每 4～6 人为 1 小组，每组选一名组长，以工作小组形式展开，组内成员协调配合完成指定的操作任务。

（3）教师介绍本任务的学习目标、学习任务。

（4）教师向学生展示本任务实施使用的工具及其使用方法。

本任务实施所需要的主要工具包括实训用单级（单吸/双吸）离心式泵、扳手、螺丝刀、游标卡尺、百分表、塞尺、三爪拉马、铜锤或铜棒、木锤或铅锤、煤油、润滑剂、各种规格薄金属片、密封填料、记录本等。

二、教师示范

教师示范过程中，建议：

（1）讲解每个步骤的注意事项（包括人身安全和设备安全注意事项）。

（2）讲解每一步操作“怎么做”和“为什么”。

（3）建议难度较大的操作重复示范 1～2 次。

（4）每拆下一个部件，应讲解该部件的结构、作用及工作原理。

这时，教师可以利用多媒体课件进行讲解。特别要提醒同学注意观察该部件在泵中的装配位置、与其他部件的装配关系。

（5）在教师的示范过程中，要求学生认真听、认真看，并做好笔记。

三、学生操作

教师示范后，学生按照分组进行操作，教师在场巡查、指导。

（1）学生在操作前，应根据教师的示范操作，重新制订实施方案。

（2）实施方案经教师检查确认后，方可开始操作。

（3）任务完成后要求学生清理工具，打扫现场。

四、学习总结

（1）学生总结操作过程、心得体会，撰写实训报告。

（2）教师根据学生的学习过程和实训报告进行考评。

【相关知识】

一、单级离心式泵的主要零部件

离心式泵的主要部件有叶轮、吸入室、压出室、轴和轴套、联轴器、滚动轴承、密封装置等，如图 2-1 所示。

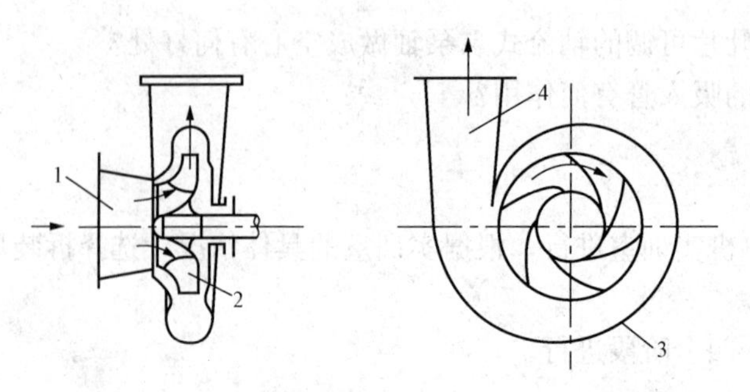

图 2-1　单级离心式泵示意图

1—吸入管；2—叶轮；3—泵蜗壳；4—压出管

（一）叶轮

叶轮是实现能量转换的主要部件，其作用是将原动机的机械能传递给流体，使流体获得能量（压力能和动能）。单级离心式泵只有一个叶轮，多级离心式泵有 2 个以上的叶轮。

叶轮的形式、结构及性能特点见表 2-1。

表 2-1　叶轮的形式、结构及性能特点

叶轮形式	闭式叶轮		半开式叶轮	开式叶轮
	单吸	双吸		
示意图				
结构特点	由前盖板、后盖板、叶片及轮毂组成，前盖板与主轴之间形成叶轮的圆环形吸入口	由前盖板、叶片及轮毂组成，没有后盖板，但由两块前盖板形成对称的两个圆环形吸入口	只有后盖板、叶片及轮毂	没有盖板，只有叶片及轮毂
性能特点	闭式叶轮内部泄漏量小，效率较高； 双吸叶轮能平衡轴向推力和改善汽蚀性能		有较大的泄漏量，使效率降低	泄漏量大，效率低
应用	常用于输送清水、油等无杂质的液体		输送含有灰渣等杂质的液体，可防止流道堵塞	输送黏性很大或含纤维的液体

叶轮的材料根据输送液体的化学性能、杂质的含量及机械强度而定。清水泵一般采用铸铁或铸钢制成。采用青铜、磷青铜、不锈钢等材料的叶轮具有高强度、抗腐蚀、抗冲刷的性能。大型给水泵和凝结水泵的叶轮采用优质合金钢。

（二）吸入室

离心式泵吸水管法兰接头至叶轮进口的空间称为吸入室。其作用是以最小的阻力损失，引导液体平稳地进入叶轮，并使叶轮进口处的液体流速分布均匀。

吸入室分为锥形吸入室、环形吸入室、半螺旋形吸入室，如图 2-2 所示。

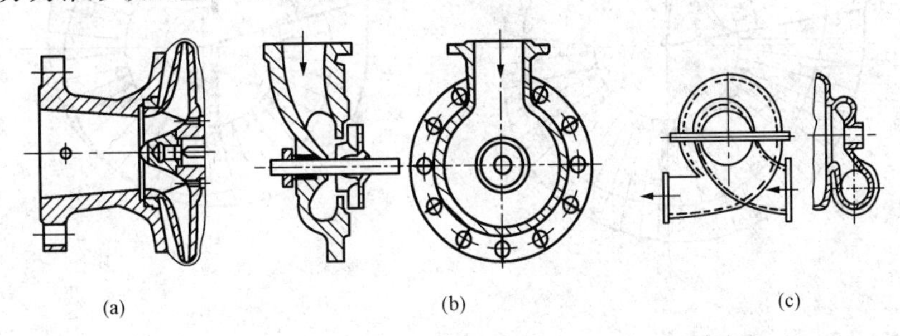

图 2-2　离心式泵吸入室

（a）锥形吸入室；（b）环形吸入室；（c）半螺旋形吸入室

（三）压出室

单级泵叶轮或多级泵末级叶轮的出口至泵出口法兰之间的流动空间称为压出室，它的主要作用是以最小的水力损失收集末级叶轮或末级导叶中流出的液体，引入压水管道，并将流体的部分动能转换为压力能。

压出室分螺旋形压出室（蜗壳）和环形压出室，如图 2-3 所示。

图 2-3　离心式泵压出室

（a）螺旋形压出室；（b）环形压出室

具有螺旋形压出室的泵，在流量偏离最优工况流量时，蜗室各断面中的压力分布不均匀，液体作用于叶轮出口处的圆周面上的压力也是从隔舌到扩散段进口不断变化的，于是在叶轮上就产生一个径向力 F，如图 2-4 示。使轴受交变应力作用，产生较大的挠度，容易造成密封环、级间套和轴套磨损，甚至会使泵轴因疲劳而破坏。

为了平衡径向力，有些泵的泵壳也采用如图 2-5 所示的双层压出室和双压出室结构。

蜗壳式多级泵（即中开式多级泵）径向力的平衡，可以采用如图 2-6 所示倒置双蜗室结构。

倒置双蜗室是在每相邻的两级的蜗形压出室布置成相差 180°，这样可使作用于相邻两级叶轮上的径向力的方向相差 180°，从而互相抵消。但是因为这两个力不在垂直于轴线的同一

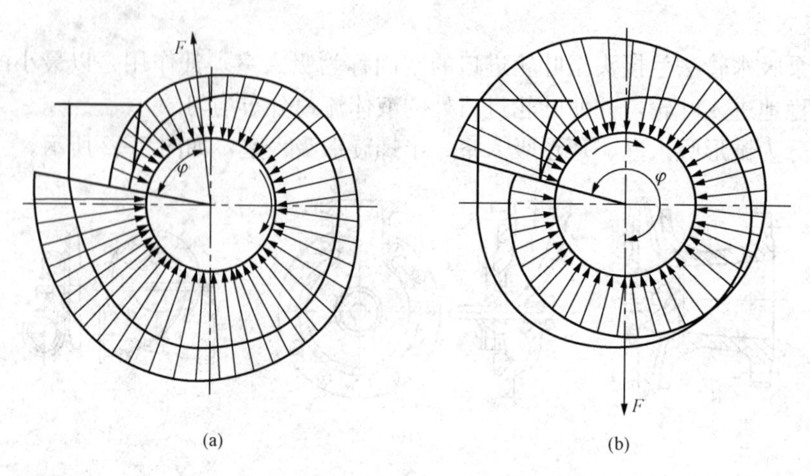

图 2-4 径向力的分布情况

（a）流量小于最优工况流量时；（b）流量大于最优工况流量时

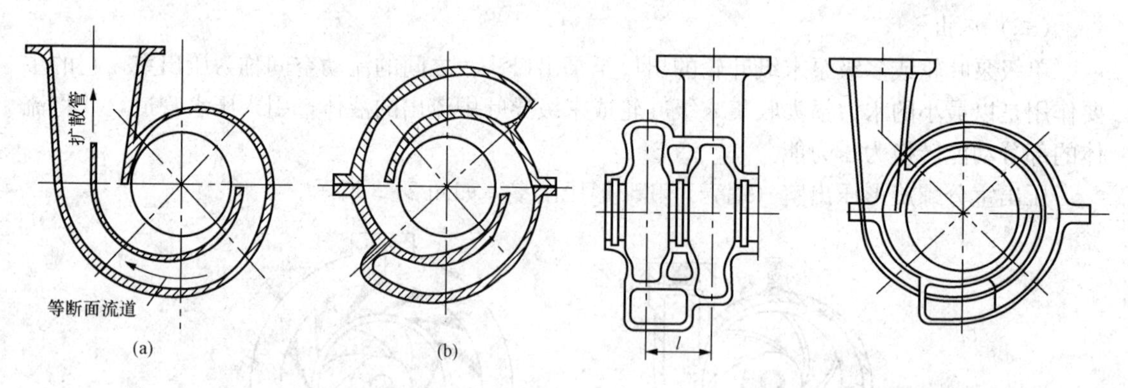

图 2-5 单级蜗壳泵的径向力平衡

（a）双层压出室；（b）双压出室

图 2-6 倒置双蜗室

平面内，故组成一个力偶。此力偶需由另两级叶轮的径向力所组成的力偶来平衡或由轴承的支撑力组成的力偶来平衡。这种径向力的平衡方式适用于级数为偶数、叶轮为单吸式的中开式多级泵。对于级数为奇数、第一级叶轮是双吸式的中开式多级泵，则可将第一级蜗室做成双层压出室，之后每两级为一对，尽可能组成双数对，每对蜗室彼此错开 180°，以平衡其径向力及其形成的力偶矩。

（四）轴和轴套

1. 轴

轴是一个传递动力（机械能）的部件。泵与风机中，轴把叶轮、轴套、平衡盘和半联轴器等部件连成转子。

根据支承方式不同，分为悬臂式轴和双支承式轴。使用何种支承方式与泵的结构形式有关，单级单吸蜗壳式离心式泵常用悬臂式轴，双吸式或多级离心式泵都采用双支承轴。

根据轴的形状，分为平轴（也称等直径轴）和阶梯式轴（如图 2-7 所示）两种。中小型泵多采用平轴，叶轮滑配在轴上，叶轮间的距离用轴套定位，轴的材料一般采用碳钢。

近代大型泵多采用阶梯式轴，不等孔径的叶轮用热套法装在轴上，叶轮与轴之间无间隙，不致使轴间窜水和冲刷，但拆装较困难。大功率高压泵轴采用 40Cr 钢或特种合金钢。

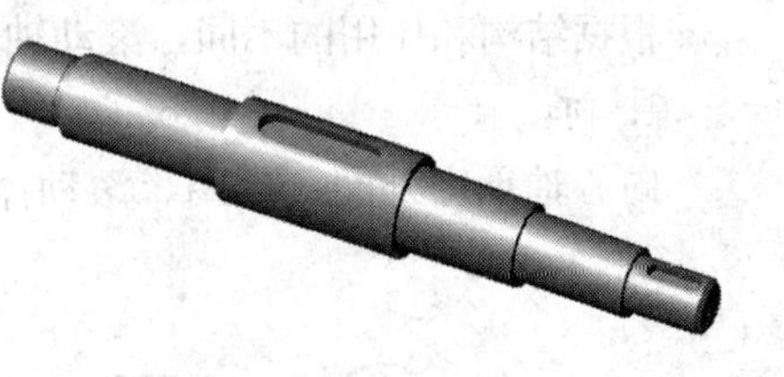

图 2-7　阶梯式轴

2. 轴套

轴套装在轴上，可防止泵轴磨损和腐蚀，延长泵轴的使用寿命，同时对叶轮进行轴向定位。其材料一般为铸铁，也有采用硅铸铁、青铜、不锈钢等材料的。采用浮动环轴封装置时，轴套表面还需要进行镀铬处理。

离心式泵轴穿出泵腔的区段（即与轴封装置相对应的区段）均装有轴套。对具有等径轴、短轮毂的多级离心式泵，其叶轮之间也装有轴套（又称间距套），为各级导向叶轮留出安装的位置。

（五）联轴器

联轴器又称靠背轮，它是用来连接主、从动轴以传递扭矩的部件。

泵与风机常用的联轴器有凸缘固定式联轴器、齿轮可移式联轴器、弹性套柱销联轴器、弹性柱销联轴器（如图 2-8 所示）以及液力耦合器（将在学习情境四阐述）等。

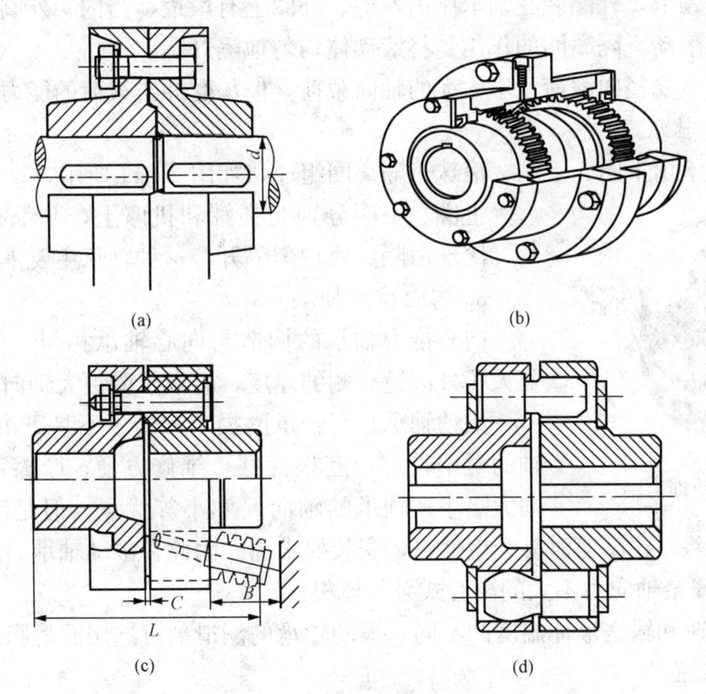

图 2-8　联轴器

(a) 凸缘固定式联轴器；(b) 齿轮可移式联轴器；
(c) 弹性套柱销联轴器；(d) 弹性柱销联轴器

（六）滚动轴承

轴承是用来支撑机械旋转体、承受转子径向和轴向载荷、降低设备在传动过程中的机械载荷摩擦系数的部件。

按运动元件摩擦性质的不同，轴承可分为滚动轴承和滑动轴承（将在下一个任务中介绍）两类。

根据结构和作用的不同，滚动轴承可大致分为向心轴承、滚动推力轴承和向心推力轴承。

1. 向心轴承

向心轴承由外圈、内圈、滚动体（如图 2 - 9 所示）、隔离圈等组成，如图 2 - 10 所示。

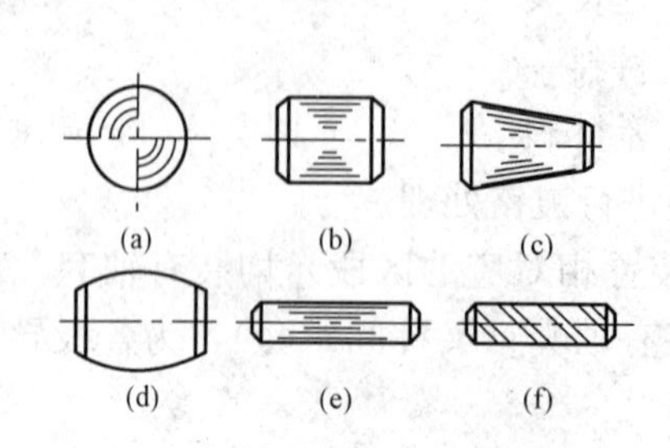

图 2 - 9 滚动体

(a) 滚珠；(b) 短圆柱滚子；(c) 圆锥滚子；
(d) 彭形滚子；(e) 滚针；(f) 螺旋滚子

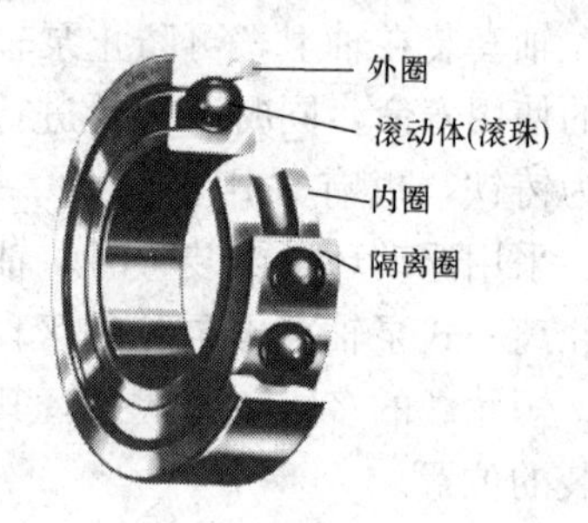

图 2 - 10 向心轴承

内圈装在轴颈上，外圈装在轴承座内，内、外圈上有滚道，当内、外圈相对旋转时，滚动体就沿着滚道滚动。隔离圈的作用是将滚动体均匀地隔开。

向心轴承可承受径向载荷及不太大的轴向载荷，但承受冲击载荷的能力较差。

2. 滚动推力轴承

滚动推力轴承由上圈、下圈、滚珠、隔离圈组成，如图 2 - 11 所示。

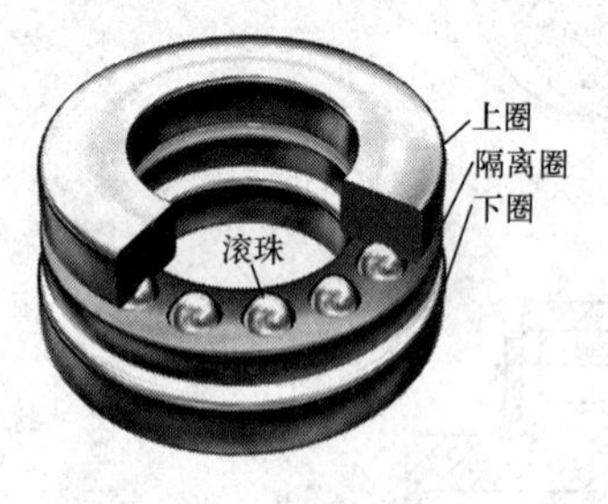

图 2 - 11 滚动推力轴承

上圈、下圈分别装在轴和机座上，并都有滚道供滚珠滚动，滚珠由隔离圈均匀隔开。这种轴承主要承受轴向载荷。

3. 向心推力轴承

向心推力轴承的构造与向心轴承相似，但向心推力轴承加大了外滚道一侧的厚度，可以承受更大轴向推力。

滚动轴承具有轴承磨损小，转子不易下沉；轴承间隙小，轴的对中性好；互换性好，维修方便；摩擦系数小，泵的启动力矩小；轴承的轴向尺寸小等优点。但是滚动轴承承受冲击载荷的能力较差，在高速时易产生噪声，安装要求高。因此，滚动轴承一般应用于转速小于 2950r/min、残余轴向力不大的离心式泵与风机。

根据轴的转速和输送液体温度的不同，滚动轴承的润滑剂可选用润滑脂或润滑油。

（七）密封装置

由于液体流经泵的叶轮后，压力升高。高压液体经过动静间的间隙向低压区泄漏，降低了泵的运行效率。因此，需要采用密封装置，以减小液体的泄漏，提高泵的运行效率。

根据所在的位置，密封装置分为密封环（也称口环）和轴端密封。

1. 密封环（口环）

密封环的作用是为了防止高压流体通过叶轮进口与泵壳之间的间隙泄漏至吸入口（如图 2 - 12 所示）。

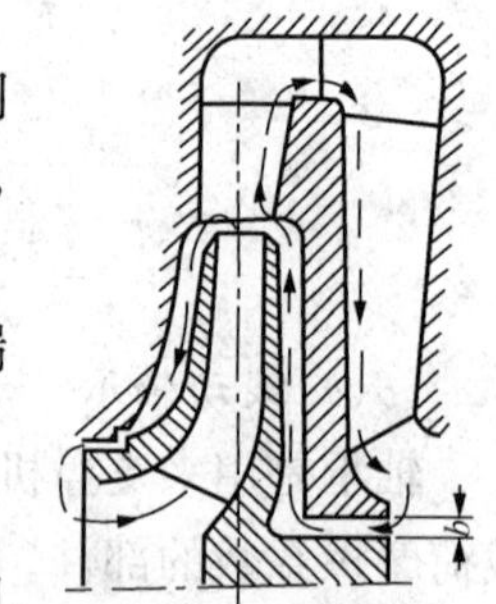

图 2 - 12 泄漏示意图

密封环结构形式有平环式、角接式和迷宫式等，如图 2-13 所示。一般泵常采用平环式及角接式，高压泵则常采用迷宫式。

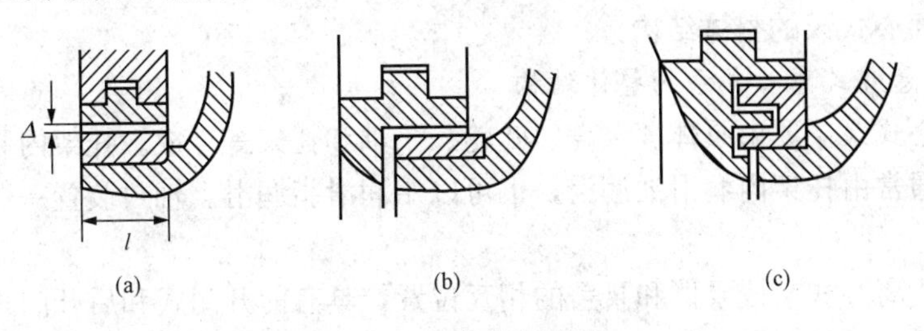

图 2-13　密封环形式

(a) 平环式；(b) 角接式；(c) 迷宫式

2. 轴端密封

泵轴通过泵体向外伸出处的动静部件之间必然存在间隙，因而产生泄漏。为减小泄漏，在该间隙处装有轴端密封装置。

轴端密封有填料密封、机械密封、浮动环密封等。这里先介绍填料密封，其他类型的密封装置将在下一任务中介绍。

填料密封又称为压紧填料密封，俗称盘根密封。

图 2-14 所示为一种典型的填料密封结构。它主要由填料压盖、填料箱（函）、填料、液封环及螺栓等零部件组成，其工作原理是：压紧螺栓产生的预紧力使填料产生轴向压缩变形，同时引起填料产生径向膨胀，由于径向受到轴表面和填料箱内表面的约束，从而使间隙填塞，达到密封的目的。

图 2-15 所示为带水封环的填料密封。运行时环内引入工业水或较高压力的水，形成水封，阻止空气漏入泵内或减少压力水漏出泵外，也起到冷却和润滑的作用。

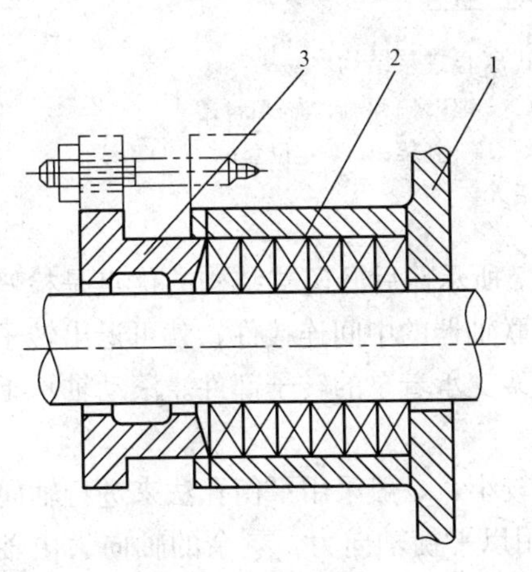

图 2-14　填料密封

1—填料函；2—填料；3—填料压盖

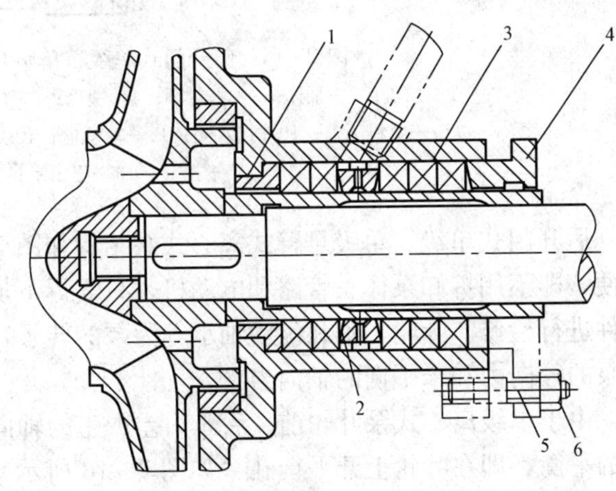

图 2-15　带水封环的填料密封

1—填料套；2—填料环；3—填料；4—填料压盖；5—长扣双头螺栓；6—螺母

密封效果可以用松紧压盖来调节。合理的压盖松紧度是上紧压盖后，填料箱中每分钟渗漏液体量以几十滴为佳。

常温下工作的泵常用石墨或黄油浸透的棉织填料。用于高温或高压水时，则用石墨浸透的石棉填料；输送石油产品时，采用铝箔包石棉填料或聚四氟乙烯等新材料制成的填料。

二、单级离心式泵的整体结构

（一）单级悬臂式离心式泵的整体结构

悬臂式离心式泵主要由泵体、泵盖、叶轮、泵轴和托架等组成。托架内装有支承泵转子的轴承，轴承通常由托架内润滑油润滑，也可以用润滑脂润滑。轴封装置一般为填料密封或机械密封。

单级悬臂式离心式泵按泵体和泵盖的相互位置，具有前开门式和后开门式两种结构。

前开门式单级、单吸悬臂式离心式泵结构如图 2-16 所示。前开门式结构泵轴的一端支承在托架的轴承上，另一端伸出为悬臂端，叶轮安装在悬臂端，泵的进口在泵盖上，出口在泵体上，泵体是螺旋形蜗壳。泵内的压力水可直接由开在后盖上的孔送到填料的水封环或机械密封腔，起水封及冷却的作用。

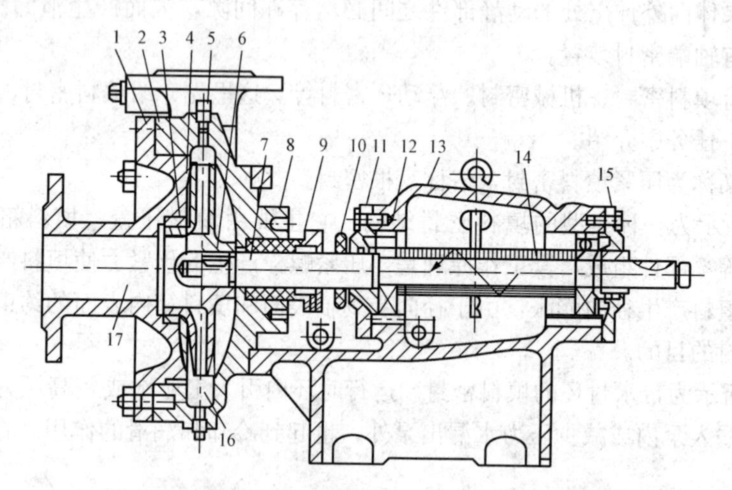

图 2-16 前开门式单级、单吸悬臂式离心式泵结构

1—泵盖；2—泵体；3—密封环；4—螺母；5—叶轮；6—键；7—泵轴；8—填料；9—填料压盖；10—挡水圈；11—轴承盖；12—轴承；13—托架；14—定位套；15—挡套；16—压出室；17—吸入室

后开门式单级、单吸悬臂式离心式泵结构如图 2-17 所示。后开门式结构的优点是检修方便，即不用拆卸泵体、管路和电动机，只需拆下加长联轴器的中间连接件，就可退出转子部件进行检修。叶轮、轴和滚动轴承等为泵的转子，托架支承着泵的转子部件。滚动轴承承受泵的径向力和未平衡的轴向力。

由于单级离心式泵叶轮前、后压力差产生的轴向力较小，一般采用平衡孔法来进行轴向力的平衡，即在叶轮上开平衡孔（如图 2-18 所示），用以平衡轴向力，剩余的轴向力由轴承来承受。

（二）单级双吸泵整体结构

以上海电力修造总厂生产的 FA1D56 前置泵为例，介绍单级双吸水泵的结构。

FA1D 前置泵为卧式、单级水平中开式离心式泵，主要由泵壳、叶轮、轴、吸入室、压出室、密封环、轴承、轴、联轴器及泵座等部件组成，如图 2-19 所示。

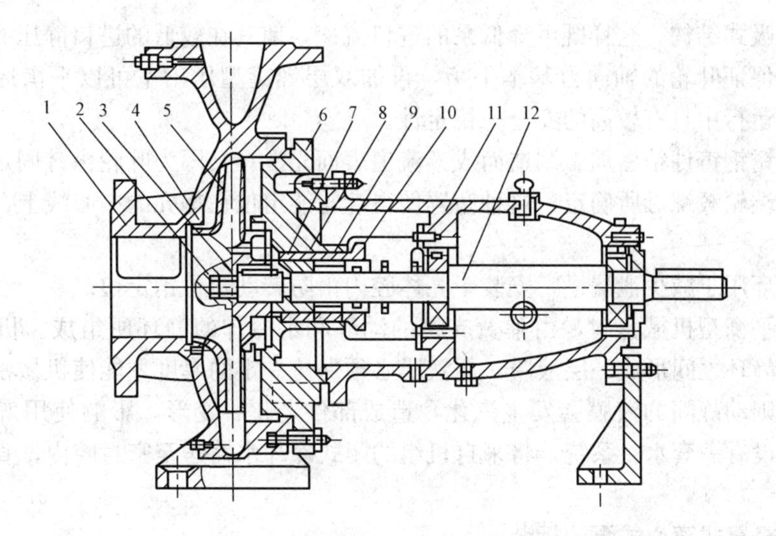

图 2-17 后开门式单级、单吸悬臂式离心式泵结构

1—泵体；2—叶轮螺母；3—制动垫圈；4—密封环；5—叶轮；6—泵盖；7—轴套；8—水封环；9—软填料；10—压盖；11—托架；12—泵轴

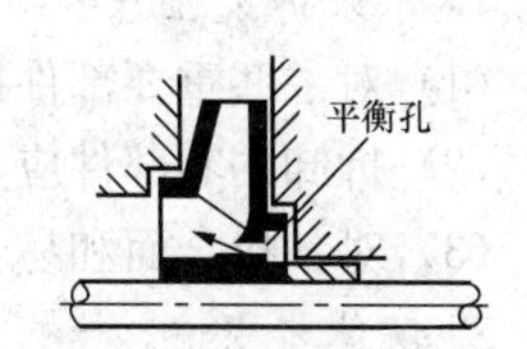

图 2-18 叶轮平衡孔示意图

为了适应前置泵运行时热膨胀的需要，其泵壳通过一个与其浇铸在一起的泵脚，支撑在箱式结构钢焊接的泵座上，泵壳和泵座的接合面接近轴的中心线，而滑键合理的配置可保持纵向与横向的对中，以免影响泵的正常运行。

泵壳是高质量的碳钢铸件，由半螺旋型吸入室和双层螺旋型压出室等组成。其结构为水平中开式，进、出口均设在壳体下半部，便于检修。泵壳上盖设有排气阀。

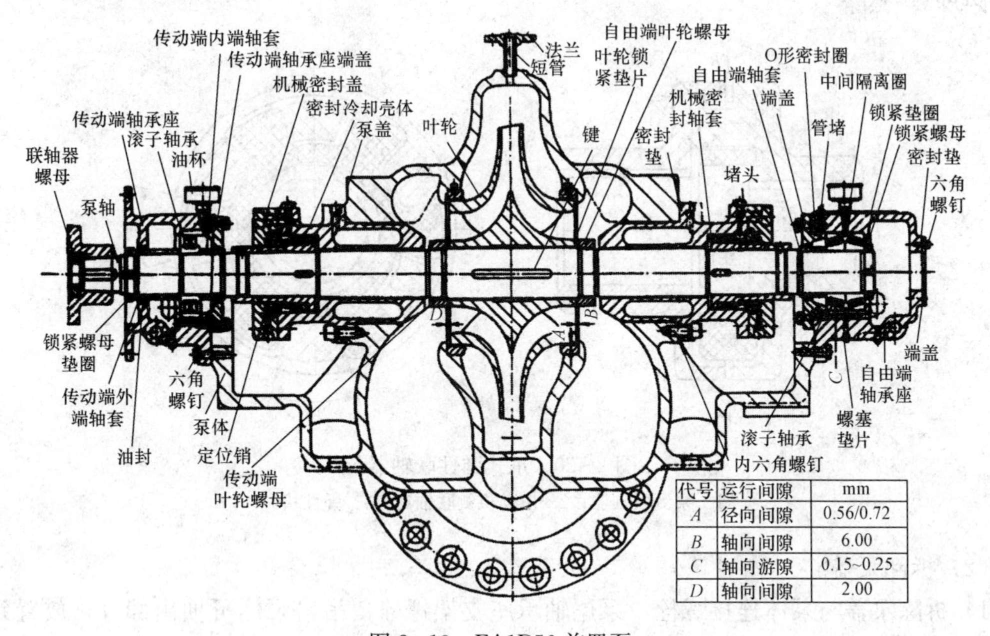

代号	运行间隙	mm
A	径向间隙	0.56/0.72
B	轴向间隙	6.00
C	轴向游隙	0.15~0.25
D	轴向间隙	2.00

图 2-19 FA1D56 前置泵

叶轮是双吸式结构。这样既可降低泵的进口流速，使其在较低的进口静压头下也不易发生汽蚀，又可保证叶轮的轴向力基本平衡，再加双层螺旋型压出室可以平衡运行时的径向力，使得该泵运行中具有较高的安全、稳定性。

叶轮由不锈钢铸件精密加工制造而成，流道表面光滑；又因为叶轮由键固定在轴上，轴向位置由其两端轮毂螺母所确定，这种布置使得叶轮能定位在蜗壳的中心线上，因而其流动效率较高。

叶轮密封环用于减少泄漏量，安装于壳体腔内由防转动定位销定位。

泵体装有平衡型机械密封，由弹簧支撑的动环和水冷却的静环所组成。机械密封工作时，在动环和静环之间形成一层液膜，而液膜必须保持一定的厚度才能使机械密封有效地吸收摩擦热，否则动静间的液膜会发生汽化，造成部件老化、变形，影响使用寿命和密封效果。为此专门设有一套水冷系统，将来自机组的闭式冷却水输送至密封腔内，直接冲洗、冷却密封端面。

三、单级悬臂式离心式泵的拆装

下面以 IS 型为例介绍单级离心式泵的拆装过程。

（一）泵的解体

1. 水泵拆装注意事项

（1）对一些重要部件拆卸前应做好记号，以备装复时定位。

（2）拆卸的零部件应妥善安放，以防失落。

（3）对各接合面和易于碰伤的地方，应采取必要的保护措施。

2. 解体步骤

（1）拆除联轴器连接螺栓及电动机地脚螺栓，吊出电动机。

对于采用爪式弹性联轴器（如图 2-20 所示）的泵，只需将电动机地脚螺栓拆除后吊出电动机即可。

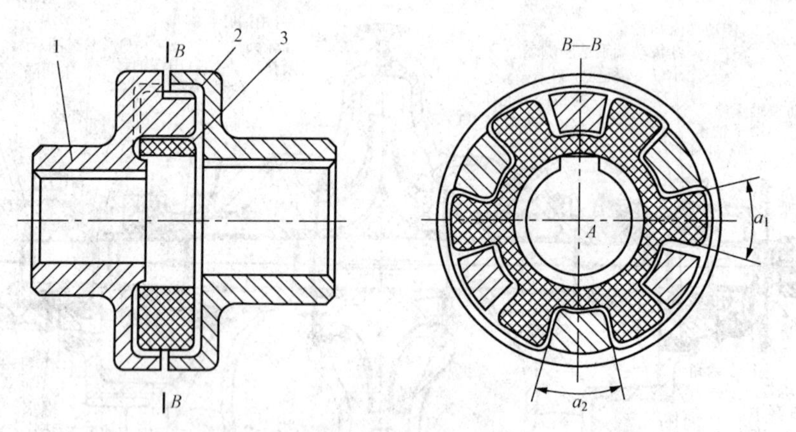

图 2-20 爪式弹性联轴器

1—泵侧联轴器；2—电动机侧联轴器；3—弹性块

（2）拆卸泵盖。

1）拆除泵盖与泵体连接螺栓、泵尾轴承座支架螺栓，吊出泵体可抽出部分，放置到检修场地。

2）拆前泵盖与泵体连接处应做好记号，拧下螺母，即可拆下泵盖，如过紧可利用顶丝将泵盖顶离泵体后取下。

3）吊出泵体可抽部分时用力应均匀，必要时可用撬棍轻轻撬动泵盖，使泵盖退出止口。

（3）拆卸联轴器。

1）将轴固定好，先拆下固定联轴器的锁紧帽，再用拉马（如图2-21所示）的拉勾钩住联轴节，拉马丝杆顶正泵轴中心（如图2-22所示），慢慢转动手柄，即可将联轴器拆下。

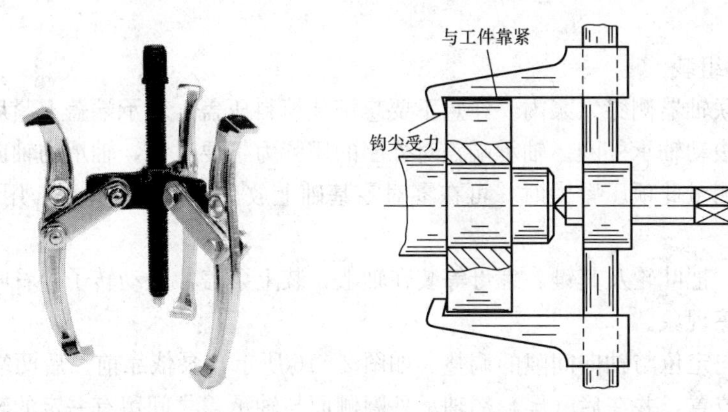

图2-21　三爪拉马　　图2-22　拆卸联轴器

2）在钩拉过程中，可用铜锤或铜棒轻击联轴器。如果拆不下来，可用棉纱蘸上煤油，沿着联轴器四周燃烧，使其均匀受热膨胀，这样容易拆下，但为了防止轴与联轴器一起受热膨胀，可用湿布把泵轴包好。

（4）拆卸叶轮。

1）用专用扳手拆下叶轮前的反扣螺母及止动垫圈（一般反扣螺母是左旋螺纹），取下止动垫圈，用木锤或铅锤沿叶轮四周轻轻敲击即可拆下叶轮。

2）如取不下来，可利用叶轮平衡孔上的丝牙，用专用工具将叶轮从轴上取下，具体方法是：将专用工具的两根螺钉，拧入叶轮上有丝牙的平衡孔中，丝杆顶正轴端中心，慢慢转动手柄，将叶轮从泵轴上拉出。

3）如果叶轮锈于轴上而拉不动，可在键连接处刷上少量煤油，稍等片刻，即可拉出叶轮，然后依次取下叶轮平键、轴套等部件。

（5）拆卸泵体。泵体是用螺栓与轴承座连接在一起的。拆前应做好记号，然后拧下螺母，拆下泵体，再卸下填料压盖，取出填料函体内的填料。

（6）拆卸轴和轴承。

1）先拆下轴承箱上前、后两只轴承盖，然后用一木块垫在联轴器端轴头上，用紫铜棒轻轻敲打木块，就可把泵轴连同轴承一起拆下。

2）从轴上取下轴承时要注意不能损伤轴承。一般用特制的轴承拔子来拆，拔子的钩头一定要抓住轴承的内圈。若轴承与泵轴配合很紧，可将润滑油加热至100℃后，用油壶浇在轴承内圈上，同时用拔子将轴承拆下。

3）拆卸完毕后，用轻柴油或煤油将拆卸的零部件清洗干净，按顺序放好，以备检查和测量。

(二)泵的装复

1. 泵的装复步骤

泵的装复是依照先拆后装、后拆先装的基本原则进行的。装配前应在各配合面和螺纹处涂一层润滑剂。

(1)组装转子。

1)将轴套、滚动轴承、定位套、联轴器侧轴承端盖、小套、联轴器及螺母等组装在泵轴上。

2)叶轮暂不组装。

(2)转子从联轴器侧穿入泵内。注意不要忘记装填料压盖,轴承端盖上紧后,必须保证轴承端盖应压住滚动轴承外圈。轴承端盖对外圈的压紧力不要过大,轴承的轴向间隙不能消失。用压铅丝法测量此项压紧力时,可在零对零基础上放出 0.1~0.2mm,用手盘动转子,应灵活、轻便。

(3)装叶轮。把叶轮及其键、螺母等装在轴上,装上泵盖,盘动转子,看叶轮与密封环是否出现相互摩擦现象。

(4)轴承轴向定位与轴向间隙的调整。如图 2-16 所示,泵依靠前、后两端轴承盖来固定轴承在轴上的位置,并在后(尾)端轴承外圈侧面与轴承盖之间留有一定的轴向间隙,以保证运行时泵轴有足够的热胀冷缩距离。具体的调整方法是将前端轴承端盖装好后,把泵轴向叶轮方向推到位,测出尾端轴承进入轴承座的深度,再测尾端轴承端盖止口的高度,计算出其差值后,增减垫片,达到要求即可。

(5)轴封的装配。该泵采用填料密封,打开填料压盖,切取与轴外周长等长度的盘根数根(其根数依说明书或泵原旧填料的根数),然后一根一根地压入,压入时每根接口应错开180°,最后装上压盖,但不拧紧螺栓,等到泵工作时,再慢慢拧紧螺栓,直到填料箱中每分钟渗漏液体量为几十滴即可停止。

注意:

1)不宜将压盖压得太紧。

2)如有水封填料密封,水封环应正对水封注水孔。

3)使用机械密封的应避免密封面损坏。

(6)将泵吊入泵座并将其固定,装接进、排管。

(7)电动机装复。为防止单级泵与风机在运转时,因中心不准而引起设备的超常振动,常用百分表和塞尺对联轴器进行找中心,又称找正、对中,以保证泵或风机的对轮与电动机的对轮中心重合(即外圆同心),两轴中心线平行(即两端面平行)。一般以水泵为基准,找正电动机中心值。

2. 技术要求

(1)轴承为滚动轴承的,其轴向间隙调整为 0mm;而尾端轴承为推力轴承的,其轴向间隙调整为 0.10~0.15mm。

(2)装复后两联轴器之间的间隙应为 3~5mm。两联轴器圆周和端面的偏差要求如下:

1)圆周偏差:转速低于 1500r/min 时,为 0.06~0.10mm;转速为 1500~3000r/min 时,为 0.04~0.06mm。

2)端面偏差:转速低于 1500r/min 时,小于或等于 0.05mm;转速为 1500~3000r/min

时，小于或等于 0.04mm。

(3) 密封环间隙要求。密封环间隙见表 2-2。

表 2-2 密封环间隙 mm

密封环内径	最小间隙	最大间隙	极限间隙
80～120	0.30	0.45	0.60
120～180	0.35	0.55	0.80
180～260	0.45	0.65	1.0
260～320	0.50	0.75	1.1

(4) 其他要求。

1) 轴的弯曲度应小于或等于 0.03mm；

2) 轴套径向跳动值小于或等于 0.07mm；

3) 叶轮晃动值小于或等于 0.05mm。

四、单级双吸泵的拆装

以水平中开单级双吸卧式循环水泵为例，其结构如图 2-23 所示。

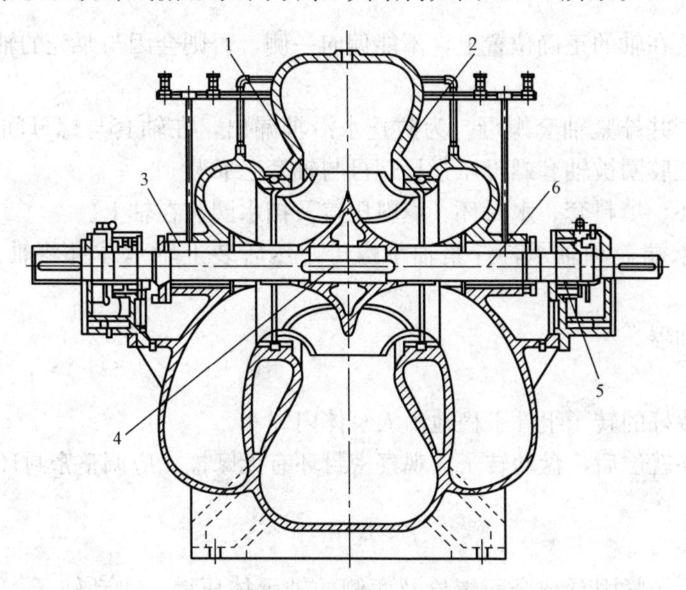

图 2-23 水平中开单级双吸卧式循环水泵
1—叶轮；2—泵壳；3—轴封；4—键；5—轴承；6—轴

(一) 解体步骤

1. 分离泵

(1) 拆除联轴器销子，将水泵与电动机脱离。

(2) 拆下泵结合面螺栓及销子，使泵盖与下部的泵体分离，然后把填料压盖卸下。

(3) 拆开与系统有连接的管路（如空气管、密封水管等），并用布包好管接头，以防止落入杂物。

2. 吊出泵盖

检查上述工作完成后，即可吊下泵盖。起吊时应平稳，并注意不要与其他部件碰磨。

3. 吊转子

（1）将两侧轴承体压盖松下并脱开。

（2）用钢丝绳拴在转子两端的填料压盖处起吊，要保持平稳、安全。转子吊出后应放在专用的支架上，并放置牢靠。

4. 转子的拆卸

（1）将泵侧联轴器拆下，妥善保管好连接键。

（2）松开两侧轴承体端盖并把轴承体取下，然后依次拆下轴承紧固螺母、轴承、轴承端盖及挡水圈。

（3）将密封环、填料压盖、水封环、填料套等取下，并检查其磨损或腐蚀的情况。

（4）松开两侧的轴套螺母，取下轴套并检查其磨损情况，必要时予以更换。

（5）检查叶轮磨损和汽蚀的情况，若能继续使用，则不必将其拆下。如确需卸下时，要用专门的工具边加热边拆卸，以免损伤泵轴。

（二）装配顺序

1. 转子组装

（1）叶轮应装在轴的正确位置上，不能偏向一侧，否则会因与泵壳的轴向间隙不均而产生摩擦。

（2）装上轴套并拧紧轴套螺母。为防止水沿轴漏出，在轴套与螺母间要用密封胶圈填塞，组装后应保证胶圈被轴套螺母压紧且螺母与轴套已靠紧。

（3）将密封环、填料套、水封环、填料压盖及挡水圈装在轴上。

（4）装上轴承端盖和轴承，拧紧轴承螺母，然后装上轴承体并将轴承体和轴承端盖紧固。

（5）装上联轴器。

2. 吊入转子

（1）将前述装好的转子组件平稳地吊入泵体内。

（2）将密封环就位后，盘动转子，观察密封环有无摩擦，应调整密封环，直到盘动转子轻快为止。

3. 扣泵盖

将泵盖扣上后，紧固泵结合面螺栓及两侧的轴承体压盖。盘动转子，看是否与之前一致，若没有明显异常，即可将空气管、密封水管等连接上，把填料加好，然后进行对联轴器找正。

五、拓展阅读：轴流式泵和混流式泵

轴流式泵与风机是由旋转叶轮中叶片对流体作用的升力来对流体做功，将机械能转换为流体的能量，实现流体的输送；在轴流式泵与风机中，流体沿轴向流入叶轮并沿轴向流出叶轮，故称为轴流式。

混流式泵是介于离心式泵与轴流式泵之间的一种形式，也称斜流式。叶轮对流体既有离心力做功，也有升力做功。

轴流式泵属于高比转速泵，比转速一般为500～1000，这种泵的性能特点是流量大，即使较小的轴流式泵，其流量也在 0.5m³/s 左右，一些大型的轴流式泵流量可达 20m³/s，某些特殊用途的巨型泵甚至可达 300m³/s。但是轴流式泵的扬程一般都很低，为 4～15m，一些较小的轴流式泵扬程只有 1m 多。

（一）轴流式泵的特点

（1）结构简单、紧凑，外形尺寸小，质量较轻。

（2）动叶可调轴流式泵与风机，由于动叶安装角可随外界负荷变化而改变，因而变工况时调节性能好，可保持较宽的高效工作区，图 2 - 24 所示是轴流式风机与离心式风机轴功率的对比。由该图可见，在低负荷运行时，动叶可调轴流式风机的经济性高于机翼型离心式风机。

（3）动叶可调轴流式泵与风机因轮毂中装有叶片调节机构，从而转子结构较复杂，制造安装精度要求高。

（4）噪声大于离心式。

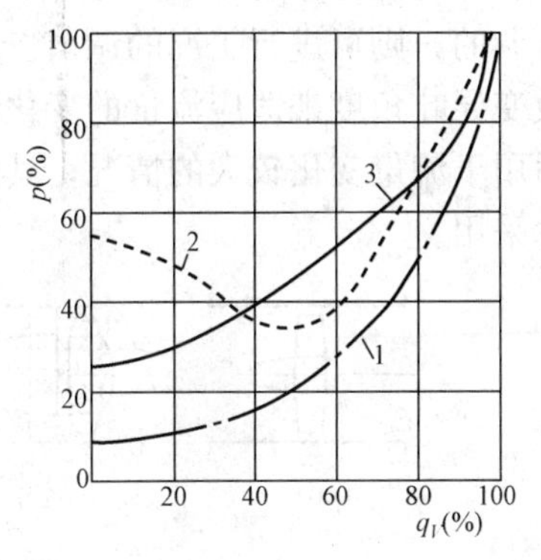

图 2 - 24　轴流式风机与离心式风机轴功率的对比

1—动叶可调轴流式风机；2—静叶可调轴流式风机；3—机翼型离心式风机

鉴于以上特点，特别对动叶可调轴流式泵与风机，其综合技术性能明显优于离心式。因此，国内外大型电厂普遍采用轴流式风机作为锅炉送风机、引风机，轴流式水泵作为循环水泵。我国 300MW 以上的机组送风机、引风机及循环水泵一般都采用轴流式。今后，随着电厂单机容量的提高，其应用范围将会日益广泛。

（二）轴流式泵与风机的基本形式

轴流式泵与风机有以下四种基本形式：

（1）在机壳中只装有一个叶轮，没有导叶，如图 2 - 25（a）所示，这是最简单的一种形式。流体在流出叶轮时，有较大的圆周分速，使流体产生旋转运动，从而伴随能量损失。因此，这种形式只适用于低压轴流风机。

（2）在机壳中装有一个叶轮和一个固定的出口导叶，如图 2 - 25（b）所示。出口导叶可以减小或消除因叶轮出口处流体的圆周分速而导致的轴向运动，并使这部分旋转动能转换为压力能，从而可以减小由于叶轮出口处的旋转运动所造成的损失，提高了运行效率，这种形式常用于高压轴流式泵与风机。如国产 600MW 机组使用的 FAF26.6-15-1 型轴流式送风机和 SAF35.5-20-1 型引风机以及 300MW 机组使用的 50ZLQ-50 型轴流式循环水泵均采用这种形式。

（3）在机壳中装一个叶轮和一个固定的入口导叶，如图 2 - 25（c）所示。流体轴向进入前置导叶，经导叶后产生与叶轮旋转方向相反的旋转速度，即产生反预旋。在设计工况下，消除周向分速度，使流体沿轴向流出叶轮。在非设计工况下，当流量减小时，流动效率较低。

这种形式具有以下优点：

1）在转速和叶轮尺寸相同时，进口导叶使流体在叶轮进口前产生反预旋，流体可以获得较高的能量，叶轮尺寸可以减小，从而可以减小体积。

2）工况变化时，冲角的变动较小，因而效率变化较小。

3）若进口导叶作成可调的，则当工况变化时，可随工况的改变调节进口导叶角度，使其在变工况下仍能保持较高的效率。

目前，一些中、小型风机常采用这种形式，水泵因汽蚀问题则不采用这种形式。

（4）在机壳中有一个叶轮并具有进、出口导叶，如图 2-25（d）所示。如进口导叶设计成可调的，则可进行工况的调节。若在设计工况下，导叶出口速度为轴向，当工况变化时，可改变导叶角度来适应流量的变化，因而可在较大的流量变化范围内，保持高效率。这种形式适用于流量变化较大的情况；其缺点是结构复杂，制造、操作、维护等都比较困难，所以较少采用。

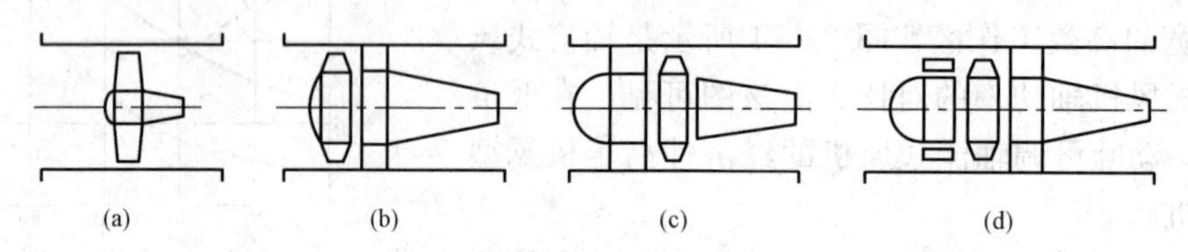

图 2-25　轴流式泵与风机的形式

（a）形式一；（b）形式二；（c）形式三；（d）形式四

（三）轴流式泵的主要部件

轴流式泵的主要部件有叶轮、泵轴、导叶、吸入管等，如图 2-26 所示。

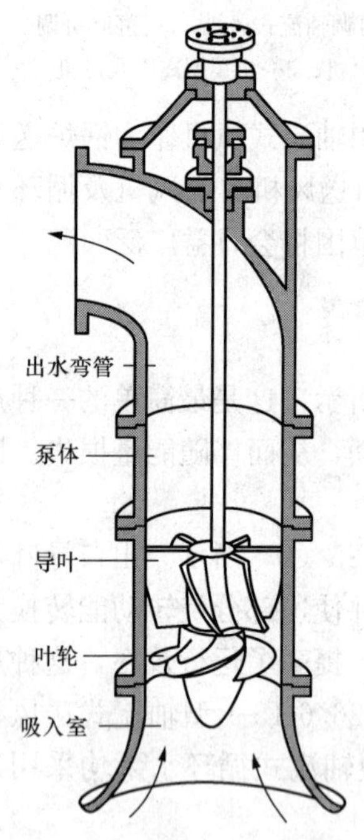

图 2-26　轴流式泵结构图

1. 叶轮

叶轮的作用是把原动机输入的机械能转变为所输送液体的机械能。它由叶片和轮毂等组成。

轴流式泵叶片多为机翼型，通常有 4～6 片，有固定式、半调式和全调式。

轮毂用来安装叶片及其调节机构，有圆锥形、圆柱形和球形三种。动叶可调的轴流式泵一般采用球形轮毂。

2. 泵轴

大容量和叶片可调的轴流式泵，泵轴一般采用优质碳素钢做成空心，表面镀铬，既减轻轴的质量，又便于将调节机构与动叶片连接的细轴装在空心轴内。

3. 导叶

轴流式泵动叶出口装有导叶，其作用是将流出叶轮的液体的旋转运动转变为轴向运动，并在与导叶组成一体的圆锥形扩张管中将部分动能转变为压力能，以减小液体由于旋转而造成的冲击损失和旋涡损失。

4. 吸入管

吸入管的作用与离心式泵的收缩圆锥管吸入室相同，其形式有吸入喇叭管、肘形吸入室和钟形吸入室（如图 2-27 所示）。吸入喇叭管主要应用于中、小型轴流式泵，肘形吸入室和钟形吸入室主要应用于大型轴流式泵。

（四）轴流式泵的整体构造

轴流式泵通常是单吸单级结构，按泵轴方向有立式和卧式两种。大型轴流式泵的叶轮叶片有固定式和可调式两种，其中可调式又分为半可调式和全可调式两种，它们可在一定范围内改变动叶的安装角来达到调节流量的目的。

(a)　(b)

(c)

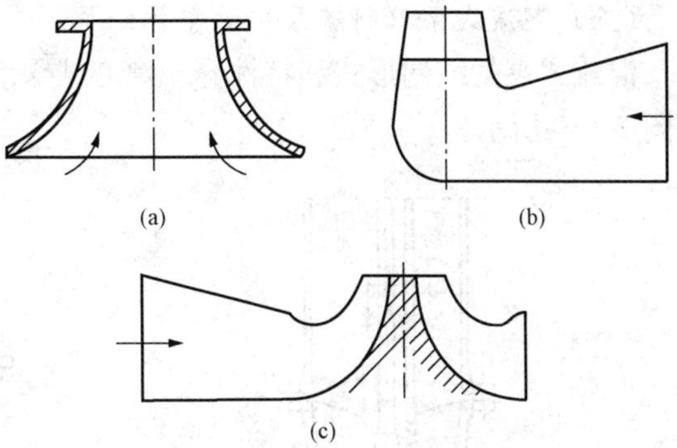

图 2-27　轴流式泵吸入室

(a) 吸入喇叭管；(b) 肘形吸入室；(c) 钟形吸入室

半调节式叶片靠紧固螺栓和定位销钉把叶片固定在轮毂上，叶片角度不能任意改变，只能按各销钉孔对应的叶片角度来改变，因此，只能在停泵时才能对叶片安装角进行调整。56ZLQ-70 型立式轴流泵结构如图 2-28 所示。

全调节式轴流泵的泵轴为空心轴，且装有一套调节机构，它的最大优点是在不停泵的情况下，可通过一套调节装置改变叶片的安装角，调节灵活方便，范围宽，且变工况效率高。但全调节式轴流式泵调节机构复杂，一般应用于大型轴流式泵。图 2-29 所示为轴流式泵的动叶调节机构。

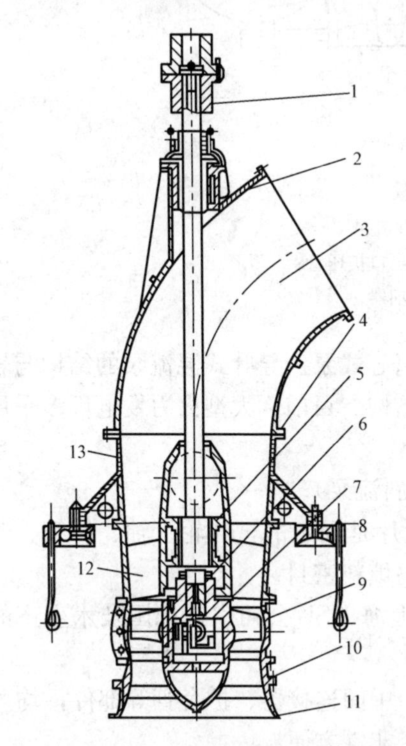

图 2-28　56ZLQ-70 型立式轴流泵结构

1—联轴器；2、5—橡胶轴承；3—出水弯管；4—泵座；6—拉杆；7—叶轮；8—底板；9—叶轮外壳；10—进水喇叭口；11—底座；12—导轮；13—中间接管

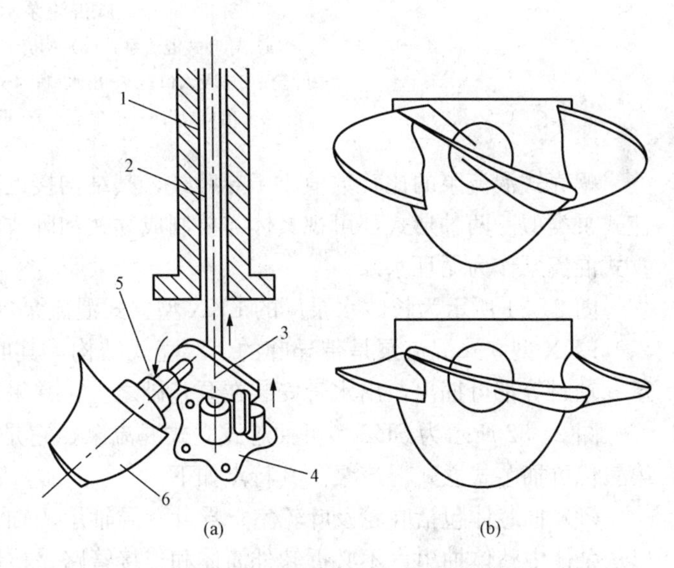

图 2-29　轴流式泵的动叶调节机构

(a) 动叶调节机构图；(b) 叶片安装角改变示意

1—泵空心轴；2—调节杆；3—拉臂；4—拉板套；5—叶柄；6—叶片

（五）混流式泵（斜流泵）的整体结构

混流式泵的结构形式和特性介于离心式泵和轴流式泵之间，分为蜗壳式和导叶式两种，如图2-30所示。

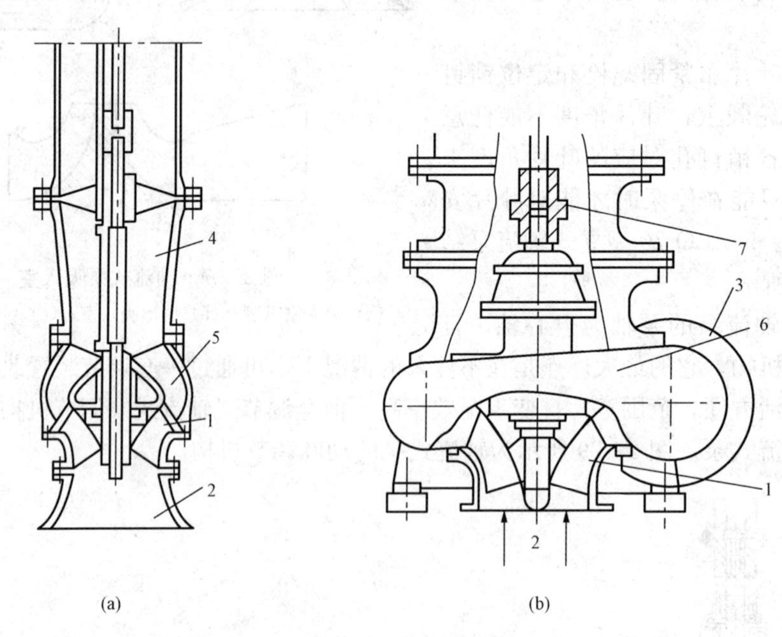

图2-30 立式混流泵示意

（a）导叶式混流泵；（b）蜗壳式混流泵

1—叶轮；2—吸入口；3—出水口；4—出口扩压管；5—出口导叶；6—蜗壳；7—联轴器

蜗壳式混流泵的比转数值小于导叶式，其结构接近离心式泵。导叶式混流泵的结构与轴流式泵类似。两种形式都可视具体需要制成立式和卧式结构。目前，大型火力发电厂多采用立式混流泵作为循环水泵。

图2-31所示为长沙水泵厂的LKX型立式混流泵（斜流泵）。

LKX型立式混流泵是带导叶的、双壳式结构，其叶片是固定的，叶轮、轴、护管、轴承、轴封等都可抽出，出水管安装在泵基础之上，并采用填料密封。

图2-32所示为SEZ型可抽芯式立式混流泵，它是上海KSB公司引进德国技术生产的第三代可抽芯式立式混流泵。其特点如下：

（1）抽芯体包括叶轮及叶轮室、导叶、导轴承、轴、中间连接器、护套管等部件，均可以从泵体中整体抽出，不必拆卸外筒体和连接管路，检修非常方便。

（2）导轴承采用耐磨陶瓷轴承（含氧化铝、碳化硅、氮化硅等），使用寿命长，并无需外供润滑水，当泵进入正常运行后，可由泵本身抽送的水进行冷却润滑。

（3）优化设计的进水流道，降低了泵所需的淹没深度，同时节约了基建成本。

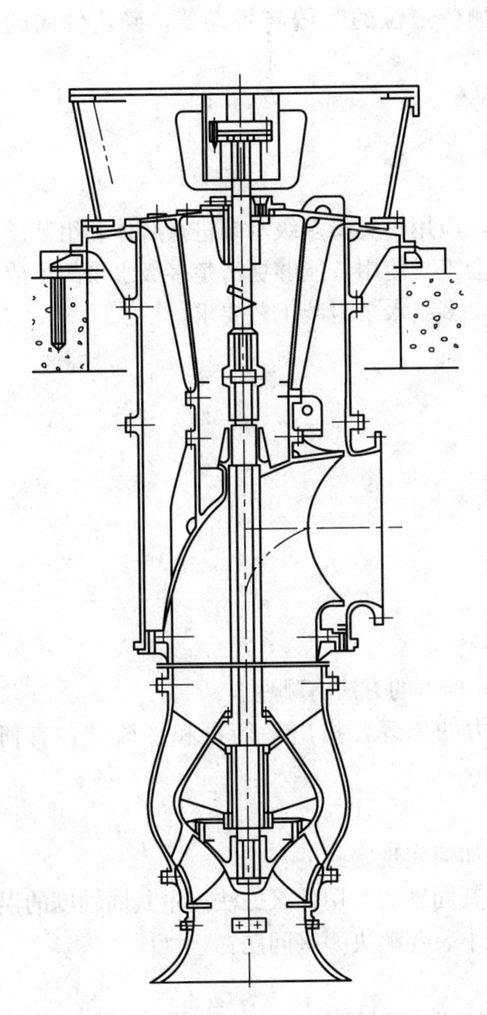

图 2-31　LKX 型立式混流泵

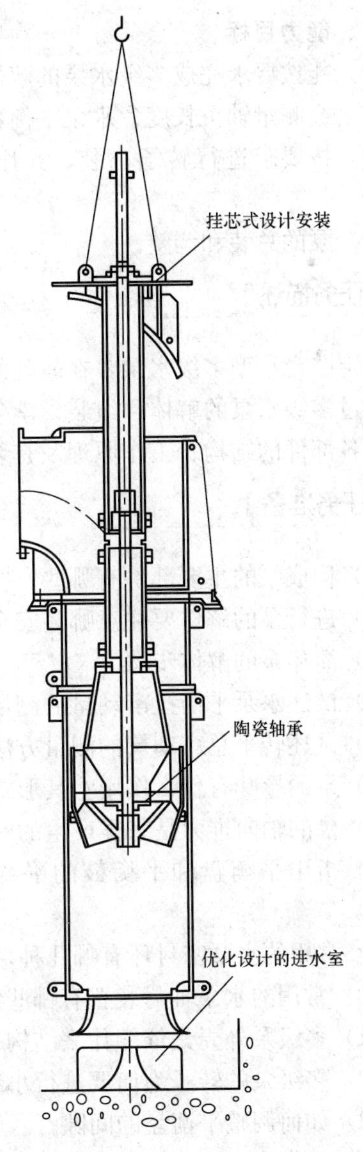

图 2-32　SEZ 型可抽芯式立式混流泵

任务二　多级水泵的拆装

【教学目标】

一、知识目标

(1) 掌握多级泵的整体构造，及构成泵的主要部件。

(2) 了解多级泵各构成部件的装配关系。

(3) 了解导叶的作用及其形式。

(4) 掌握各种轴端密封的结构及密封原理。

(5) 掌握轴向推力产生的原因及轴向推力平衡的措施。

二、能力目标

（1）能按要求完成多级水泵的解体操作。

（2）会测量轴头长度、水泵平衡盘窜动量和转子总窜动量。

（3）按要求进行转子小装，并用百分表测各部位的瓢偏与晃动值，确定轴向的配合尺寸。

（4）泵的总装和调整。

【任务描述】

给定一台小型多级水泵，在教师的指导下，应用工具将多级水泵进行解体和组装。

通过多级水泵的解体和组装，学生能够学会工具使用，能够更清楚多级水泵的组成，多级水泵各部件的结构、工作原理及其装配关系，多级水泵组装工艺要求。

【任务准备】

（1）构成泵的主要部件有哪些？

（2）进行泵的解体要注意哪些安全事项？

（3）简述泵的解体步骤。

（4）试述水泵平衡盘窜动量的测量方法。

（5）试述转子总窜动量的测量方法。

（6）泵的导叶有什么作用？其形式有哪几种？

（7）泵的轴向推力是怎样产生的？平衡轴向推力的方法有哪些？

（8）指出平衡盘和平衡鼓的平衡轴向推力的原理，指出平衡盘和平衡鼓各有何优、缺点？

（9）常用的水泵密封环有哪几种形式？

（10）常用的水泵轴封装置有哪些？它们是如何实现密封的？

（11）多级泵外壳是依靠什么结构来保证与其同轴的？用什么方法测量其同轴度的误差？

（12）多级泵的转子为何要进行小装？通过小装要解决哪些问题？

（13）如何调整平衡盘的间隙？

（14）平衡盘与平衡座在工作状态会产生摩擦吗？为什么？

（15）填加水泵的轴封盘根时应注意什么？

【任务实施】

本任务建议在热机实训室进行，根据实训室的具体情况，选择拆装多级的形式。

任务实施建议分以下几个阶段进行：

一、准备阶段

（1）学生在任务实施前，应学习相关知识，初步制订任务实施方案。

（2）学生分组。建议以每 4～6 人为 1 小组，每组选一名组长，以工作小组形式展开，组内成员协调配合完成指定的操作任务。

（3）教师介绍本任务的学习目标，学习任务。

（4）教师向学生展示本任务实施使用的工具及其使用方法。

本任务实施所需要的主要工具：实训用多级离心式泵（其形式根据实训室情况而定）、螺栓液压张紧装置、扳手、螺丝刀、游标卡尺、百分表、塞尺、三爪拉马、铜锤或铜棒、木锤或铅锤、煤油、润滑剂、各种规格薄金属片、密封填料、记录本等。

二、教师示范

教师示范过程中，建议：

（1）讲解每个步骤的注意事项（包括人身安全和设备安全注意事项）。

（2）讲解每一步操作“怎么做”和“为什么”。

（3）建议难度较大的操作重复示范1～2次。

（4）每拆下一个部件，应讲解该部件的结构、作用及工作原理。

教师可以利用多媒体课件进行讲解，特别要提醒同学注意观察各部件在泵中的装配位置、与其他部件的装配关系。

（5）在教师的示范过程中，要求学生认真听、认真看，并做好笔记。

三、学生操作

教师示范后，学生按照分组进行操作，教师在场巡查指导。

（1）学生在操作前，应根据教师的示范操作，重新制订实施方案。

（2）实施方案经教师检查确认后，方可开始操作。

（3）任务完成后要求学生清理工具，打扫现场。

四、学习总结

（1）学生总结操作过程、心得体会，撰写实训报告。

（2）教师根据学生的学习过程和实训报告进行考评。

【相关知识】

一、多级离心式泵的主要部件

多级离心式泵的主要部件除了有泵壳、叶轮、吸入室、压出室、轴及轴承、密封装置等外，还有导叶、轴向力平衡装置等。多级单吸式离心式泵如图2-33所示。

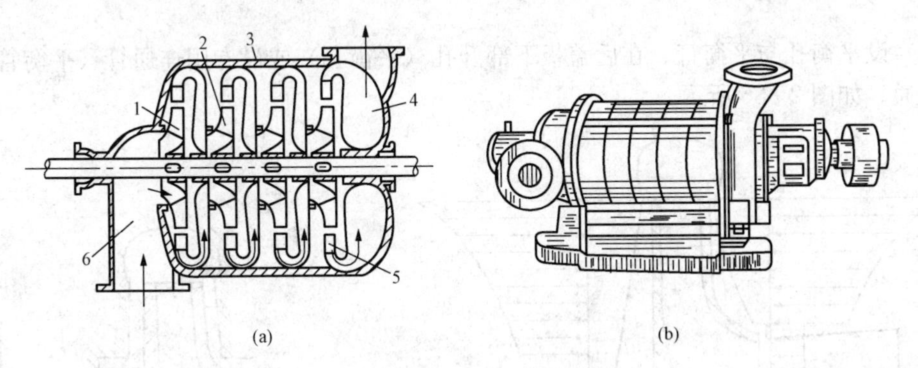

图2-33　多级单吸式离心式泵

（a）剖面结构图；（b）外部结构图

1—首级叶轮；2—次级叶轮；3—泵壳；4—压出室；5—导叶；6—吸入室

（一）导叶

导叶安装于多级泵的两级之间，其作用是汇集前一级液流，并在损失最小的条件下引入下一级叶轮的进口或压出室，同时在导叶内还把部分动能转换为压力能，所以导叶和压出室的作用相同。

导叶可分为径向式导叶与流道式导叶，多级离心式泵导叶如图 2-34 所示。

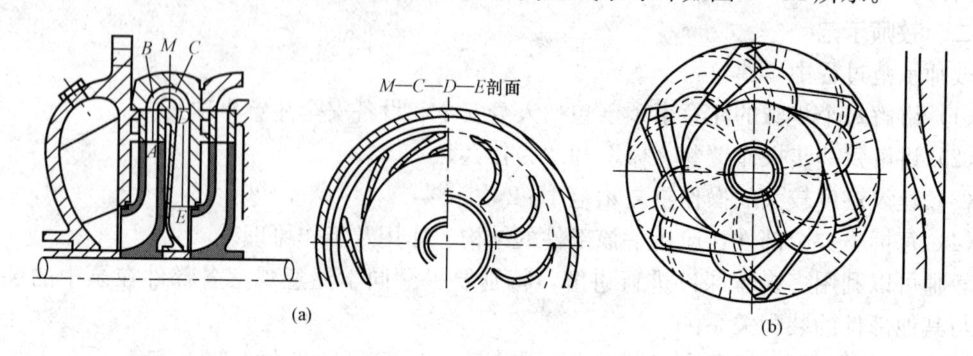

图 2-34 多级离心式泵导叶

(a) 径向式导叶；(b) 流道式导叶

（二）轴向推力平衡装置

1. 轴向推力的产生

泵在运行过程中会产生作用于转子上的轴向推力。产生轴向推力的原因主要有：

(1) 作用于叶轮两侧的压力不相等。叶轮两侧压力分布如图 2-35 所示。

(2) 液流在进入叶轮后，因流动方向的改变而发生动量变化，导致液体对叶轮产生反动力。

(3) 对于立式水泵，转子的重力也是轴向力的一部分。

2. 轴向推力的平衡措施

(1) 采用推力轴承。

1) 对于轴向力不大的小型泵，采用推力轴承承受轴向力。

2) 对于采用了其他平衡装置的泵，考虑到总有一定的残余轴向力存在，一般也装设推力轴承。

(2) 设平衡孔与平衡管。在后盖板下部开孔（平衡孔）或设专用连通管（平衡管）与吸入侧连通。如图 2-36 所示。

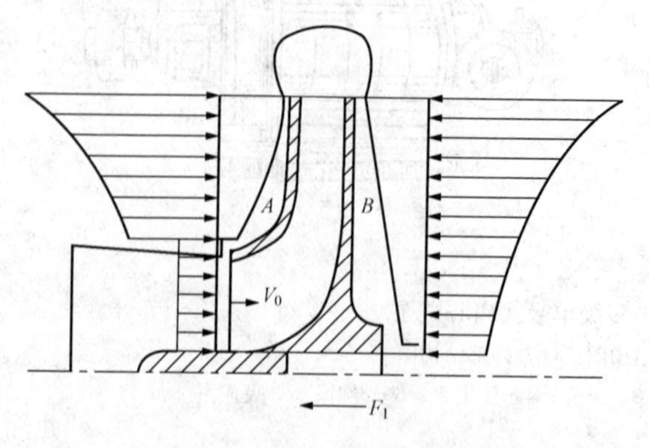

图 2-35 叶轮两侧压力分布

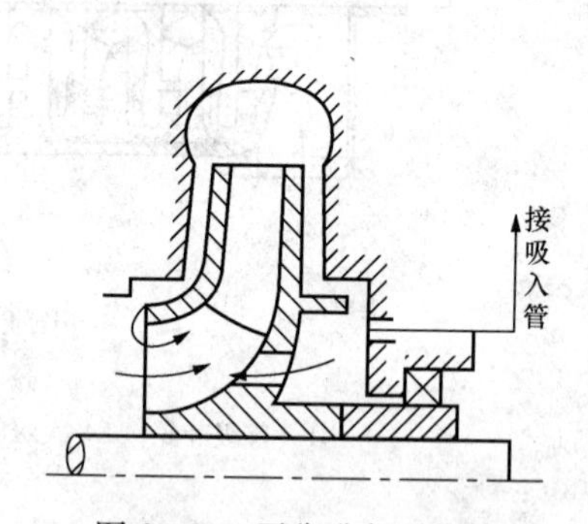

图 2-36 平衡孔与平衡管

(3) 采用双吸叶轮。双吸叶轮如图 2 - 37 所示。由于结构对称，所以能平衡轴向力。但由于制造误差或两侧密封环磨损不同，还会存在一定的残余轴向力，残余轴向力由轴承来承受。

(4) 设置背叶片。在叶轮后盖板外侧设置背叶片（径向肋筋，相当于在主叶轮的背面加一个与吸入方向相反的附加半开式叶轮），当叶轮旋转时，由于背叶片的作用，使作用于叶轮后盖板上的液体压力值下降，从而使作用于叶轮上的轴向力得到部分平衡，如图 2 - 38 所示。剩余轴向力仍需由轴承来承受。

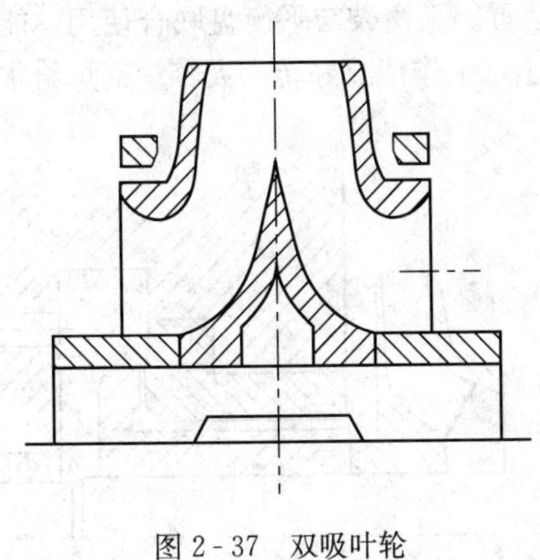
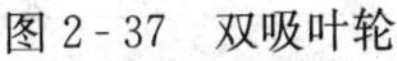
图 2 - 37　双吸叶轮

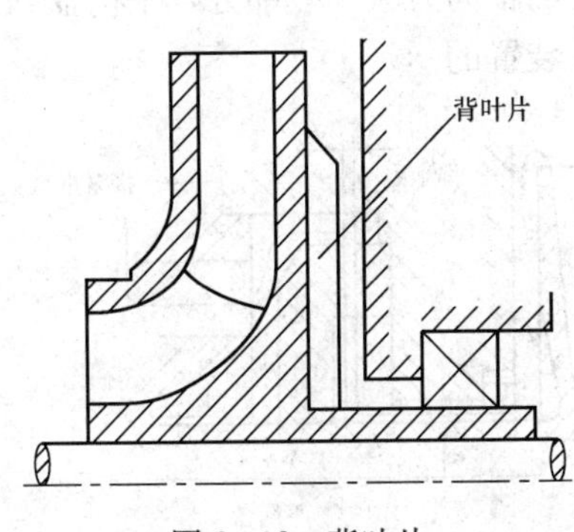

图 2 - 38　背叶片

(5) 叶轮对称布置。多级泵的叶轮半数对半数、面对面或背靠背地按一定次序排列，如图 2 - 39 所示。这种方法主要用于蜗壳式多级泵，有时也在节段式多级泵和潜水泵中使用。

(6) 设置平衡鼓。平衡鼓是个圆柱体，装在末级叶轮之后，随转子一起旋转。平衡鼓外圆表面与泵体间形成径向间隙。平衡鼓前面是末级叶轮的后泵腔，后面是与吸入口相连通的平衡室，如图 2 - 40 所示。作用在平衡鼓上的压差，形成指向右方的平衡力，该力用来平衡作用在转子上的轴向力。

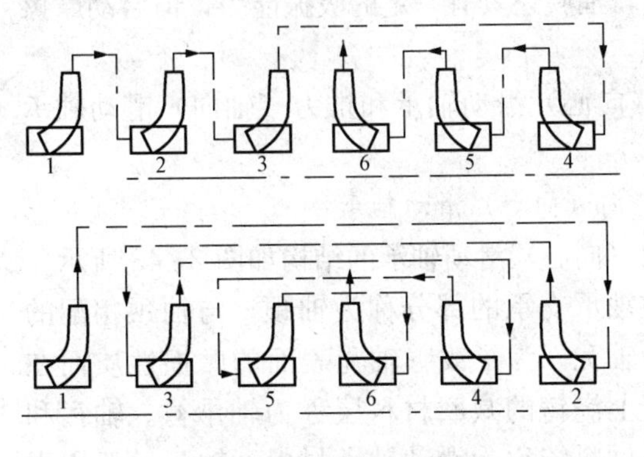

图 2 - 39　叶轮对称布置

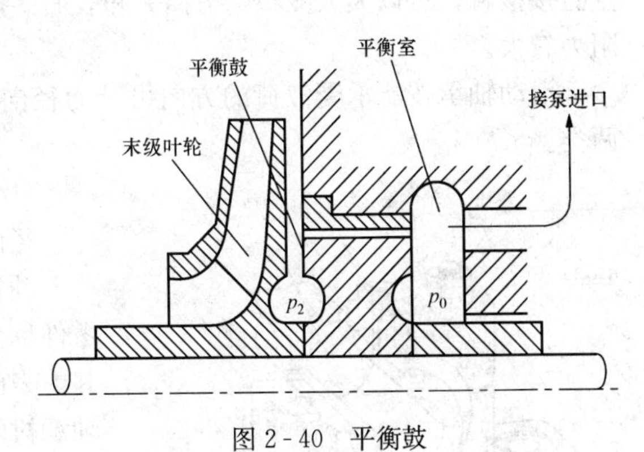

图 2 - 40　平衡鼓

单独使用平衡鼓时，必须配合使用止推轴承装置。

(7) 设置平衡盘。平衡盘多用于节段式多级泵，装在末级叶轮之后，随转子一起旋转，如图 2 - 41 所示。平衡装置中有两个间隙，一个是由轴套外圈形成的不变的径向间隙 b；另一个是平衡盘内端面形成的可变轴向间隙 b_0。平衡盘后面的平衡室与泵吸入口连通。

径向间隙前的压力是末级叶轮后泵腔的压力 p，经过径向间隙 b 和可变轴向间隙 b_0 后下降为 p_0。p_0 的大小与可变轴向间隙 b_0 有关。

当轴向推力 F（向左）增大，平衡被破坏，导致转子向左移动，可变轴向间隙 b_0 减小，平衡室内压力 p_0 也减小，平衡盘前、后的压力差随之增大，相应的总压力 p（向右）也增大，直到平衡。

同理，当轴向力减小时，转子向右移动，同样也能达到平衡。

但是，由于平衡盘在平衡轴向推力的过程中，不断地产生轴向窜动，严重时会影响泵的安全运行。图 2-42 所示为平衡鼓与平衡盘联合装置。平衡鼓与平衡盘联合使用，能使平衡盘上所受的轴向力减少一部分，平衡盘的负载减小，工作情况好转。大容量锅炉给水泵也有采用此种装置的。

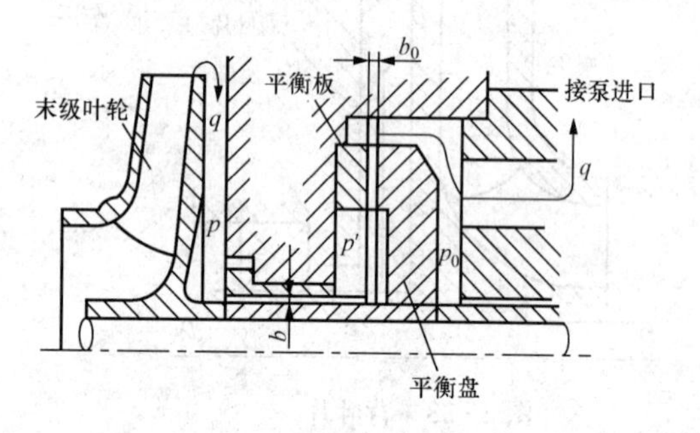

图 2-41 平衡盘

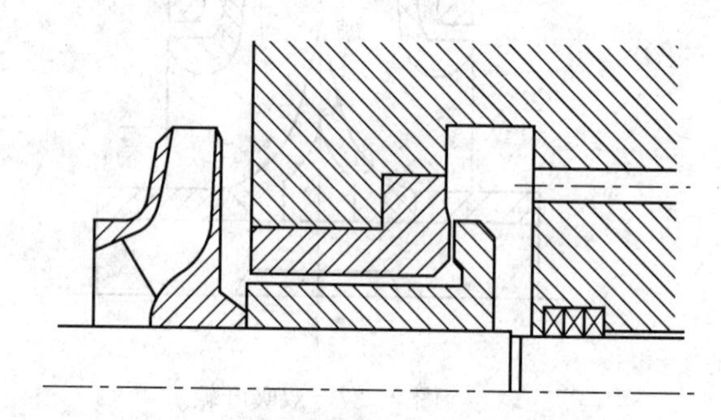

图 2-42 平衡鼓与平衡盘联合装置

现代大型高压给水泵为提高运行可靠性，常配平衡盘加推力轴承的改进型平衡装置。

（三）滑动轴承

大型泵与风机由于质量大、转速高、旋转的不平衡力大，常采用滑动轴承作为支撑。

滑动轴承是指在滑动摩擦下工作的轴承。

滑动轴承工作平稳、可靠、无噪声。在液体润滑条件下，滑动表面被润滑油分开而不发生直接接触，可以大大减小摩擦损失和表面磨损，油膜还具有一定的吸振能力，但启动摩擦阻力较大。

滑动轴承按能承受载荷的方向可分为径向（向心）滑动轴承和推力（轴向）滑动轴承两类。

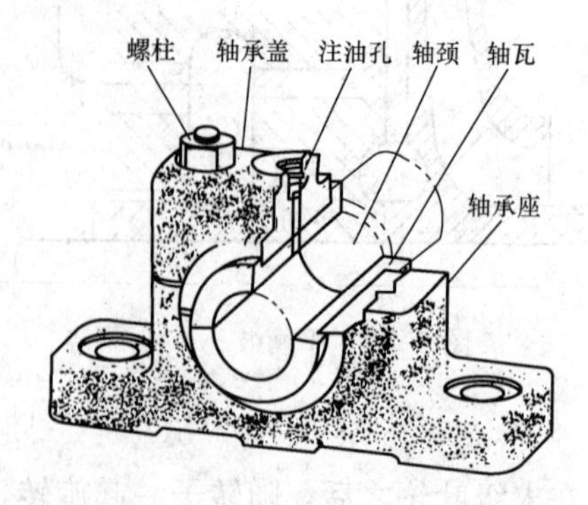

图 2-43 径向（向心）滑动轴承的结构

1. 径向（向心）滑动轴承

径向（向心）滑动轴承的结构如图 2-43 所示。

轴被轴承支承的部分称为轴颈，与轴颈相配的零件称为轴瓦。为了改善轴瓦表面的摩擦性质而在其内表面上浇铸的减摩材料层称为轴承衬。轴瓦和轴承衬的材料统称为滑动轴承材料。轴瓦一般用青铜、铸铁或钢制成，内衬用青铜或摩擦系数小、耐磨、抗胶合的巴氏合金（又称锡基合金或乌金）制成。

由于轴瓦或轴承衬与轴颈直接接触，一般轴颈部分比较耐磨，因此，轴瓦的主要失效形式是磨损。

2. 推力滑动轴承

推力滑动轴承用于承受轴向推力并限制轴作轴向移动。由于它只能承受轴向载荷，需与径向轴承联合使用才可同时承受轴向和径向载荷。

推力滑动轴承由装在轴上的推力盘和装在径向轴承座侧面的推力瓦组成，推力瓦是一个由6～12片扇形块围成的圆环，扇形块由青铜、铸铁或钢制成，表面浇铸巴氏合金作为承力面。推力轴承就是依靠这些扇形块与推力盘的直接接触来承受转子上的部分轴向力。如果在推力盘的两侧都装设扇形块，就能承受双向的轴向力，可以限制转子的轴向窜动，其典型结构如图2-44所示。

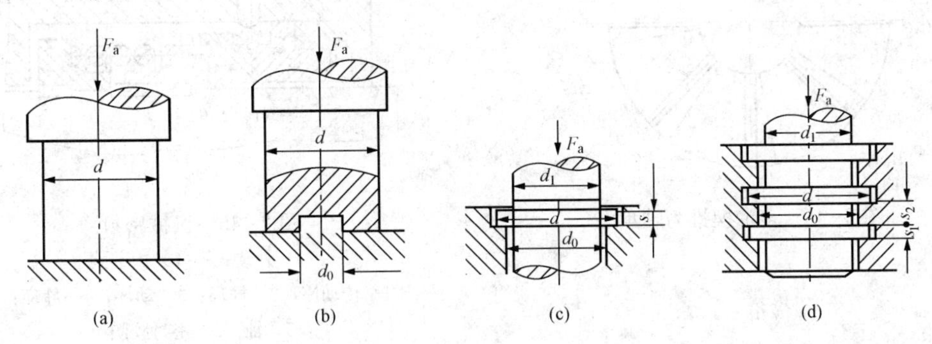

图2-44　推力滑动轴承

(a) 实心式；(b) 空心式；(c) 单环式；(d) 多环式

(1) 实心式。支撑面上压强分布极不均匀，中心处压强最大，线速度为0，对润滑很不利，导致支撑面磨损极不均匀，使用较少。

(2) 空心式。支撑面上压强分布较均匀，润滑条件有所改善。

(3) 单环式。利用轴环的端面止推，结构简单，润滑方便，广泛用于低速轻载场合。

(4) 多环式。特点同单环型，可承受较单环更大的载荷，也可承受双向轴向载荷。

对于尺寸较大的平面推力轴承，为了改善轴承的性能，便于形成液体摩擦状态。可设计成多油楔形状结构。多油楔推力轴承如图2-45所示。

滑动轴承与滚动轴承相比，其优点是轴与瓦的接触面积大，承载能力和抗冲击能力较强，高转速下工作仍然可靠、平稳，并无噪声；其缺点是启动力矩大、耗油量多、易漏油。因此，滑动轴承多用于高转速大型旋转设备。

(四) 密封装置

上节已介绍了填料密封装置，下面介绍机械密封、浮动环密封、迷宫式密封、螺旋密封等密封装置。

1. 机械密封

机械密封是一种限制工作流体沿转轴泄漏的无填料的端面密封装置。它主要由静环、动环、弹性（或磁性）元件、传动元件和辅助密封圈组成，如图2-46所示。

机械密封由动环和静环组成密封端面，动环与旋转轴一同旋转，并和静环紧密贴合接触，静环是固定在设备壳体上而不作旋转运动的，弹簧是机械密封的主要缓冲元件，紧固螺钉把弹簧座固定在轴上，使之与轴一起旋转。机械密封就是借助弹簧的弹性力使动环始终与静环保持良好的贴合接触，达到密封的目的。

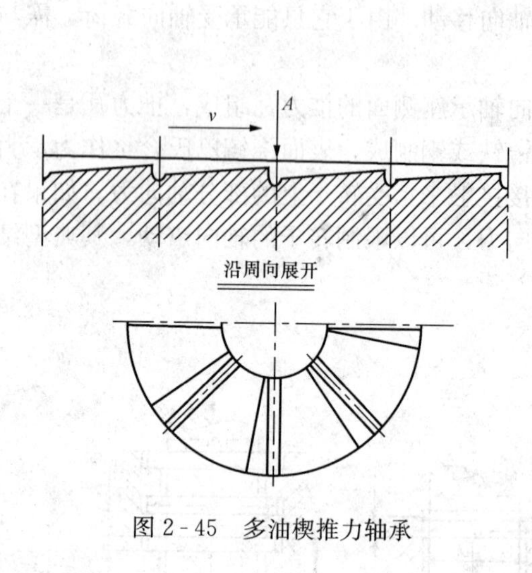

图 2-45 多油楔推力轴承

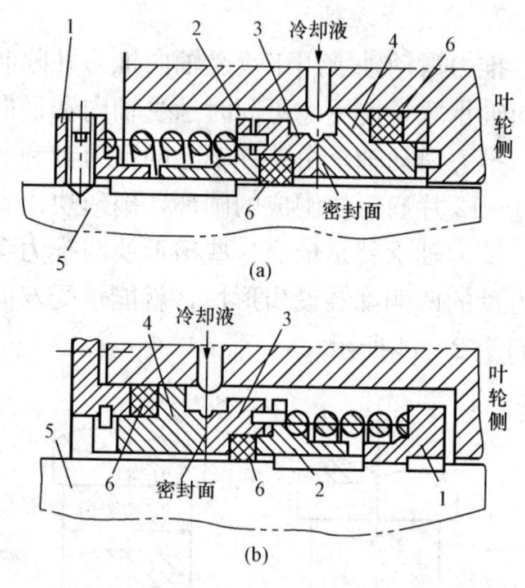

图 2-46 机械密封

(a) 外装式；(b) 内装式

1—传动座；2—推环；3—动环；4—静环；5—轴；6—密封胶圈

静环密封圈和动环密封圈通常称为辅助密封圈。静环密封圈主要是为阻止静环和密封压盖之间的泄漏；动环密封圈则主要是为了阻止动环和转轴之间径向间隙的泄漏，动环密封圈随轴一起旋转。

机械密封实质上是由动、静两环间维持一层极薄的流体膜而起到密封作用的（这层膜也起着平衡压力和润滑动、静端面的作用）。因此，在动、静环的接触面上需要通入冷却液进行润滑与冷却，泵在启动前需要先通入冷却液；停泵时需等转子静止后方可切断冷却液。

2. 浮动环密封

浮动环密封简称浮环密封，其结构如图 2-47 所示。

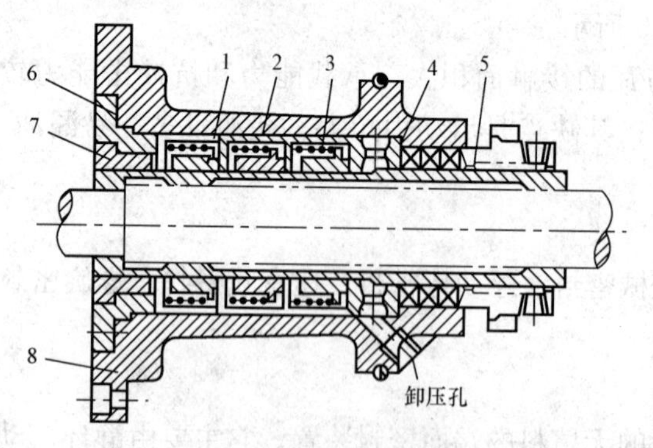

图 2-47 浮动环密封

1—浮动环；2—浮动套；3—支承弹簧；4—泄压环；5—轴套；6—密封套（辅助支承）；7—衬套（辅助支承衬套）；8—密封体

浮动环密封主要由数个单环套在轴上依次排列而成，每个单环均由一个浮动环、一个浮动套（支承环）及支承弹簧组成。浮动环密封是以浮动环与支承环端面在液体压力及弹簧力的作用下，保持紧密接触来实现径向密封的，同时，又以浮动环的内圆表面与轴套的外表面所形成的窄缝对液体产生节流来达到轴向密封。液体的支承力使浮动环沿支承环的密封端面径向自由浮动，并自动调整环心。当浮动环与轴同心时，液体支承力平衡，浮动环不再浮动。

为了提高密封效果，减小泄漏，在浮动环和轴套间通有密封冷却水，密封液体的压力略高于被密封液体的压力。

（1）浮环密封有下列优点：

1）密封结构简单，只有几个形状简单的环、销、弹簧等零件。多层浮动环也只是这些简单零件的组合，比机械密封零件少。

2）对机器的运行状态并不敏感，有稳定密封性能。

3）密封件不产生磨损、密封可靠、维护简单、检修方便。

4）因密封件材料为金属，故耐高温。

5）浮环可以多个并列使用，组成多层浮动环，能有效地密封 10MPa 及以上的高压。

6）能用于 10 000～20 000r/min 的高速旋转流体机械，尤其使用于空气压缩机，其许用速度高达 100m/s 以上，这是其他密封所不能比拟的。

7）采用耐腐蚀金属材料或里衬耐腐蚀的非金属材料（如石墨）作浮动环，可以用于强腐蚀介质的密封。

8）因为密封间隙中是液膜，所以摩擦功率极小，使机器有较高的效率。

（2）浮环密封有下列缺点：

1）密封件的制造精度要求高，环的不同心度和端面的不垂直度及表面粗糙度对密封性能有明显的影响。

2）浮环密封对液体不能做到封严不漏。

3）对气体虽然可做到封严，但需要一套复杂而昂贵的自动化供油系统。

3. 迷宫式密封

迷宫式密封是利用泵壳上类似梳子形的密封片与轴套之间形成的一系列忽大忽小的间隙，对泄漏液体进行多次节流、降压，从而达到密封的目的，如图 2-48 所示。

4. 螺旋密封

螺旋密封是利用在转轴上车出与压差泄漏方向相反的螺旋型沟槽，液流通过密封间隙时由于节流作用而引起压强降低，从而达到密封的目的，如图 2-49 所示。

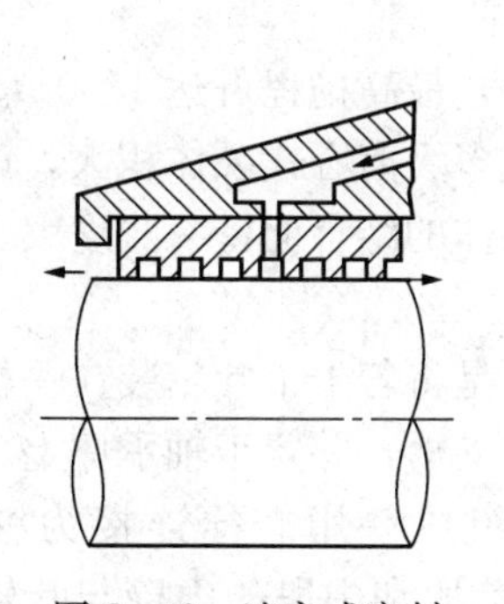

图 2-48　迷宫式密封

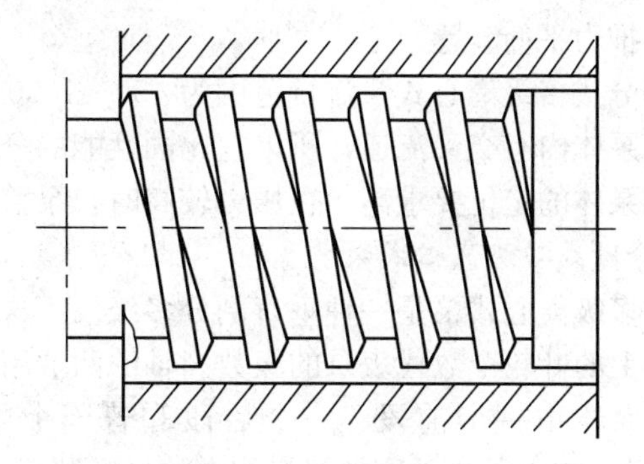

图 2-49　螺旋密封

螺旋密封是在轴表面开有泄漏方向相反的螺旋槽，它同迷宫密封的开槽情况是一致的，所以可以把螺旋密封看成是迷宫式密封的一种特殊形式，称为螺旋迷宫。

但是，螺旋迷宫的齿是连续的，由于齿的连续性，通过齿的介质的流动状态发生变化。螺旋槽不再使膨胀室产生旋涡来消耗流动能量，而是推进装置与介质发生能量交换，产生所谓的“泵送作用”，并产生泵送压头，与被密封介质的压力相平衡，即压力差 $\Delta p=0$，从而阻止泄漏。

为加强密封效果，在固定衬套表面车出与转轴沟槽反向的沟槽，可以减少泄漏量。

二、多级离心式泵的整体结构

多级离心式泵有水平剖分式、分段式和双壳式几种结构。

（一）水平剖分式多级离心式泵

水平剖分式多级离心式泵又称为中开式多级离心式泵，如图 2-50 所示。

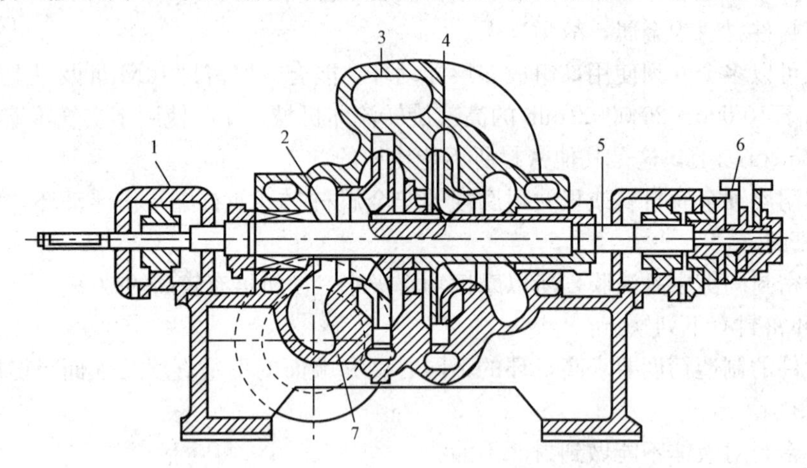

图 2-50 水平剖分式多级离心式泵结构

1—轴承体；2—轴套；3—泵盖；4—叶轮；5—泵轴；6—轴头油泵；7—泵体

水平剖分式多级离心式泵采用蜗壳形泵体，每个叶轮的外围都有相应的蜗壳，相当于将几个单级蜗壳泵装在同一根轴上串联工作，因此又叫蜗壳式多级泵。由于泵体是水平剖分式，吸入口和排出口都直接铸在泵体上，检修时很方便，只需把泵盖取下，即可暴露整个转子，在检修转子、需将整个转子吊出时，不必拆卸连接管路。水平剖分式多级离心式泵的叶轮通常为偶数对称布置，大部分轴向力得到平衡，剩余的轴向推力由轴承平衡，因而不再安装其他轴向推力平衡装置。

水平剖分式多级离心式泵流量范围为 450～1500m^3/h，最高扬程可达 1800m。由于叶轮对称布置，泵体内有交叉流道，所以它比同性能的分段式多级离心式泵体积大，铸造工艺复杂，泵盖和泵体的定位要求高，在压力较高时，泵盖和泵体的结合面密封难度大。

（二）分段式多级离心式泵

分段式多级离心式泵是一种垂直剖分多级泵。这种泵是将若干个叶轮装在一根轴上串联工作的，轴上的叶轮个数代表泵的级数。轴的两端用轴承支承，并置于轴承体上，两端均有轴封装置。泵体由一个前段、一个后段和若干个中段组成并用螺栓连接为一整体，如图 2-51所示。在中段和后段内部有相应的导叶装置；在前段和中段的内壁与叶轮入口易碰的地方，都装有密封环。轴封装置在泵的前端和尾段泵轴伸出部分。泵轴中间有数个叶轮，每个叶轮配一个导叶将被输送液体的部分动能转为静压能，叶轮之间用轴套定位。叶轮一般为单吸式，吸入口都朝向一边。按单吸叶轮入口方向将叶轮依次串联在轴上。为了平衡轴向力，在末端后面都装有平衡装置，并用平衡管与前段相连通。其转子在工作过程中可以左右窜动，靠平衡装置自动将转子维持在平衡位置上。

（三）双壳式多级离心式泵

双壳式多级离心式泵的扬程为 850～3200m，流量为 30～360m^3/h。双壳式多级离心式

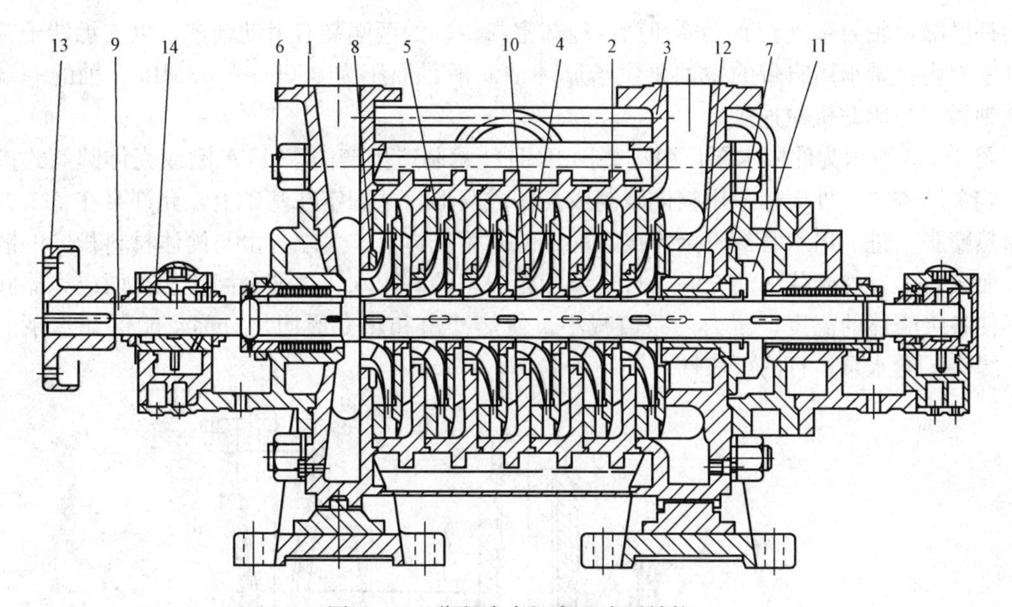

图 2-51　分段式多级离心式泵结构

1—吸入段；2—中段；3—压出段；4—导叶；5—导叶套；6—双头拉紧螺栓；
7—平衡盘圈；8—密封环；9—泵轴；10—叶轮；11—平衡盘；12—平衡套；
13—联轴器；14—轴承

泵采用内外壳体，内壳体形式有分段式和中开式两种。图 2-52 所示为内壳分段式多级离心式泵结构。

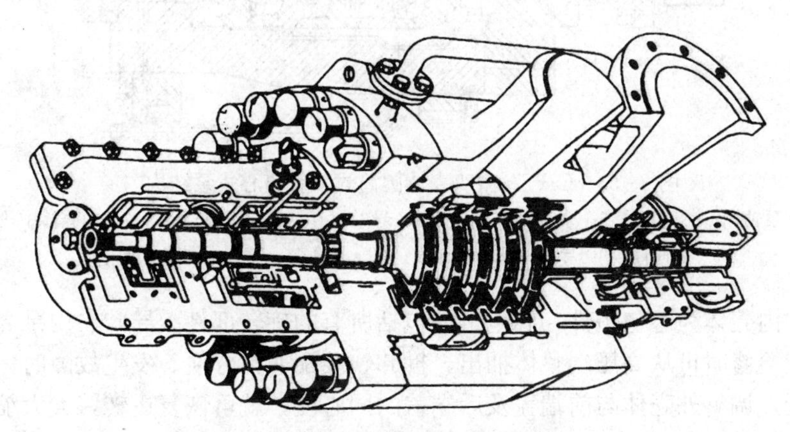

图 2-52　内壳分段式多级离心式泵结构

分段卧式双壳多级离心式泵的外壳体承受出口端液体压力，因而壳体多是采用锻钢筒体；出口端设有可拆卸的法兰封头，以便于拆卸抽出内壳组件，在封头内端面装有弹性垫片，以补偿内、外壳体温差和材质不同所引起的不均匀膨胀，同时，又起预紧内壳体各段隔板的作用，使之组成一个整体。当泵内压力升起后，各段隔板借助自压而达到密封。内缸结构与分段式相似。转子末级叶轮后面装有平衡活塞，与法兰封头的平衡衬套配合以平衡转子大部分轴向力。采用双面金氏止推轴承承受转子剩余轴向力，防止转子窜动，保证转子在正确的工作位置运转。外壳两端装有轴封室，腔室内装有浮动式填料密封或机械密封，防止液体向外泄漏；轴封室夹套通入冷却剂以冷却密封。轴的两端装有滑动轴承，以支承转子并置于轴承架内。轴承由自带的主油泵供给循环油润滑，油压为0.06～0.08MPa。轴的一端装有联轴器，与驱动机械连接。

图2-53所示为沈阳水泵厂引进德国KSB技术制造生产的CHTA型双壳体圆筒式多级离心式泵结构图。外壳体采用整体锻制或浇铸成筒形，并固定在基础上，允许泵在各个方向自由热膨胀。进、出水管都直接焊接在固定的圆筒壳体上。大端盖由与筒体材料相同的锻件加工而成。内、外壳体之间充满着自末级叶轮引来的高压水，这部分高压水在两层壳体间旋转，使各级壳体的温度、压力的差值减小，使热冲击和热变形均匀对称，能保证水泵的同心，提高了给水泵运行的可靠性。

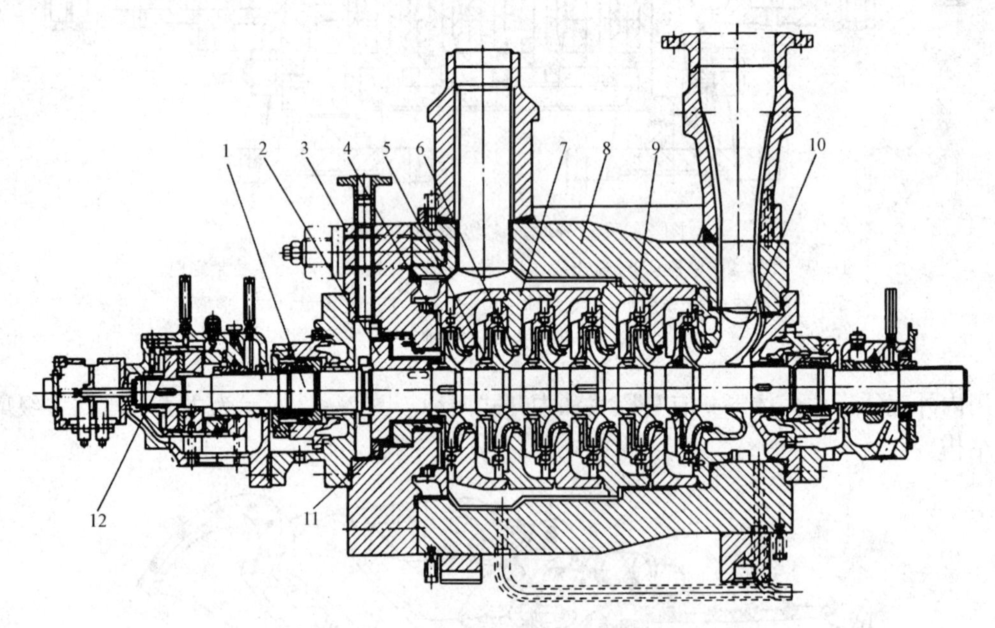

图2-53 CHTA型双壳体圆筒式多级离心式泵结构图

1—泵轴；2—平衡盘；3—泵盖；4—叶轮；5—导叶衬套；6—叶轮密封环；7—内壳体中段；8—泵筒体；9—导叶；10—吸入段；11—平衡鼓；12—止推轴承推力盘

给水泵的内壳体为芯包组件，芯包组件包括所有的旋转部件、导叶、内泵壳、轴承和所有磨损部件。检修时可从高压端整体抽出，拆卸、装配非常方便。发生故障时，只需把备用的内壳体装入，调整外壳体与前端盖及后端盖的同心度，就可恢复运转，大大缩短了维护所需的停机时间。

CHTA型双壳体圆筒式多级离心式泵采用了平衡盘与平衡鼓联合装置，平衡鼓靠末级叶轮一侧，直径较小；直径较大的为平衡盘。平衡鼓承担80%～85%的轴向推力，平衡盘可平衡5%～10%的轴向推力，残余的轴向推力由泵压出端轴承体内的推力轴承承担。泵体两侧的轴封装置采用机械密封。

分段式与圆筒式多级离心式泵比较见表2-3。

表 2-3　　分段式与圆筒式多级离心式泵比较

比较项目	分段式		双壳体圆筒式	
结构特性	（1）泵体由圆形中段组成，容易制造并可以互换； （2）可按压强需要，增加或减少级数； （3）拆卸和装配比较困难，检修时必须把进、出水管法兰卸下，然后拆掉双头螺栓、再解体，增加维修时间； （4）由于结合面多，组装中难以保证各结合面的同心对称和均匀紧密； （5）在启动、停运和工况突变时，常常受到热冲击，引起附加的热应力及热变形，造成部件的损坏		（1）内壳与转子组成一个芯包，检修时可以从高压端抽出，拆卸、装配方便； （2）发生故障时，只需换备用芯包，缩短检修工期； （3）壳体与转子对称性好、同心度好； （4）内外壳体之间充满高压水，严密性好； （5）结构紧凑，抗热冲击性能好	
典型泵（性能参数为设计工况）	DG520-230-8	流量 q_V=520m²/h	50CHTA/6（配 300MW 机组）	流量 q_V=500t/h
		单级扬程 H=230m		扬程 H=2540m
				级数为 6 级
		级数为 8 级	HPT300-340-6s/27（配 600MW 机组）	流量 q_V=831t/h
				扬程 H=3060m
				级数为 6 级

三、分段式离心式泵拆装

图 2-54 所示为 50D-8×4 型单吸多级分段式离心式泵。

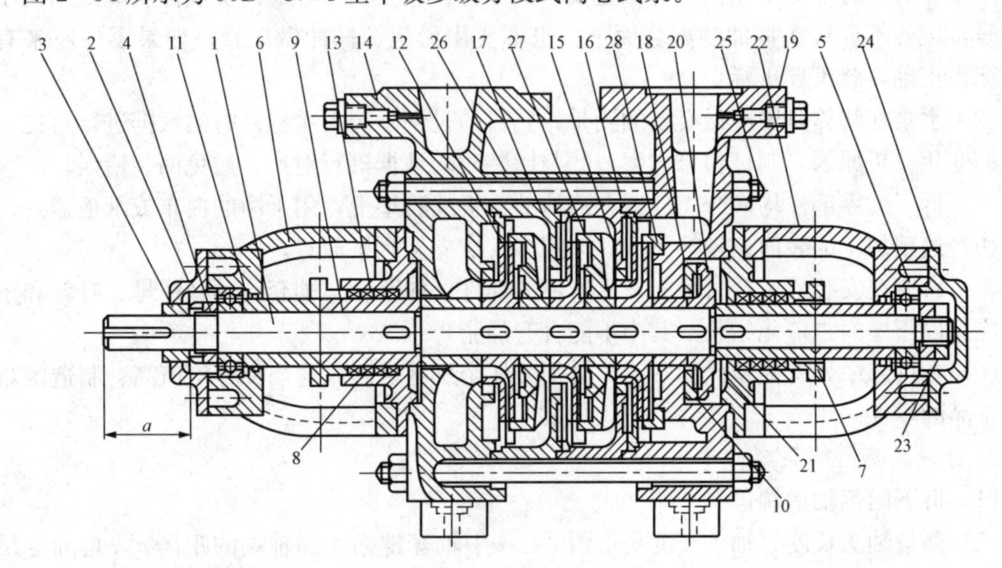

图 2-54　50D-8×4 型单吸多级分段式离心式泵结构

1—泵轴；2—低压侧轴承端盖；3—前轴套；4—轴套螺母；5—向心滚动球轴承；6—低压侧轴承支架；7—盘根压盖；8—盘根；9、11—轴套；10—调整套；12—叶轮间距套；13—低压侧外盖（盘根盒）；14—进水段；15—密封环；16—叶轮；17—中间段；18—平衡座；19—出水段；20—平衡盘；21—高压侧外盖（盘根盒）；22—高压侧轴承支架；23—锁紧圆螺帽；24—高压侧轴承端盖；25—穿杠螺栓；26—保护罩；27—导叶；28—出水导叶

50D-8×4 型离心式泵的零部件分解如图 2-55 所示。

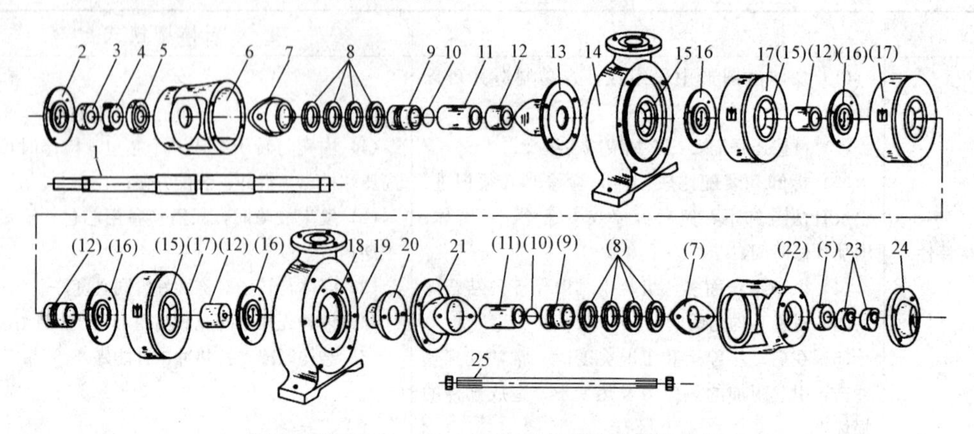

图 2-55 50D-8×4 型离心式泵的零部件分解

1—泵轴；2—低压侧轴承端盖；3—前轴套；4—轴套螺帽；5—向心滚动球轴承；6—低压侧轴承支架；7—盘根压盖；8—盘根；9—轴套；10—O 形密封圈；11—定位套；12—叶轮间距套；13—低压侧外盖（盘根盒）；14—进水段；15—密封环；16—叶轮；17—中间段（泵段壳体）；18—平衡座；19—出水段；20—平衡盘；21—高压侧外盖（盘根盒）；22—高压侧轴承支架；23—锁紧圆螺帽；24—高压侧轴承盖；25—穿杠螺栓

（一）分段式离心式泵的解体

1. 水泵解体注意事项

在进行水泵解体时，应注意以下事项：

（1）在解体时，对于相同和有位置要求的零件，应在其结合面的侧表面明显处用钢字打上记号，记号不要打在零件的配合面上，也不要用粉笔、样冲做记号。如果零件原来有标记，标识正确，就不要再标识。

（2）水泵在解体阶段应做必要的测量，其目的是：①与上次检修时的数据进行对比，从数据的变化分析原因，制订检修方案；②与回装时的数据进行对比，避免回装错误。

（3）拆下的零部件均应分类放置在清洁的木板或胶垫上，用干净的白布或纸板盖好，以防碰伤经过精加工的表面。轴拆下后，应用多支点支架水平放置。

（4）所有在安装或运行时可能发生摩擦的部件，如泵轴与轴套、轴套螺母、叶轮和密封环均应涂以干燥的二硫化钼粉（其中不能含有油脂）。

（5）在拆卸中如有些零件拆不下，必须毁坏个别零件时，应当保存价值高、制造困难的或无备品的零件。

2. 分段式离心式泵解体步骤

（1）拆下两侧轴承端盖。

（2）测量轴头长度。轴头长度是指图 2-54 中轴套螺帽 4 到轴端的距离 a，是确定泵轴在泵体内的轴向位置的重要数据。可以用深度游标卡尺测量。

（3）拆下两侧轴承和支架。拆轴承支架时，用顶丝将支架顶松，再取下支架。

（4）拆下两侧填料盒。拆下填料压盖，用盘根钩钩出全部盘根，再拆下填料盒。

（5）测量水泵平衡盘窜动量。在未拆除平衡盘的状态下，测量平衡盘窜动量。平衡盘窜动量是转子总窜量的 1/2，故又称为水泵的半窜量，其数值一般情况下为 4mm 左右。

测量方法：在取下轴封装置及高压侧轴承端盖后，在轴端装一百分表，然后推、拔转子，转子在来回终端位置的百分表读数差，即为平衡盘的窜动量，如图 2-56 所示。将平衡盘窜动量与原始数据进行比较，可找出平衡盘磨损量。

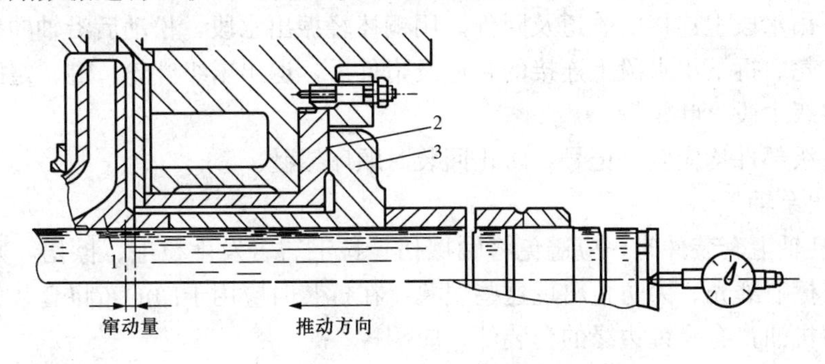

图 2-56　平衡盘窜动量的测量

1—末级叶轮；2—平衡套；3—平衡盘

（6）测量水泵总窜动量。水泵总窜动量是水泵制造及安装后固有的数值，水泵总窜动量如果发生变化，说明水泵各中段紧固螺栓有松动或水泵动静部分轴向发生磨损。一般水泵总窜动量为 8～10mm。

总窜量的测量方法如下：

1）在平衡盘工艺孔内拧入两根长螺栓，将平衡盘拉出，并取下方型键。

2）在平衡盘轴上位置装一个与平衡盘等长的假轴套［应事先准备好，然后把轴的套装件按装配顺序一一装复（不装胶圈及键）］，用锁紧螺帽将轴上套装件压紧。

3）用测量平衡盘窜动量的方法测记百分表读数，两值之差即为转子总窜动量，转子总窜动量的测量如图 2-57 所示。

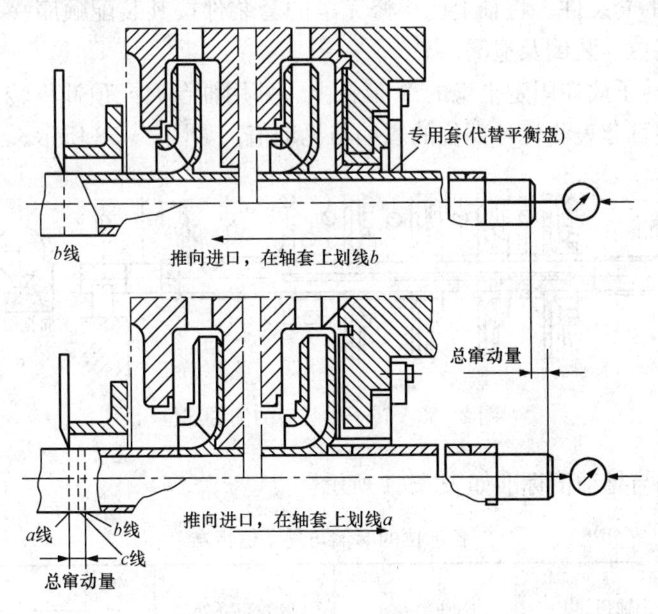

图 2-57　转子总窜动量的测量

4）测量完成后，拆下平衡盘、假轴套等部件。

（7）拆卸泵体大穿杠螺栓。拆卸泵体大穿杠螺栓时，要做好记号。每个螺栓上的螺帽在螺杆抽出后，应及时套在上面，以防检修中互换。

（8）拆下出水段上连接的管道及附件。用铜棒轻振出水段，松动后沿轴向缓缓吊出。

（9）拆叶轮。拆下出水段上连接的管道及附件后，退出末级叶轮、键、定距轴套等，接着逐级拆下各级中段、叶轮等。

拆下的各级部件均应做好记号，防止回装时顺序错乱。

（10）抽出泵轴。

1）在拆装轴上套装件时，应避免将轴擦伤、拉毛。若发生拉毛、擦伤，则及时用油光挫或细油石将擦痕磨光。为防止出现这些现象，在拆装时应用干净的布将套装件孔及轴擦干净，并抹上清机油；有锋锐边缘的套装件，应倒棱。

2）泵轴取下后，最佳放置方法是吊放，不允许斜靠在墙上或随便放在地面上。

3）泵的进水段一般不必拆卸。

（二）多级水泵组装

1. 转子小装

转子小装也称预装或试装，是多级离心式泵检修一项不可省略的工序，是决定组装质量的关键。

（1）转子小装的目的如下：

1）测量并消除转子紧态晃动，以避免内部摩擦，减少振动和改善轴封工况；

2）调整叶轮之间的轴向距离，以保证各级叶轮的出口中心对准；

3）确定调节套的尺寸。

（2）转子小装步骤如下：

1）组装轴上的套装件。将轴上已检修完毕的套装件按其装配顺序一一组装在轴上的各配合段，不得装错位、装倒及遗漏。

2）测量。将转子放在固定平稳的V形铁上，并用轴台肩或顶针将转子的窜动控制在尽可能小的范围。用百分表测记各部位的瓢偏与晃动值，如图2-58所示。

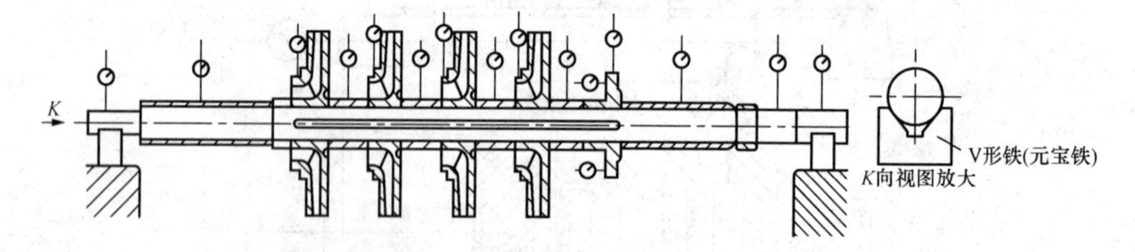

图2-58 转子小装后的测量部位

各部位的瓢偏与晃动值标准如表2-4所示。

表2-4 各部位的瓢偏与晃动值标准 mm

测量位置	轴颈处	轴套处	叶轮口环处	平衡盘	
				径向	轴向
允许值	0.02	0.04	0.08	0.04	0.03

3）确定轴向的配合尺寸。用专用量具依次测量各相邻叶轮口环端面的距离（或出水口中心距离），所测各段的尺寸应与泵壳相邻泵段的尺寸相符。如果不符，则可调整轴上套筒的长度予以解决。

2. 水泵总装

水泵经转子小装后，即可进行总装。在总装过程中，应特别注意总体的调整，并严格按照技术标准进行检查。

组装步骤如下：

（1）将低压侧进水段 14 就位（将地脚螺栓拧上，但不要拧紧）。随后装好低压侧外盖 13 及轴承支架 6（见图 2-54）。

（2）将泵轴从高压侧穿入低压侧外盖，从轴的低压端顺序装入定位套、盘根轴套、硅胶圈及短轴套，再装上盘根压盖及滚动轴承，并拧上轴套螺帽 4。用深度游标卡尺测量该螺帽至轴端的长度，其长度值应与拆卸时测量值相等。随后将泵轴的悬空端端头用支架将轴支撑好。

（3）组装首级叶轮，并调整好首级叶轮的位置，其定位方法如图 2-59 所示。

（4）放好支撑泵壳的专用垫木，按零件的组装顺序及要求依次将其装好，密封面应按要求进行密封处理（加垫、抹涂料），最后装好高压侧的出水段 19（见图 2-54）。

（5）装上穿杠螺栓，对称拧紧后用专用工具测量两侧端盖的平行度，其差值应小于 0.05～0.10mm。

3. 转子轴向位置的调整

（1）在装平衡盘前，测量转子总窜动量，其方法同前所述。

（2）装上平衡盘，测量平衡盘窜动量（方法同前）。推动转子，当平衡盘紧靠平衡座时，首级叶轮的定位线应与图 2-59 所示的划针位置平齐。平衡盘的窜动量应略小于或等于总窜动量的 1/2。若大于总窜动量的 1/2 时，可采取调整平衡盘背部的垫片厚度 δ（见图 2-60）等办法解决，以保证叶轮的出水口中心正对导叶入水口中心。

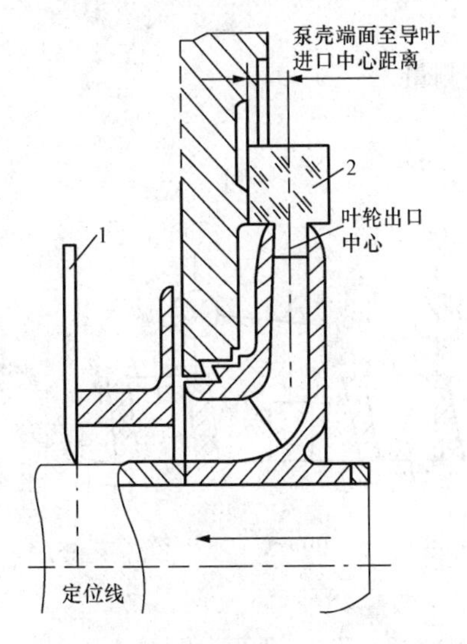

图 2-59　首级叶轮的定位方法

1—单刃划针；2—定位片

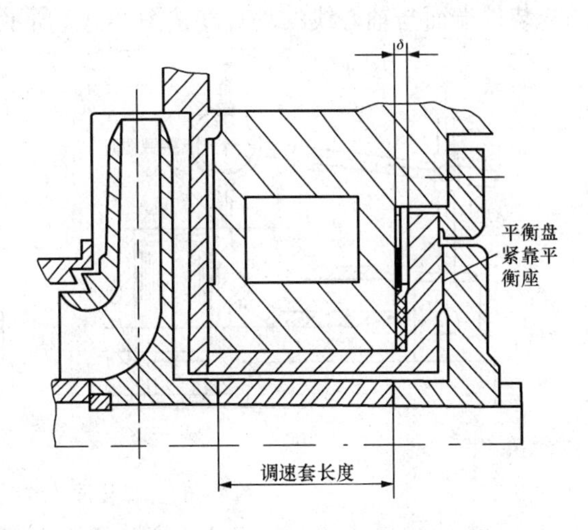

图 2-60　调整转子轴向位置的方法

4. 平衡盘与平衡座接触状况的检查

此项检查工作在解体前检查一次，以提供检修平衡装置的依据。总装时应进行复查，以检验检修、总装质量。其检查方法如下：

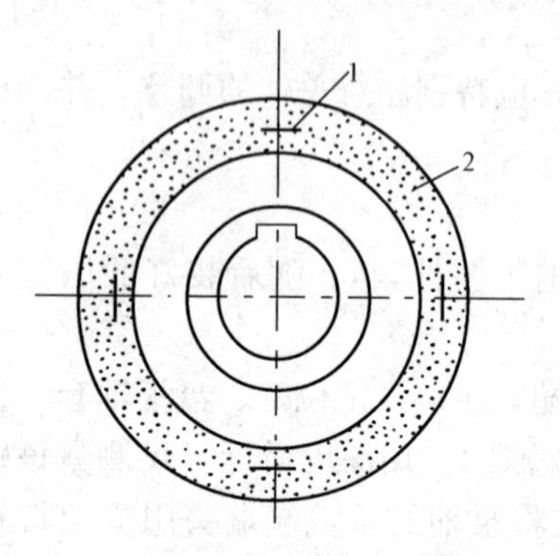

图 2-61 铅丝在平衡盘上的放置位置
1—铅丝；2—平衡盘工作面

（1）压铅丝法。铅丝在平衡盘上的放置位置如图 2-61 所示。要求铅丝放置的半径相同，采用黄油粘贴，装好后用力推挤平衡盘，将铅丝挤扁，取下铅丝，测其厚度。再将平衡盘转 180°，用相同方法测记一次，根据两次测量值进行分析。

（2）着色磨合法。此法效率高、直观。着色分两次进行，一次将着色剂涂在平衡盘上，一次涂在平衡座上，两次着色的目的主要是判定平衡盘与平衡座哪个问题最大，便于有针对性地进行检修。

5. 高压侧零部件的组装

将高压侧转子上的零部件和泵段上的零部件按组装顺序装好，最后装上轴承及锁紧螺帽，并用钩扳手将螺帽拧紧。

向两端轴承注入清洁黄油后，将轴承端盖装复。此时用手盘动转子，应轻快、无卡涩及机械摩擦声。随后将水泵就位，并拧紧地脚螺栓。

6. 联轴器找中心

联轴器找中心的方法参见本任务五、知识拓展：联轴器找中心。

（三）技术要求

1. 轴套

多级泵的轴套种类较多，用途各不相同，在检查时应根据轴套功用加以区分。各轴套的形位公差及配合要求可参照以下标准。

（1）端面不垂直度不超过 0.01；两端面不平行度不超过 0.02；内、外圆的同轴度误差小于 0.02mm。

套装件端面与轴心线的垂直度按图 2-62 所示方法测量。

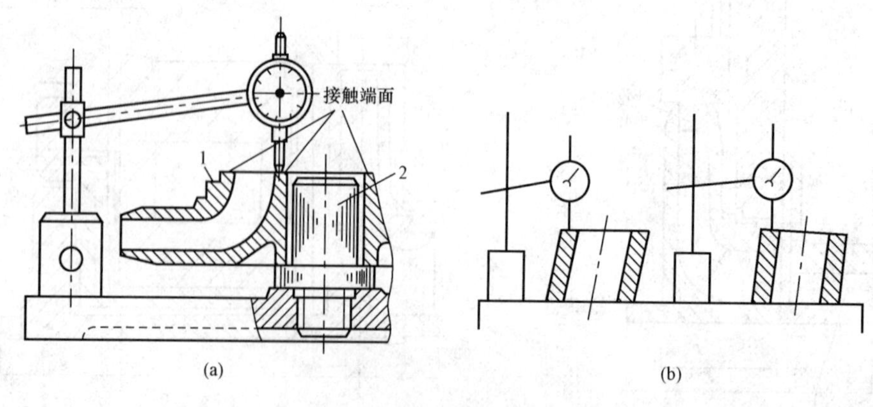

图 2-62 套装件的端面垂直度的测量
（a）正确的检查法；（b）错误的检查法
1—套装件；2—假轴

（2）各轴套孔与泵轴通常采用间隙配合，要求能用手将轴套拉出，但又无明显间隙（0.03mm厚的塞尺片塞不进）。

（3）叶轮间距套外径与导叶孔径（或导叶衬套孔径）的间隙应略小于叶轮口环与密封环之间的间隙（一般小于1/10）。

2. 平衡盘

检查平衡盘工作面的磨损程度，当平衡盘的窜动量超过转子总窜动量的1/2时，说明平衡盘已被严重磨损，需要更新。对平衡盘面的摩擦沟痕，可先用车床车去沟痕后，再进行磨合，要求平衡盘与平衡座的磨合印迹不小于工作面积的70%。

3. 叶轮

叶轮装复后，叶轮口环处的径向晃度应小于0.04mm。叶轮口环处的径向晃度测量如图2-63所示。

4. 泵轴弯曲值

泵轴弯曲值，该值应符合检修规程的技术标准。对一般小型泵轴，其弯曲值一般不大于0.05mm。

5. 密封环间隙

密封环间隙是指密封环内径与相对应的叶轮口环外径之差值，其值一般为密封环内径的0.15%～0.30%。测量时在0°和90°位置做两次，并以其中的小值为计算依据。密封环密封面上的冲刷或摩擦伤痕，可以修刮或磨光，其修刮量以不超过最大允许密封环间隙为限。密封环和导叶衬套的间隙如图2-64所示。

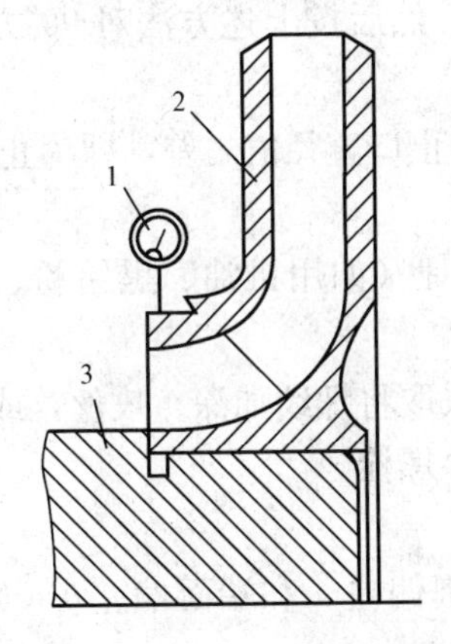

图2-63　叶轮口环晃度的测量

1—百分表；2—叶轮；3—假轴

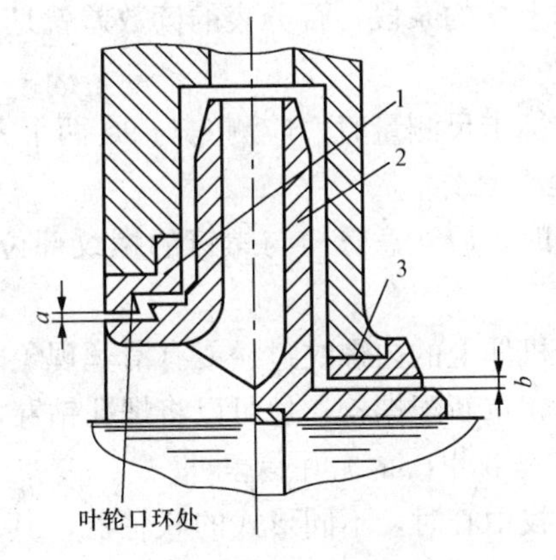

图2-64　密封环和导叶衬套的间隙

1—密封环；2—叶轮；3—导叶衬套；

a—密封环间隙；b—导叶衬套间隙

6. 导叶

导叶在泵壳内应被压紧，以防导叶和泵壳、隔板接触面被水冲刷及发生涡流。为此，应先测量出导叶与泵壳之间的轴向间隙。其方法是在泵壳的密封面及导叶下面放上3～4段铅丝，再将导叶与另一泵壳放上，如图2-65（a）所示。垫上软金属垫，用大锤轻轻敲打几下，取出铅丝测其厚度，两处铅丝平均厚度之差即为轴向间隙值。若轴向间隙值超过允许值，则可在导叶背面沿圆周方向并尽量靠近外线均匀地钻3～4个孔，装上紫铜钉，利用紫铜钉的过盈量使两平面压紧、密封，如图 2-65（b）所示。紫铜钉的高度应比测出的轴向间隙值大 0.3～0.5mm，这样泵壳压紧后导叶具有一定的预紧力。

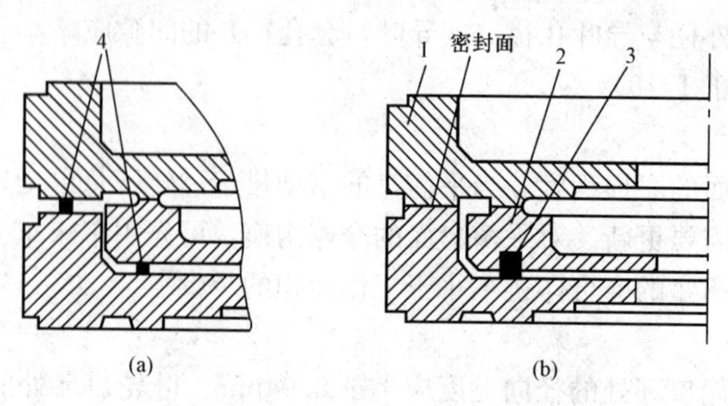

图 2-65　导叶间隙的测量及压紧方法
（a）轴向间隙的测量；（b）紫铜钉的布置
1—泵壳；2—导叶；3—紫铜钉；4—铅丝

7. 相邻两泵段（泵壳）的止口间隙

多级分段式水泵的静止部分与转动部分的实际间隙，与泵壳的止口配合精度直接相关。在拆装时，对泵壳的止口应倍加保护，不允许将其击伤、碰伤，也不要轻易用砂布、挫刀修磨止口配合面，否则，会增大止口配合间隙。止口间隙值一般为 0.04～0.08mm，最大不超过 0.1mm。

相邻两泵段（泵壳）的止口间隙的测量方法如图 2-66 所示。即先将相邻两泵段叠起，再往复推动上面的泵段，百分表的读数差就是止口间隙。然后按上述方法对 90°方位再测量一次。

当用游标卡尺测量时，应测 0°与 90°两个方位内、外止口直径值之差，即为止口间隙。

8. 螺栓与螺钉

在组装时，应注意螺栓与螺钉的螺纹部位的防锈处理（如用机油、黑铅粉、二硫化钼等）。

若位于机体上的内螺纹过松或有滑丝现象时，则应采取将螺纹加深、攻丝，或将螺纹加大一个规格，重新配螺栓；也可以将螺孔钻穿，改用对穿螺栓。

9. 联轴器找中心的允许偏差

联轴器找中心时，不同形式的联轴器，其允许的外圆偏差 a 和端面偏差 b（如图 2-67 所示）的要求不同。

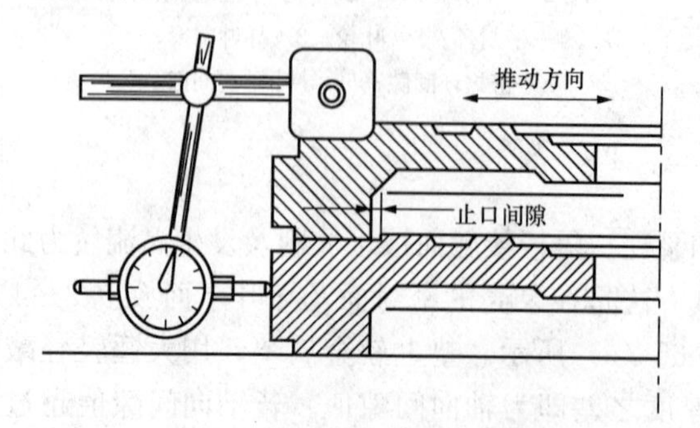

图 2-66　泵壳止口间隙的测量

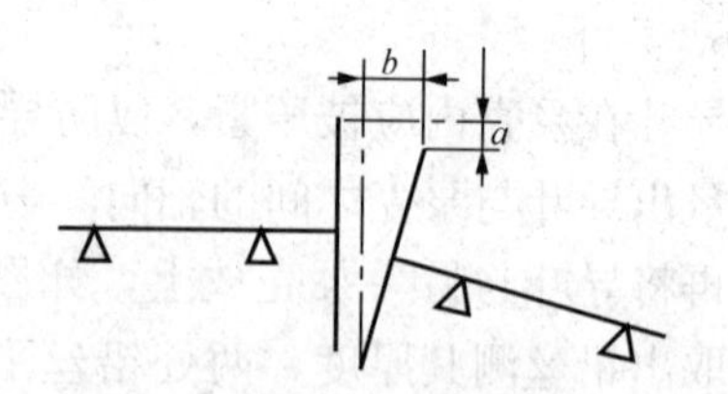

图 2-67　联轴器中心偏差示意图

(1) 刚性联轴器：外圆偏差 $a=0.04$mm，端面偏差 $b=0.03$mm；

(2) 半挠性联轴器：外圆偏差 $a=0.05$mm，端面偏差 $b=0.04$mm；

(3) 挠性联轴器：外圆偏差 $a=0.06$mm，端面偏差 $b=0.05$mm。

(四) 试运行

(1) 再次检查重要螺栓的紧固程度，如地脚螺栓、联轴器的连接螺栓等。

(2) 关闭泵自身水封阀门及出口阀门；开启外来水封阀门，向水封环供水；开启水泵入口阀门，向水泵内注水，同时开启空气门，排除泵内空气；空气门出水后，将空气门关闭。

(3) 盘动联轴器，以证实转子有无问题，此时因轴盘根已压紧，故转动时无惯性。

(4) 启动电动机。合闸时应注意电动机的启动电流及加速时间，若启动电流超常，且电动机加速很慢（或稳在某一低转速），则应停止启动，断开电源，查找原因。先查水泵，再查电动机。

(5) 水泵达到额定转速后，先检查空载水压是否达到正常值，然后慢慢开启泵出口阀门，并监视出口压力变化。同时用听声棒（如图 2-68 所示）测听泵的运行声响，以证实泵内部是否有机械摩擦。

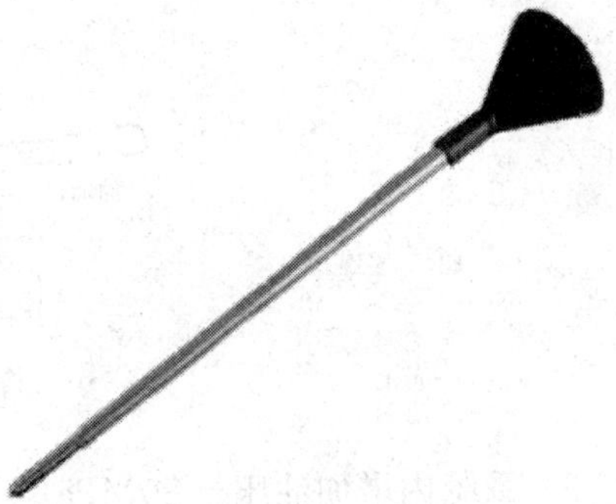

(6) 检查机组振动，振动值应小于 0.05mm；盘根滴水量正常（滴水不间断，但不成线状，检查前应将水封管切换为泵自身供水）；盘根盒及轴承外表温度均为正常范围；管道及泵体各密封面无渗漏现象。

图 2-68　听声棒

经过上述各项检查，并证实没有问题，即认定该泵检修、总装合格。

四、筒体式多级离心式泵拆装

(一) 泵的解体

1. 准备工作

实训用泵是不在系统中的单独设备，泵体温度已是环境温度，无须做切断电动机及润滑油系统和所有仪表的电源，关闭泵的进出口阀门、再循环阀门及隔离冷却水源，关闭中间抽头阀门，打开泵体放水阀，放尽泵内存水等操作。

(1) 从传动端和自由端的轴承支架和轴封上，拆下影响泵解体的所有仪表和管道。

(2) 拆下平衡室回水管道及轴承的润滑油进出管道。

(3) 准备并检查所有起吊设备和拆装专用工具。

2. 抽出芯包

(1) 拆下隔热层、联轴器防护罩、间隔体和半联轴器，取下联轴器键。

(2) 拆下进口端盖与筒体的连接螺栓，卸下保持环、密封挡圈和 O 形圈。

(3) 用螺栓液压张紧装置（如图 2-69 所示）按下列顺序，松开自由端大端盖与筒体的连接螺栓、螺母。

1) 将螺栓液压张紧装置，放在对置的双头螺栓上，手动拧紧其缸体，使底架紧贴在大端盖上；

2) 通过软管，将液压张紧装置与总油管连接，并给系统充油；

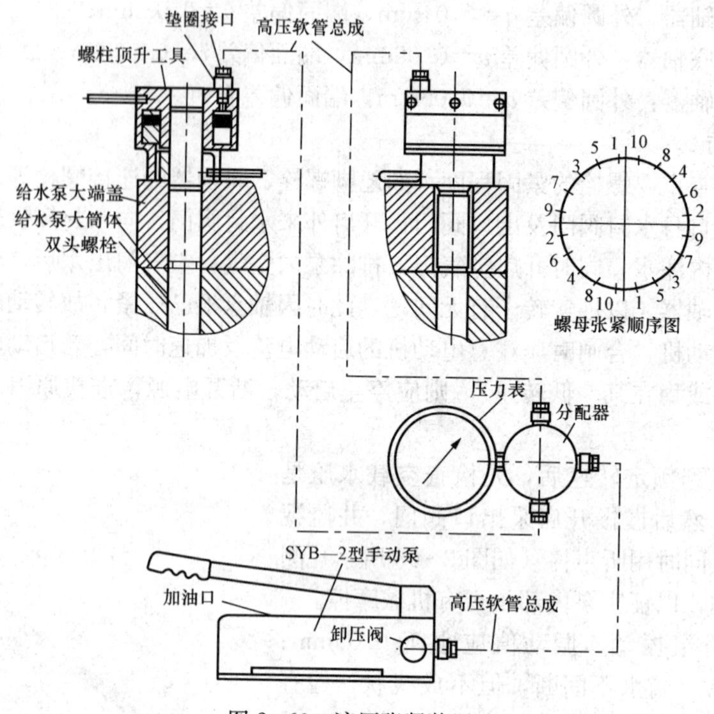

图 2-69 液压张紧装置

3）系统内增加油压至 80MPa，用旋棒松开螺母；

4）操纵增压泵上的阀，释放系统中的油压，断开油管，拆下液压张紧装置，按上述顺序，用液压张紧装置，松开所有螺母，并卸下螺母。

（4）用螺栓将拆卸板 A 固定在传动端轴承座上，旋入第一级拆卸管 B，将拉紧螺栓 C 旋入至轴端上，然后装压紧板 D、垫圈 E，并用螺母 F 拉紧芯包，将槽钢支承板 L 固定在泵座上，把滚筒起顶组件 M 装在 L 上调整高度，使其与拆卸管 B、I 接触，将吊耳 G 装在大端盖上，并系上绳索，然后慢慢升起吊钩、拉紧吊索。用起顶螺钉 H 将芯包板顶出各档止口，并继续顶出芯包，直到 M 碰到安全定位环 J，如图 2-70 所示。

（5）用行车将扁担 P 吊牢，再在扁担 P 的两头用绳索一端接大端，盖上吊耳 N，一端接拆卸管 B，使扁担 P 及芯包保持水平位置，慢慢地抽芯包，至安全定位环 J，继续接拆卸管 I，并改变安全定位环 J 位置，旋紧定位螺钉 K，逐步移出芯包，直到第一级拆卸管 B 露出筒体。将芯包搁在本质专用支架 Y 上，确保其稳定并楔牢，如图 2-71 所示。

（6）在进口端盖处装起重吊耳 N，用行车吊住芯包，将绳索套在筒体螺栓及第二节拆卸管 I 上，吊住拆装组件，脱开第一、二节拆卸管（见图 2-71）。吊出芯包，将其水平搁置在木质专用支架 Y 上，并将芯包楔牢（见图 2-72）。

3. 芯包的拆卸

（1）拆卸前的准备：

1）拆下芯包上的拆卸工具、起吊工具及吊耳。装上芯包夹紧板，使其紧贴在进口端盖上，用 4 根双头螺纹的拉杆穿过大端盖的孔，拧入支撑板上螺纹孔内，并将紧固螺母旋紧，贴在夹紧板上。

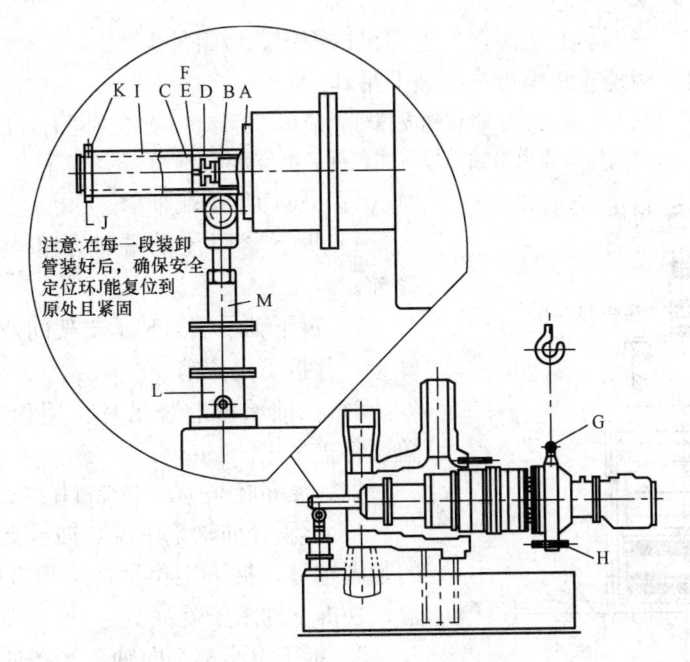

图 2-70　顶起芯包

A—拆卸板；B—第一节拆卸管；C—拉紧螺栓；D—压紧板；E—垫圈；F—螺母；G—吊耳；H—起顶螺钉；I—第二节拆卸管；J—安全定位环；K—定位螺钉；L—槽钢支承板；M—滚筒起顶组件

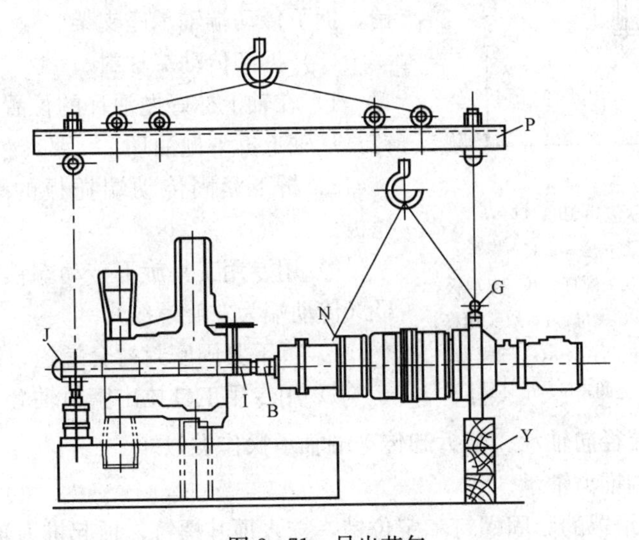

图 2-71　吊出芯包

N—起重吊耳；Y—木质专用支架；P—扁担；其他同图 2-70

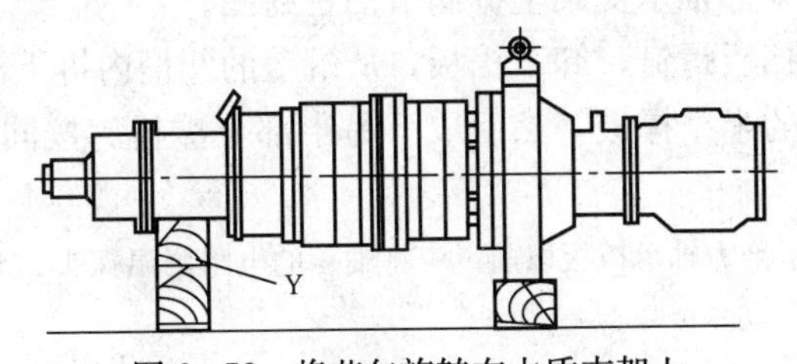

图 2-72　将芯包旋转在木质支架上

2）在拉杆的另一端套上垫圈，拧上螺母以固定芯包组件。

3）在大端盖上用螺栓和螺母垫圈装上吊耳。

注意：芯包拆卸过程中，应把芯包稳定地支撑好，最初的拆卸在水平位置进行。最后阶段芯包要垂直支承，芯包的重力任何时候均不能由泵轴支撑。芯包拆卸工具如图 2-73 所示。

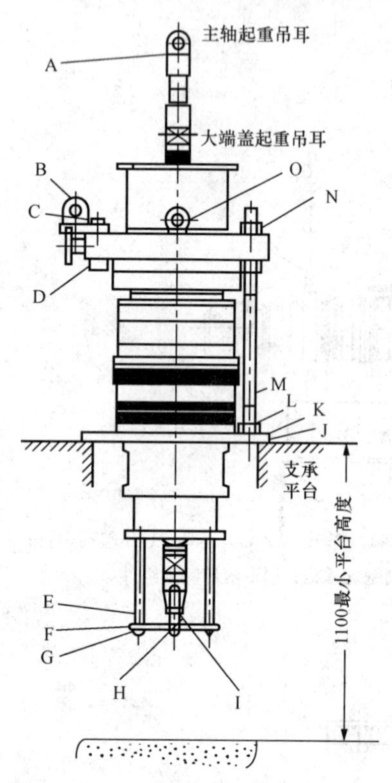

图 2-73 芯包拆卸工具

A—主轴起重吊耳；B—吊耳；C—螺栓；D—吊耳固定销；E—双头螺杆；F—支承板；G—M12 螺母；H—M20 螺母；I—双头螺杆；J—夹紧板；K—ϕ48 垫圈；L—G1.5 螺母；M—拉紧螺杆；N—垫圈；O—吊环螺钉

（2）拆卸传动端轴承。

1）拆下紧固传动端轴承盖与进口端的螺母、螺栓。

2）拆下轴承盖与轴承支架间双头螺栓上的紧固螺母，并拆下定位销。

3）在轴承盖上装吊环，用顶升螺钉顶开轴承盖，将盖吊出。

注意：起吊时应小心，避免碰坏挡油圈。

4）拆下径向轴承压盖与轴承支架间双头螺栓上的紧固螺母，拆下定位销，用顶升螺钉顶起轴承压盖，并拆下轴承压盖。

5）拆下上半部径向轴承和挡油圈，顶起轴将下半部轴承和挡油圈拆下。

6）拆下轴承支架上的紧固螺栓、螺母和定位销，拆下传动端轴承座支架。

（3）拆卸传动端轴封。

1）在轴上标好抛油环的位置，然后松开紧固螺钉，从轴上拆下抛油环。

2）拆下紧固传动端托板的螺栓，卸下传动端托板。

3）用专用工具旋下传动端锁紧螺母和抛水环螺母（传动端为左旋螺纹）。

4）拆下紧固密封衬套螺栓，卸下密封衬套。

5）用专用工具拉出密封轴套。

（4）拆卸自由端径向轴承。与拆卸传动端轴承操作类似。

（5）拆卸自由端推力轴承。

1）拆下推力轴承罩的紧固螺钉和定位销，拧入顶升螺钉，顶起推力轴承罩，并拆下。

2）顶起泵轴，将下半部径向轴承和挡油圈转至上部，并拆下。

3）松开弹簧，从下半部轴承支架上拆润滑油密封圈。

4）拆下紧固端盖上挡板螺钉，卸下挡板，从端盖的凹槽内拆下润滑油密封圈和弹簧。

5）光拆下有止动销的半个撑板，然后取下另半部分撑板。按同样的方法，拆下推力盘另一侧的推力轴承撑板。

注意：在轴承支架上拆下推力轴承撑板以前，应将轴承的电阻测温探头、导线同外端子拆开，穿过密封套，将导线取出。

6）拆下自由端轴承支架与大端盖间的紧固螺栓、螺母及定位销，拆下轴承支架。

7）将推力盘锁紧垫圈的舌片处理平服，用专用扳手卸下推力盘螺母，并取下锁紧垫圈。

8）装上拆卸推力盘专用工具，然后加热推力盘轮毂，将推力盘拆下并取下推力盘键。

（6）拆卸自由端轴封。与拆卸传动端轴封操作类似。

（7）拆卸平衡鼓及末级叶轮。

1）用双头螺杆、螺母及支承板将转子固定。

2）将芯包垂直放到支撑架上。

注意：吊芯包时不能用泵轴支承芯包重量。

3）拆下拉杆与大端盖的螺母和垫圈，并卸下拉杆。

4）将大端盖吊离泵轴。

注意：吊大端盖时，防止损坏平衡鼓和平衡鼓衬套。

5）将平衡鼓止动垫圈的止动舌整理平，用专用扳手拆下平衡鼓螺母，并卸下止动垫圈。

6）取出平衡鼓密封压圈及密封圈。

7）装好拆卸平衡鼓的专用工具，然后用火焰加热平衡鼓至250℃，待产生足够的膨胀后，迅速拆下平衡鼓，并取下键及蝶形弹簧。

注意：加热时应控制加热温度，不得过热。

8）将末级导叶紧固在泵壳上的锁紧片及螺钉拆下，然后卸下末级导叶。

注意：导叶与泵壳为过盈配合。

9）用火焰加热末级叶轮外缘到150℃，然后加热叶轮盖板到200～250℃，并保持该温度，迅速加热叶轮毂至300℃，当温度达到产生足够的膨胀时，迅速将叶轮从轴上拆下，并取下叶轮键和叶轮卡环。

注意：拆下叶轮时应做上记号。

（8）首级叶轮的拆卸。

1）拆下第四级内泵壳与第三级内泵壳的紧固螺钉，然后拆下第四级内泵壳及取下O形圈和挡圈，并用吊耳将内泵壳及导叶吊离。

2）依次拆下第四级叶轮及其他各级叶轮、内泵壳、导叶，直到轴上仅留首级叶轮。取下第二泵壳上的O形圈和密封件。

注意：第三级泵壳和第二级泵壳的连接螺钉由锁紧片锁紧，在拆这些螺钉前应先拆下锁紧片。

3）在轴端拧上吊轴吊耳，装上起吊工具，然后拆下传动端定位螺母及支承板。

4）将泵轴从进口端吊出，水平放置在专用支架上。

5）用火焰加热首级叶轮（加热方法及要求同前），当叶轮达到一定温度、产生足够膨胀时，迅速将叶轮从轴上卸下，取下叶轮键。

6）用吊耳将进口端盖从专用支架上吊出。

（二）泵的组装

1. 内泵壳、叶轮的组装

（1）将泵轴水平支承在专用支架上，装上首级叶轮键。

（2）按拆卸叶轮的方法用火焰加热叶轮，待叶轮达到一定温度、产生足够的膨胀后，套装到轴上，直到与轴肩紧靠。

注意：在套装叶轮时，叶轮的键槽与键对齐。如果叶轮套装不能一次到位，应取下叶轮，检查叶轮有无毛刺或脏污，并进行清洗，然后重新加热叶轮，进行套装。

（3）将进口端盖吊放、就位在支撑台组装支撑板上。

（4）待泵轴和首级叶轮冷却至环境温度后，在自由端装上泵轴吊耳，将泵轴垂直吊起，然后将泵轴放入进口端盖内，直到叶轮进口颈部进入端盖的衬套中，叶轮坐落在进口端盖上，拆除泵轴吊耳。

（5）将导叶装配在内泵壳上（过盈配合）。

（6）装上内泵壳上的O形圈、挡圈和密封件。

注意：O形圈、挡圈及密封件在组装前，应先放在接近沸点的热水中浸透。

（7）将首级内泵壳及导叶吊装到进口端盖上，在吊装时，应使进口端盖和内泵壳的基准线对齐，定位销就位应正确。

（8）紧固进口端盖与首级内泵壳，连接内六角螺钉。

注意：螺钉头不能凸出内泵壳表面。

（9）在进一步组装之前，按下述方法检查总的轴向窜动。

1）在泵轴自由端装上吊耳，并装上适当的起吊工具。

2）吊住泵轴，使首级叶轮支承在进口端盖上。

3）以首级内泵壳表面为基准，在轴上用铅笔标一条线。

4）尽量将轴向自由端吊起，仍以首级内泵壳表面为基准，在轴上用铅笔划上第二条线。

5）测量两线之间的距离，此值约为8mm（泵轴最小窜动量允许为6mm）。

6）放下泵轴，直到首级叶轮支承在进口端盖上，拆下起吊工具和吊耳。

（10）装上次级叶轮的卡环和键，按顺序依次装上次级叶轮和其余各级叶轮、内泵壳和导叶。

注意：第二、三级内泵壳之间的连接螺钉必须用新的锁紧片固定。

（11）复测总的轴向窜动量应无变化（测量方法同前）。

（12）套装末级导叶，用六角螺钉固定在末级内泵壳上，并用锁紧片锁紧。

（13）用火焰加热平衡鼓，待达到一定温度和产生足够膨胀（以样棒为准），迅速将平衡鼓装到轴上，使其与轴肩相抵，并用平衡鼓螺母锁紧。

（14）待平衡鼓冷却到环境温度后，拆下平衡鼓锁紧螺母，装上密封圈、密封压圈及锁紧垫圈，然后用并紧螺母锁紧。

（15）将拉杆拧到芯包撑板上，并用并紧螺母将其固定在支撑板上。

（16）装入蝶形弹簧，装上末级导叶与大端盖之间的调节螺栓、螺母，然后吊入大端盖。

（17）用调节螺栓、螺母调整支撑板与大端盖之间的距离。

1）5级泵：（664±0.10）mm。

2）6级泵：（752±0.10）mm。

（18）装上拉杆垫圈和螺母并旋紧螺母，拆下起吊装置。

（19）装上传动端装配定位装置。

（20）装上吊耳，将芯包吊至水平位置，放到专用支架上，然后拆去传动端装配定位装置。

2. 轴封的组装

（1）换上所有新的O形圈。

（2）将自由端密封箱件装入大端盖，并用螺栓紧固。

（3）装上密封衬套，并检查是否到位。

（4）旋紧抛水环螺母并锁紧。

（5）装上托板，用螺栓紧固。

3. 自由端轴承的组装

（1）装上抛油环O形圈，将抛油环装到轴上，并使抛油嘴对着轴承，然后用紧固螺钉固定。

（2）在轴上装上推力盘键，用火焰加热推力盘，使其达到一定温度并产生足够的膨胀，迅速将推力盘套装到轴上，并使其与轴肩相抵，紧固推力盘螺母。

（3）待推力盘冷却至环境温度，卸下推力盘螺母，放上锁紧垫圈，然后并紧推力盘螺母，并用锁紧垫圈锁住。

（4）装上自由端轴承支架，打入定位销，紧固轴承支架与大端盖之间的连接螺栓。

（5）将轴抬起，装入下半部径向轴承及下半部挡油圈、润滑油密封圈和弹簧，然后放下泵轴。

（6）将不带定位销的半部撑板放到轴上，使其推力瓦面与推力盘相接触，然后将其转入支架内，放上另半部撑板，将整个推力轴承撑板绕轴转动，直到定位销顶住轴承支架。用同样的方法组装另一侧撑板。

注意：推力轴承撑板的并合线与轴承支架的水平面之间成90°，定位销位于轴承支架内。

电阻测温探头是插入推力瓦块并固定在推力轴承撑板上的，在组装推力轴承撑板时，固定密封之前，应先将探头就位，导线穿过轴承支架和密封圈送回端子。

（7）装上轴端盖，紧固端盖与轴承支架螺栓。

（8）检查轴向间隙。检查时将轴靠近传动端，使推力盘紧贴在内侧推力瓦块上，用塞尺测量外侧推力轴承撑板衬垫（调整垫）与端盖间的间隙（如图2-74所示）。

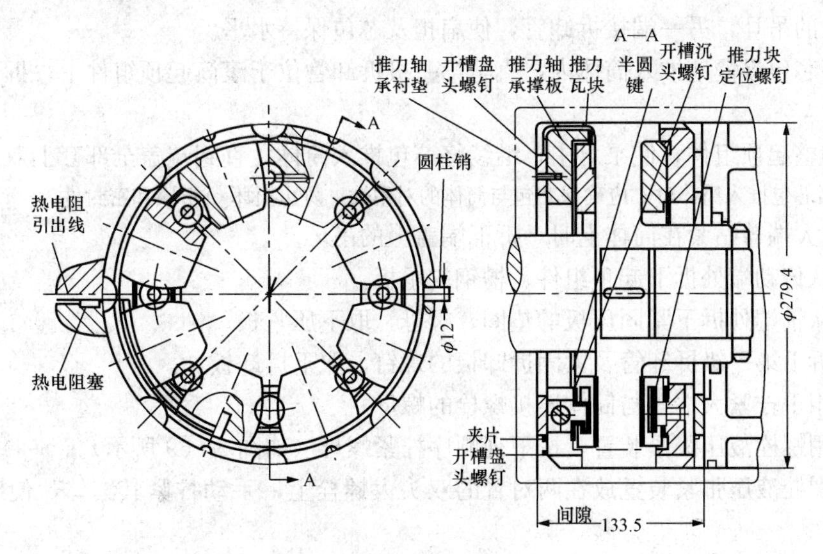

图2-74　推力轴承（单位：mm）

轴向间隙值为0.04mm。

注意：不能用塞尺直接插入推力瓦块和推力盘之间测量间隙，以防损伤瓦块表面。

（9）装上推力轴承罩，打入定位销，紧固轴承罩与轴承支架之间的连接螺栓。

(10) 装上上半部径向轴承和轴承上盖，打入轴承防转销，紧固轴承与轴承支架连接螺栓。

(11) 装上上部挡油圈，然后装上轴承盖，打入定位销，紧固轴承盖与轴承支架连接螺栓。

(12) 将润滑油密封圈嵌入端盖的槽内，装上弹簧，然后用螺钉将挡板紧固在端盖上，夹住密封圈。

4. 传动端轴承的组装

与自由端轴承的组装操作类似。

5. 芯包装入筒体

(1) 用螺栓将拆卸板紧固在传动端轴承支架上，旋入第一级拆卸管，装上拉紧螺栓和压紧板，拧紧螺母拉紧。

注意：不能将芯包拉得过紧，只要能消除间隙即可。

(2) 拆下芯包上的调节螺栓和拉杆，从进口端拆下芯包支撑板。

(3) 将O形圈嵌入大端盖和进口端盖的圆周槽内，在进口端盖与筒体接触面上装上镀铜低碳钢接口垫圈。

注意：进口端盖的密封圈挡圈，必须装在O形圈的进水侧。

(4) 将装吊环在大端盖和进口端盖的吊耳上，用行车把芯包吊到组装现场，装上第二级拆卸管。

(5) 把槽钢支承板及滚筒起顶组件固定在泵座上，将芯包向筒体内移动，使拆卸管置于滚筒起顶组件上。

(6) 拆去进口端盖上的吊耳，系上绳索，用行车将扁担吊牢，在扁担的两头用绳索一端接大端盖上的吊耳，另一端接拆卸管，使扁担及芯包保持水平。

(7) 将芯包慢慢地推入筒体内，直至第一级拆卸管位于滚筒起顶组件上，拆下第二级拆卸管。

(8) 调整起顶组件，使泵对中，继续将芯包推入筒体，直到端盖全部套上双头螺栓。

注意：当芯包推入筒体时，应确保芯包与筒体的对中性，防止损坏O形圈和密封件。

(9) 当大端盖贴紧在筒体上时，拆下端盖上的吊环。

(10) 从传动端处拆下起顶组件、槽钢支承板。

(11) 从轴端处拆下紧固压板的垫圈、螺母，取下压紧板。

(12) 拆下第一级拆卸管及紧固拆卸板的螺钉，取下拆卸板。

(13) 用手拧紧大端盖与筒体连接螺栓的螺母。

(14) 用螺栓液压张紧装置，按下列顺序拧紧螺母（如图2-69所示）。

1) 把螺栓液压张紧装置放在两对置的双头大螺栓上，手动拧紧其缸体，使底架紧贴在大端盖上。

2) 通过软管将液压张紧装置联上总油管，并给系统充油。

3) 先将系统内油压增加至50MPa，用旋棒将大螺母拧紧。

4) 操纵增压泵上阀门，释放系统中油压，断开油管，拆下液压张紧装置，按上述顺序，用液压张紧装置，拧紧所有大螺母。

5) 将油压增加至80MPa（对M52×3螺栓）或75MPa（对M48×3螺栓）按上述顺

序，再将各个大螺母拧紧。

(15) 装上大螺栓保护帽，在进口端和大筒体间装入O形圈和挡圈。

(16) 装上保持环接口垫圈，然后将保持环装到进口端盖和大筒体的凹槽内，紧固保持环与大筒体的连接螺栓。

(17) 装上联轴器键，然后套装半联轴器。

(18) 拧上联轴器螺母并锁紧。

(19) 盘动转子，转动灵活、无摩擦异声。

(20) 找正中心，然后装上防护罩。

联轴器中心标准如下：

1) 圆周偏差不大于0.04mm。

2) 平面偏差不大于0.04mm。

(21) 装上泵组解体前拆除的所有仪表、管道。

五、知识拓展：联轴器找中心

(一) 联轴器找中心的概念

联轴器找中心就是使一转子轴中心线为另一转子轴中心线的延续曲线，或联轴器的两对轮中心是延续的。因此，转动设备在找中心操作中就是要做到两个联轴器端面平行、外圆同心。

转动设备轴的中心有偏差，设备运行时会产生振动。因此，要求转动设备两轴的中心偏差不超过规定数值。

一般转动设备联轴器中心的允许偏差见表2-5。

表2-5　联轴器找中心的允许偏差　mm

联轴器类别	端面 b	外圆 a
刚性联轴器	0.03	0.04
半挠性联轴器	0.04	0.05
挠性联轴器	0.05	0.06

(二) 基准设备选择

找中心操作以转动设备组成的某一联轴器作为基准，对另一个联轴器进行测量和调整。

泵与风机的联轴器找中心，常以泵或风机作为基准设备，电动机作为被调整设备。这主要是因为泵或风机的外部连接的附属设备较多，移动不方便。

对带液力耦合器的电动给水泵组，以中间位置的液力耦合器作为基准设备，而电动机和水泵分别作为被调整设备。

(三) 专用测量工具——桥规

找中心操作应用专用测量工具（也称桥规）进行，既可以选用百分表，如图2-75 (a) 所示，也可以选用塞尺，如图2-75 (b) 所示。

对于结构比较复杂、技术要求比较高，并且多为滑动轴承结构的设备，如汽轮机、给水泵、风机及主要辅机设备，可采用两副专用支架，在端面的对称位置上设置两个测点。这样可以消除因转子轴向窜动而带来的测量误差。

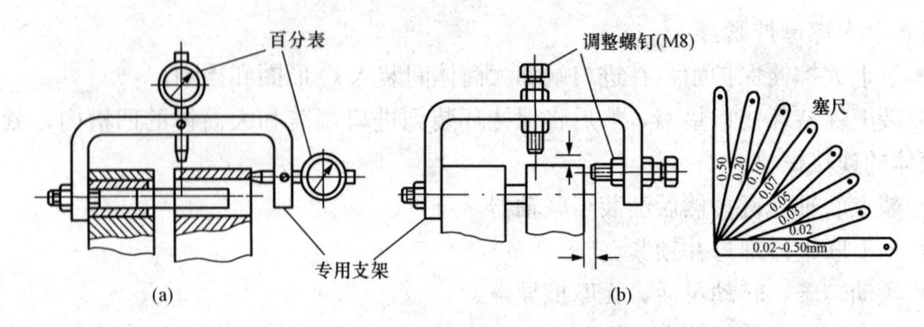

图 2-75 专用测量工具——桥规

(a) 用百分表测量；(b) 用塞尺测量

应该注意的是，在实际测量中，用百分表测量与用塞尺测量结果是不同的。以图 2-76 所示为例，当两联轴器张口越大或电动机联轴器越高，用百分表测量时，测得的联轴器外圆及端面的两读数就越大；而用塞尺测量时，则螺钉和联轴器外圆或端面之间可塞入的两缝隙却越小。

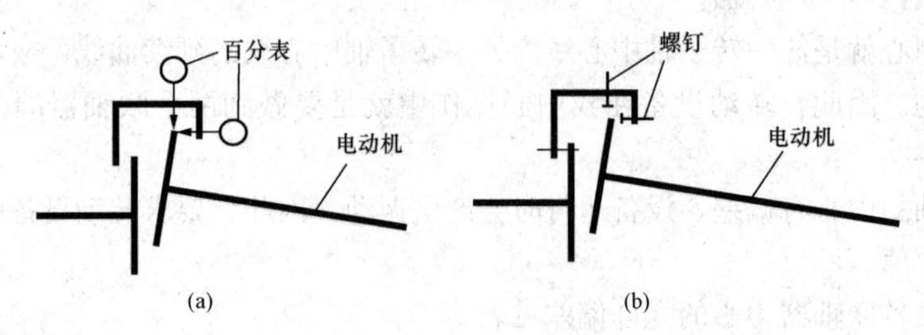

图 2-76 不同测量工具对读数的影响

(a) 百分表测量；(b) 塞尺测量

（四）专用支架的安装

专用支架固定在基准设备（如泵或风机）的联轴器上，这种安装方式称为正向固定，如图 2-77 (a) 所示，采用正向固定方式的情况较多。有时也将专用支架固定在被调整设备（如电动机）的联轴器上，这种安装方式称为反向固定，如图 2-77 (b) 所示。

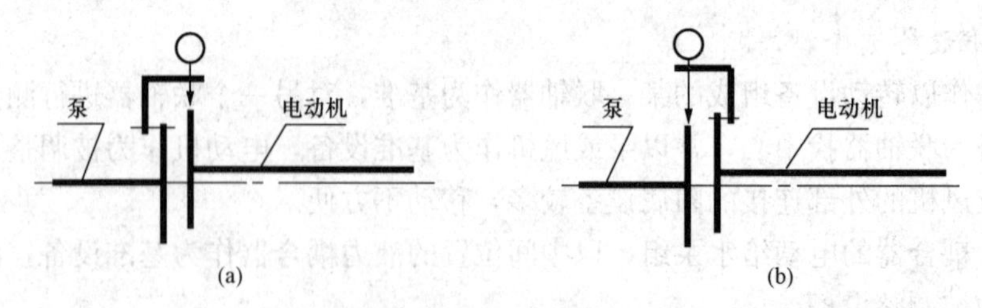

图 2-77 专用支架正、反两种固定形式

(a) 正向固定；(b) 反向固定

（五）找中心的操作方法和步骤

1. 设备就位

设备安装就位前，首先应清理设备与机座结合面上的杂质和污垢，然后放入原有数量和厚度的垫片，保证原始记录基本不变。对于运行中振动较大、中心易变动的设备或新设备的

安装，有必要在不放置垫片的情况下，重新检测设备与机座结合面的缝隙，即设备吊入后，在不受支点紧固螺栓紧力的情况下，用塞尺片检测设备与机座各支点结合面是否有缝隙。一般要求 0.03mm 的塞尺塞不进为合格。缝隙过大时应找出原因并进行修磨或垫入相应厚度的垫片，保证设备底脚与基础平台结合面接触良好、受力均匀。同时，对结合面垫片的数量和垫片的光滑度及平整度也有规范要求。制作调整垫片时，通常粗调时采用较厚的铜皮、微调时采用较薄的磷铜皮。垫片最好做成 U 形，让地脚螺栓卡在垫片的中间。结合面垫片的数量一般控制在 4 片及以下。

2. 粗调工作

粗调工作就是将设备基本摆正的过程。设备就位后，在专用测量工具进行找中心（精调）操作前，先用钢板尺顺轴线方向竖立在联轴器外圆上，如图 2-78 所示。

检查和分析泵和电动机两联轴器可能产生外圆高低和端面张口的情况。通过联轴器的上、下和左、右位置的初步调整，使联轴器中心偏差限制在较小范围内，有利于提高下一步精调时的操作精度和工作效率。

粗调操作中必须做到以下两点。

(1) 基准设备（泵或风机）轴心线应略高于被调设备（电动机）轴心线。检查电动机在精调操作中是否有向下调整的余量，避免产生重复操作或靠硬性拧紧或拧松地脚螺栓进行找正的不当方法。因此，必要时在水泵的机座上预先加入一定厚度的调整垫片。

(2) 泵轴心线与电动机轴心线在同一水平上的左、右位置应基本一致。检查电动机在精调操作中是否有左右调整的余量。通常将电动机联轴器左右来回撬动一下，观察其露出水泵联轴器两边的距离是否对称，如图 2-79 所示。偏离太多时，应松开水泵机座地脚螺栓重新摆正，避免在精调操作中，因电动机联轴器的左、右位置调不到位而产生硬性或再次返工的现象。

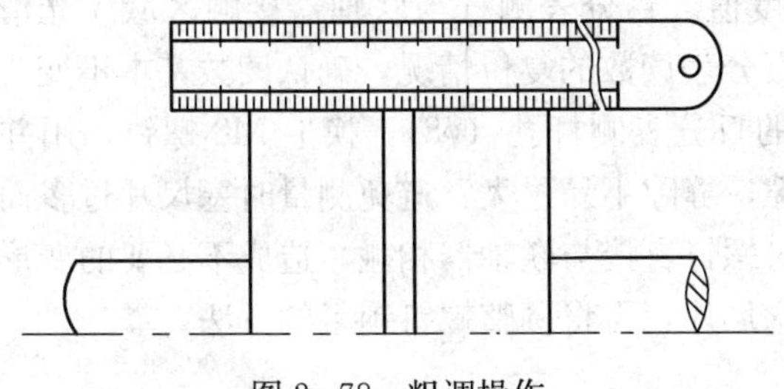

图 2-78　粗调操作

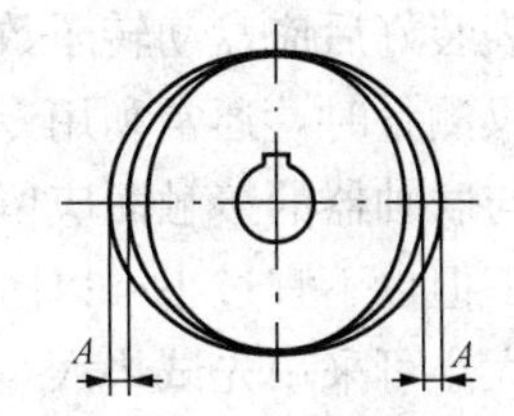

图 2-79　左、右位置的找正操作

3. 联轴器的检查与连接

转动设备找中心前，首先应检查联轴器在轴向位置的安装是否到位，联轴器与轴的配合有无松动，联轴器表面有无碰伤、刮痕，必要时加以修复，然后进行联轴器的连接。两联轴器连接时，应在联轴器的对称位置安装两只专用销子。要求销子的一端与联轴器固定连接，另一端与联轴器应该有足够大的空隙，以保证两联轴器圆周方向有一定的空行程。对于挠性联轴器，通常利用原有联轴器的连接螺栓，卸去弹性胶圈即可视为专用销子，如图 2-80 所示。联轴器连接时应符合有关技术规范，如两联轴器有位置要求，应做好标记，避免找中心操作后产生误差较大。两联轴器接合端面应留有一定缝隙，缝隙大小视设备情况而定，一般为 3～5mm。按转子运行时的方向盘动联轴器，确认转子转动灵活、无发涩现象即可。

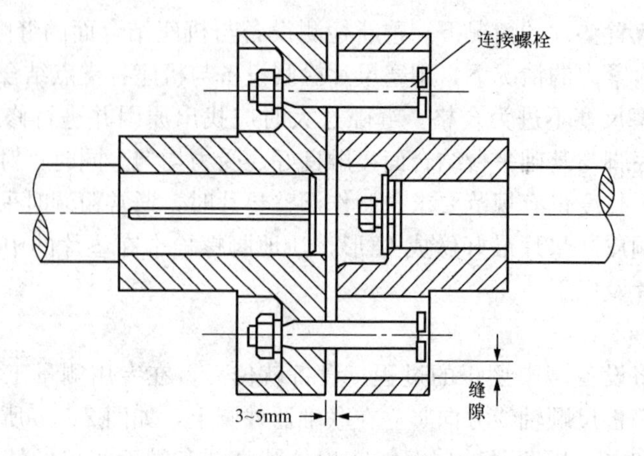

图 2-80 联轴器连接

联轴器找中心操作是设备检修完毕后进行两轴心线精细调整的过程，操作中除了对较长转子有扬度的设计要求外，一般不用考虑单个联轴器可能存在的瓢偏和晃动。在找中心操作中，专用测量工具与设备联轴器是同步旋转的，电动机前后支点的高低状态也是不变的，即使联轴器略有瓢偏和晃动现象，一般也不影响找中心质量。

4. 测量工具的安装

安装测量工具时，先在联轴器上固定专用支架，然后再装百分表。专用支架的安装应牢固、不歪斜。

采用百分表测量时，测量外圆读数的百分表其测杆应垂直于转子轴线，并通过轴心线；测量端面读数的百分表其测杆与测量面应垂直。端面为两块百分表时，百分表应设置在端面的直径对称位置上。为了测记方便，百分表测杆先压缩一段，即百分表毫米指针（小针）调整到量程的一半，大针调整到约“50”刻度值。百分表测杆与联轴器接触区域应光滑、平整。百分表装好后应盘动转子数圈，检查百分表读数的复位情况，确认读数基本不变。

用塞尺测量时，通常利用专用支架上的百分表测杆孔（$\phi8$），换上 M8 螺钉，用并帽固定，螺钉与联轴器的接触面应留有一定缝隙，缝隙不易过大，避免测量时塞尺片过多而增加测量误差。但也不宜过小，以防盘动转子时螺钉直接与联轴器相碰，造成不必要的变形或损坏。缝隙大小可采用先试垫入一定厚度的塞尺片，再将调整螺钉锁紧的方法。

5. 测量与调整

通常水泵、风机及其他辅助设备找中心操作可直接通过调整该设备支撑点高低和左右位移的方法。主机及大型设备则采用独立的可调式轴承，操作中通过调整轴承洼窝内垫铁和垫片的厚度，使轴瓦中心产生位移。这些都是在已知相邻两设备的联轴器外圆偏差和端面偏差的情况下通过计算实现的。为了简化找中心操作理论，以下仍以水泵为例，其上、下位置通过调整电动机与机座结合面垫片，左、右位置的调整通过调整电动机机座上支头螺钉的方法。

（1）上、下位置的测量和调整。以两副支架、三块百分表为例。

1）记录读数。盘动转子，使百分表处于上、下位置，并在预先画好的“0°”记录圆内记录百分表的读数 a_1、b_1'、b_3'；再盘动转子 180°，在 180°记录圆内记录读数 a_3、b_1''、b_3''。如图 2-81 所示。

记录圆代号：①a_1、a_3 分别表示上、下位置联轴器外圆上的读数；②b'_1、b'_3分别表示 0°记录圆内，上、下位置联轴器端面上的读数；③b''_1、b''_3分别表示 180°记录圆内，上、下位置联轴器端面上的读数。

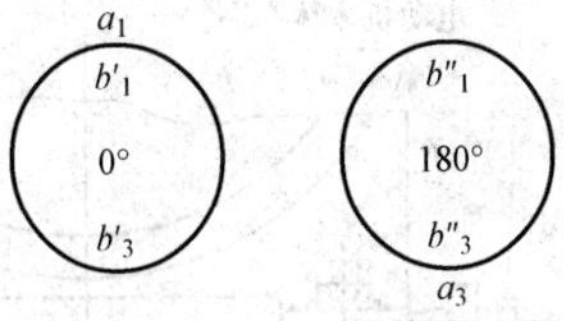

图 2-81　上、下记录圆

2）计算端面上、下位置端面读数的平均值。端面上、下位置端面读数的平均值分别用代号 b_1 和 b_3 表示，即

$$b_1=\frac{b'_1+b''_1}{2} \tag{2-1}$$

$$b_3=\frac{b'_3+b''_3}{2} \tag{2-2}$$

3）平均值记录圆。将外圆读数 a_1、a_2 和端面读数的平均值 b_1、b_3 记录在另一个预先画好的平均值记录圆内，如图 2-82 所示。通过计算（对转子中心状态进行分析、讨论），得出电动机支撑点的上、下位置调整量。

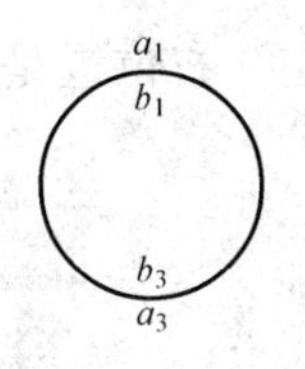

图 2-82　上、下平均值记录圆

4）上、下位置的调整。松开电动机各支点的连接螺栓，略微吊起或撬起电动机，前、后支点分别垫入或减去与调整量相应厚度的垫片，然后拧紧支点螺栓，电动机的上、下位置调整完毕。每次松开紧固螺栓进行加减垫片前，应注意专用测量支架或百分表是否脱开，以免损坏。

（2）左、右位置的测量和调整。

1）记录读数。盘动转子，使百分表处于左、右位置，并且在预先画好的“90°”记录圆内记录百分表的读数 a_2、b'_2、b'_4；再盘动转子 180°，在“270°”，记录圆内记录读数 a_4、b''_2、b''_4。如图 2-83 所示。

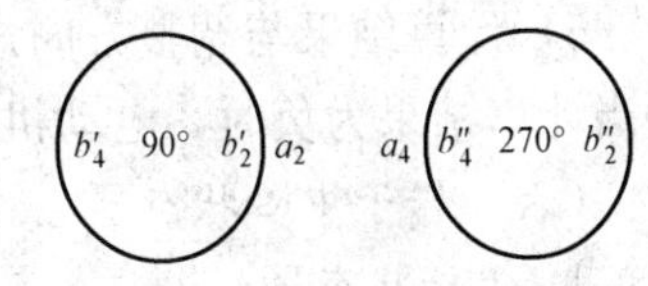

图 2-83　左、右记录圆

记录圆代号：①a_2、a_4 分别表示左、右位置联轴器外圆上的读数；②b'_2、b'_4分别表示 90°记录圆内，左、右位置联轴器端面上的读数；③b''_2、b''_4分别表示 270°记录圆内，左、右位置联轴器端面上的读数。

2）端面左、右位置端面读数的平均值计算。端面左、右位置端面读数的平均值分别用代号 b_2 和 b_4 表示，即

$$b_2=\frac{b'_2+b''_2}{2} \tag{2-3}$$

$$b_4=\frac{b'_4+b''_4}{2} \tag{2-4}$$

3）完成平均值记录圆。将外圆读数 a_2、a_4 和端面读数的平均值 b_2、b_4 记录在另一个平均值记录圆内，如图 2-84 所示。通过计算（对转子中心状态进行分析、讨论），得出电动机支撑点左、右位置调整量。

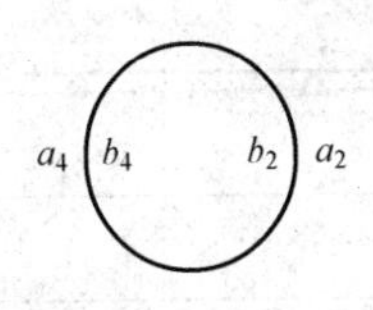

图 2-84　左、右平均值记录圆

4）左、右位置的调整。松开电动机各支头螺钉，在电动机本体的一侧（左侧或右侧）靠近前、后支点处各设置一副磁力架及百分表。通过旋动机座两侧前、后角尺板上的四只支头螺钉进行调整。调整到位

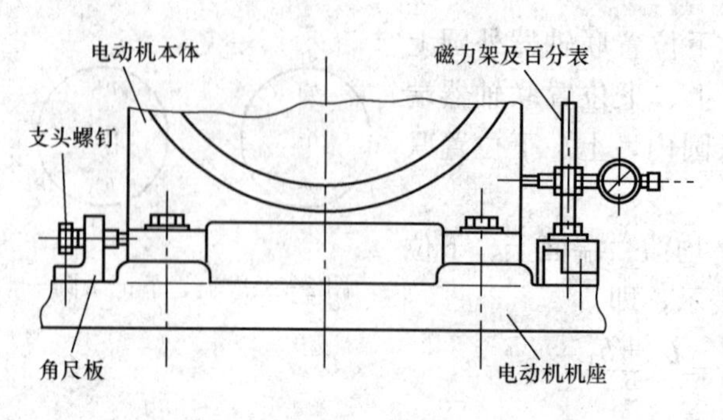

图 2-85 左、右位置的调整

后，拧紧支头螺钉，电动机的左、右位置调整完毕，如图 2-85 所示。

（3）偏差计算。

1）端面上、下位置偏差值 b_X 为

$$b_X=\pm|b_1-b_3| \tag{2-5}$$

以电动机为被调设备（以下类同），当两联轴器为上张口时，端面上、下位置偏差 b_X 取正值。

2）端面左、右位置偏差值 b_Y 为

$$b_Y=\pm|b_2-b_4| \tag{2-6}$$

当两联轴器为左张口时，端面左、右位置偏差 b_Y 取正值。这里，左、右位置是以站在两联轴器之间，面向被调整设备进行判别的（以下类同）。

3）外圆上、下位置偏差值 a_X 为

$$a_X=\pm\left|\frac{a_1-a_3}{2}\right| \tag{2-7}$$

当电动机联轴器低于基准设备联轴器时，外圆上、下位置偏差 a_X 取正值。

4）外圆左、右位置偏差值 a_Y 为

$$a_Y=\pm\left|\frac{a_2-a_4}{2}\right| \tag{2-8}$$

当电动机联轴器偏于基准设备联轴器右边时，外圆左、右位置偏差 a_Y 取正值。

5）计算结果与调整方向规定：①当计算结果为正时，电动机支撑点应向上或向左移动；②当计算结果为负时，电动机支撑点应向下或向右移动。

（六）转子中心状态

1. 转子状态图

转子状态图见表 2-6。

表 2-6 转子状态图

状态	图形	
理想状态图	端面平行、外圆同心（$b=0$，$a=0$）	
特殊状态图	端面不平行、外圆同心（$b\neq0$，$a=0$）	端面平行、外圆不同心（$b=0$，$a\neq0$）
	(1) 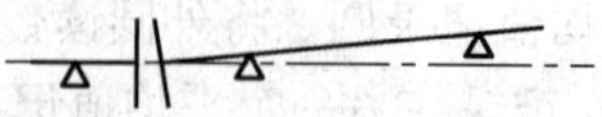	(1) 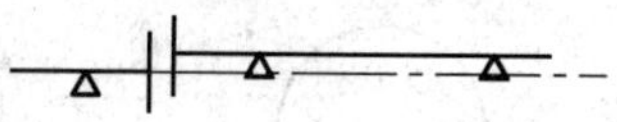
	(2) 	(2) 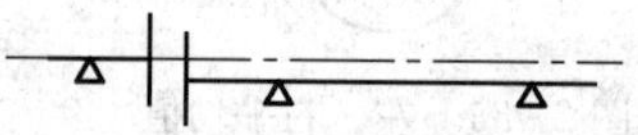

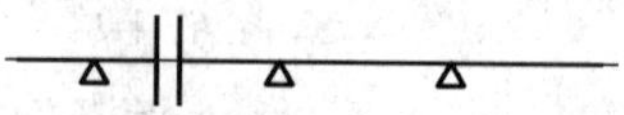

续表

状态	图形	
	端面不平行、外圆不同心（$b\neq 0$，$a\neq 0$）	
实际状态图	(1) 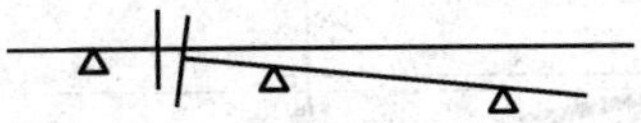	(5) 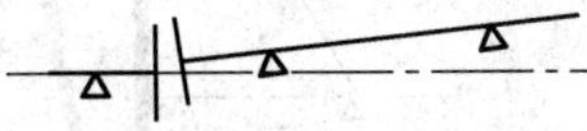
	(2) 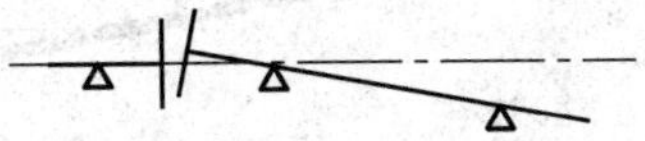	(6) 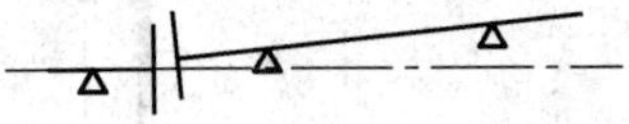
	(3) 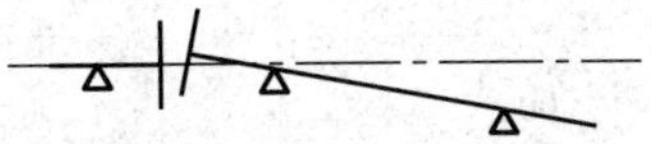	(7) 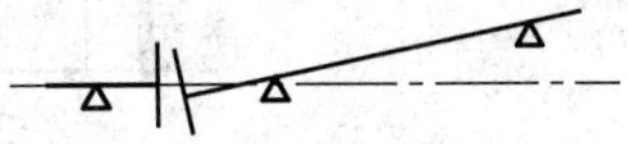
	(4) 	(8) 

2. 转子中心状态的分析及调整

转子的实际状态既有端面不平行，又有外圆不同心。端面不平行可通过调整电动机前、后支点不同高度的方法加以解决；外圆不同心可通过将电动机前、后支点同时抬高或降低的方法进行解决。由此不难分析，实际状态图端面不平行和外圆不同心是特殊状态图中的端面不平行、外圆同心和端面平行、外圆不同心两种情况的组合。

以图 2-86（a）所示转子状态为例，确定电动机 3 号和 4 号支撑点的调整量。

显然，图示两联轴器的端面不平行，两联轴器外圆中心也不同心。根据测量数据，计算出端面上、下位置偏差值 b_X，端面左、右位置偏差值 b_Y，外圆上、下位置偏差值 a_X 以及外圆左、右位置偏差值 a_Y。

（1）外圆上、下位置偏差调整。将电动机的 3 号和 4 号支撑点同时上下调整 a_X（即 $X_3'=X_4'=a_X$），得到如图 2-86（b）所示状态。

（2）端面上、下位置偏差调整。将图 2-86（b）用图 2-87 表示。

根据三角形相似原理，可以得到

$$X=\frac{b_X}{D}L \tag{2-9}$$

式中　L——联轴器中心至支撑点距离；

D——联轴器直径；

b_X——端面上、下位置偏差值；

X——支撑点调整量。

所以，电动机 3 号和 4 号支撑点调整量为

$$X_3''=\frac{b_X}{D}L_1 \tag{2-10}$$

$$X_4''=\frac{b_X}{D}(L_1+L_2) \tag{2-11}$$

（3）电动机支撑点上、下总调整量为

$$X_3=X_3'+X_3''=a_X+\frac{b_X}{D}L_1 \tag{2-12}$$

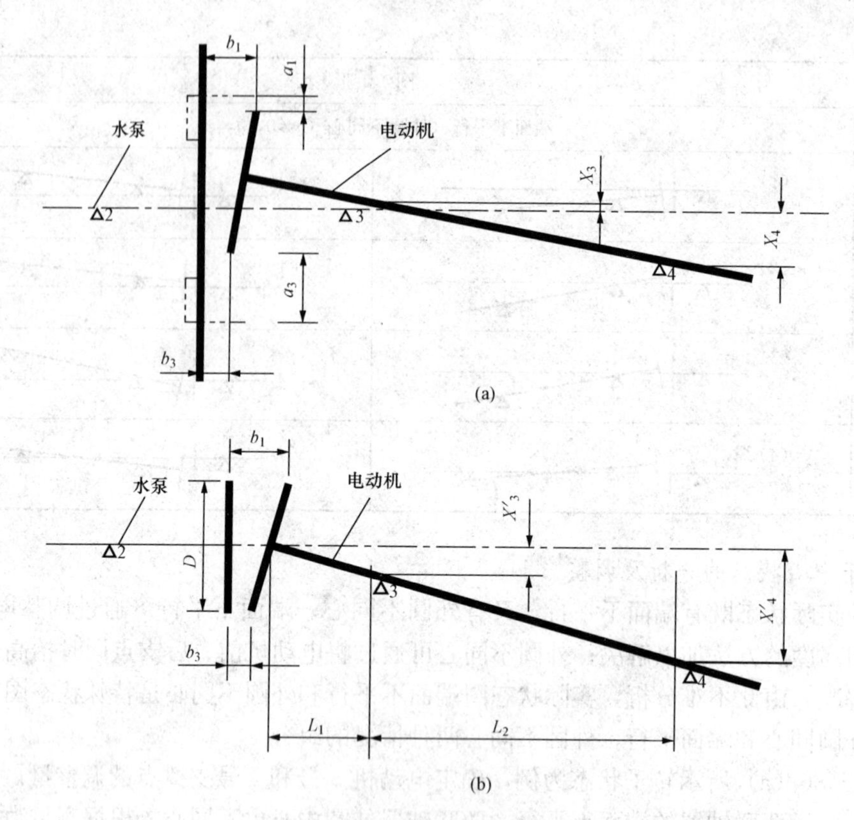

图 2-86 联轴器调整调整量确定
(a) 调整前；(b) 调整后

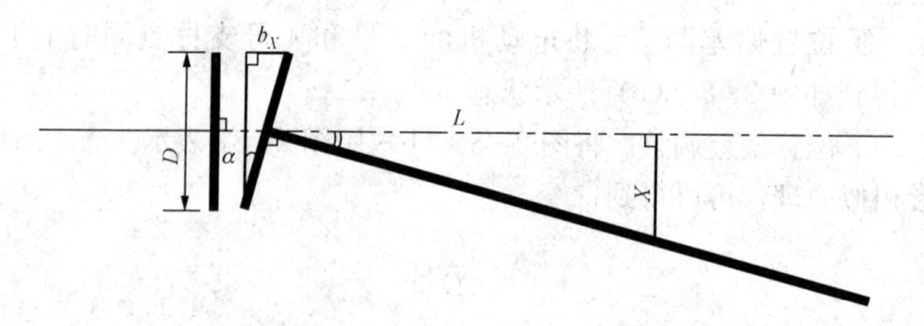

图 2-87 联轴器端面不平行调整量确定示意图

$$X_4 = X'_4 + X''_4 = a_X + \frac{b_X}{D}(L_1 + L_2) \tag{2-13}$$

由于 a_X 和 b_X 都有正、负之分，由上述两式计算得 X_3 和 X_4 的结果也有正、负之分。计算结果为正，则往上调；计算结果为负，则往下调。

(4) 电动机支撑点左、右总调整量。按同样的方法，可以确定电动机支撑点左、右总调整量为

$$Y_3 = Y'_3 + Y''_3 = a_Y + \frac{b_Y}{D}L_1 \tag{2-14}$$

$$Y_4 = Y'_4 + Y''_4 = a_Y + \frac{b_Y}{D}(L_1 + L_2) \tag{2-15}$$

同样，由于 a_Y 和 b_Y 都有正、负之分，由上述两式计算得 Y_3 和 Y_4 的结果也有正、负之分。计算结果为正，则往左调；计算结果为负，则往右调。

3. 转子状态图的绘制

转子状态图是以基准设备的转子中心位置为基准，根据测量数据计算得的偏差值，描绘被调设备转子中心位置的状态示意图。正确绘制出转子状态图，有利于转子中心的调整，提高设备的检修质量。转子状态图也是不可缺少的设备检修技术档案。

转子状态图绘制步骤如下：

(1) 位置标记。在图的右上角标出能反映该状态图上、下或左、右位置的标记。转子状态图示例如图 2-88 所示，该图为上、下位置的转子状态图。

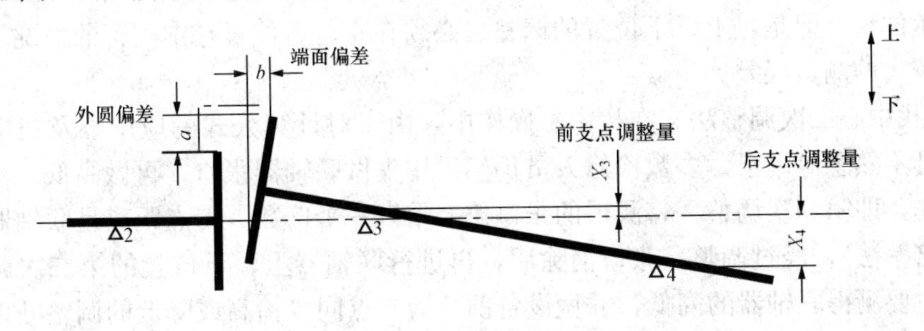

图 2-88　转子状态图示例

(2) 画出基准设备中心线和基准设备转子及其 2 号支撑点（对于基准设备，通常省略画出 1 号支撑点）。

(3) 根据端面偏差、外圆偏差和被调设备前、后支点调整量四项参数的大小和方向，画出被调设备的转子及其支撑点。

(4) 数据标注。清晰标出能反映被调设备联轴器张口和高低情况的端面偏差值、外圆偏差值；标出前、后支撑点的调整方向和调整量。

4. 找中心注意事项

(1) 盘动转子，连接联轴器的专用销子（或螺栓）不应有吃劲现象，两联轴器在圆周方向始终往一侧贴近，每次盘动方向一致，并尽可能与设备运行方向相同，以降低测量误差。

(2) 记录读数时，当百分表处于联轴器下方时，其读数有时不易直接看清，可借助于小镜子和手电筒将读数间接读出。

(3) 找中心检测中，严禁在支撑点未填实的情况下，利用紧固螺栓的紧力来凑合中心数值。

(4) 拧紧支头螺钉时，应按左、右对称，均匀施压，并至少重复拧紧一遍的原则。尤其修前和修后两次拧螺栓的顺序和紧力应一致，最好始终由一人操作。

(5) 调整左、右位置时，在有条件的情况下，应设置支头螺钉调整装置。严禁在支撑点紧固的情况下用锤敲击被调设备本体或地脚螺栓。

(6) 有中间连接段的联轴器在找正时，原则上应使两只联轴器一起盘动，即一只转动一定角度后，另一只也转动相应的角度，以保证百分表触点在同一区域内。

(7) 进行找中心基本数据测量时，如联轴器直径，前支点至联轴器端面，前、后支点之间距离的测量，其测点应尽可能接近百分表触点、螺栓中心点等，否则影响计算结果的调整精度。

(8) 对于轴向窜动较小、多为滚动轴承结构的较小型设备，如单级泵或小型风机等，可采用一副专用支架、两块百分表进行找中心操作。在测量操作中，应多次盘动转子，观察百分表读数的复位情况，在确认误差可忽略不计的情况下进行。

对于滚动轴承结构且较大型转动设备，当采用一副专用支架、两块百分表，在处理轴向窜动可能给测量工作带来误差时，除了观察和分析百分表读数的复位情况，通常还应该在每次读数前将转子轴向撬动一下，使其始终紧靠一个方向，然后记录读数。

(9) 在水泵设备找中心操作中，一般上、下位置调整结束后，再进行左、右位置的调整。如果先调好左、右位置，很可能在调整上、下位置做加减垫片操作中，使调整好的左、右位置产生位移。但是，上、下位置的调整也必须在左、右位置基本摆正的情况下进行，否则将产生较大的测量误差。

(10) 找中心二次调整法。在找中心操作中，由于对计算公式的应用以及找中心所使用的测量工具不熟悉等因素，多数检修人员仍然采用先做联轴器张口，再做高低二次加减垫片的调整操作，即第一次调整，将测得的张口偏差乘以一个倍数（支点距离是联轴器直径的几倍，也称倍率法），经过调整，张口消除后，再进行联轴器上、下位置的第二次调整；第二次调整，主要测得联轴器的高低，并做设备前、后支点同步抬高或降低的调整处理。该方法简单、宜用，但耗时、耗力。

(七) 激光找中心

用激光找联轴器中心与用百分表（或塞尺）找联轴器中心的原理与工艺步骤基本相同。

用激光找中心的先进之处在于：用激光束代替百分表、塞尺；用微机代替人工记录、分析、计算，故具有快捷、准确、简便的优点。

现以国产LA1-1B型激光对中仪为例，叙述其工作原理。该仪器的示意图如图2-89所示。

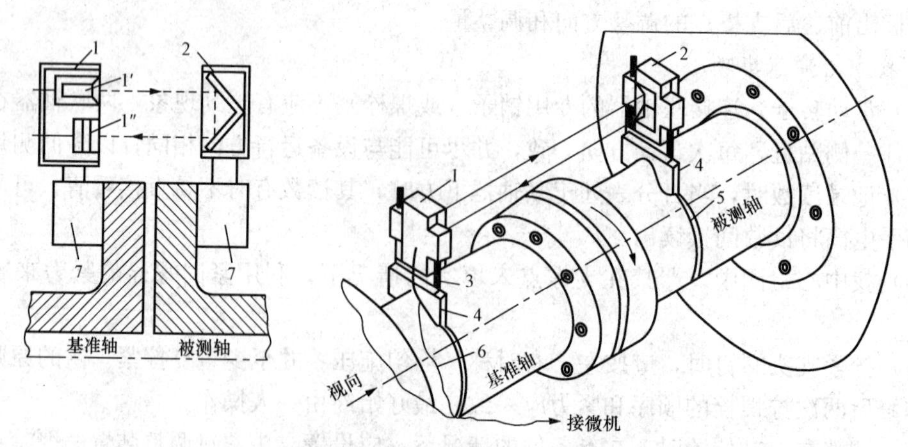

图2-89 LA1-1B型激光对中仪示意图

1—激光发射/接收靶盒（1′—激光发射器；1″—激光接收器）；2—直角棱镜靶盒；3—调节柱；4—V形卡具；5—V形卡具的固定链条；6—信号电线；7—磁力表座

1. 激光对中仪的光学原理

当一束光照射到直角棱镜上时，棱镜即会将光束折回。棱镜折回光束的线路，决定于棱镜所处的位置。若变动棱镜的位置，则通过棱镜折回的光束将发生以下变化。

（1）当棱镜在垂直方向作俯仰运动时，入射光与反射光成等距平行变化，如图 2-90（a）所示。

（2）当棱镜在水平方向左、右扭转时，反射光也发生左、右转移，如图 2-90（b）所示。

（3）当棱镜相对入射光作垂直方向上、下移动 Δl 时，反射光相对于入射光的移动量为 $2\Delta l$，如图 2-90（c）所示。

（4）当棱镜左、右平行移动时，入射光与反射光的相对位置保持不变，如图 2-90（d）所示。

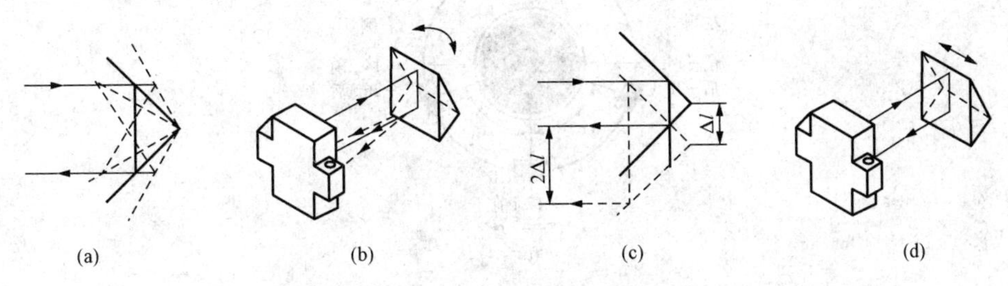

图 2-90　激光对中仪的光学原理示意图

（a）垂直方向俯仰运动；（b）水平方向左、右扭转；（c）相对入射光垂直方向上、下移动；（d）左、右平行移动

2. LA1-1B 型激光对中仪的使用方法

（1）将发射/接收靶固定在基准轴上，把直角棱镜固定在被测轴上（调整侧），操作者站在发射靶后面，并按顺时针方向转动两联轴器（两联轴器用穿销连接）。

（2）开机后，激光发射器 1′发出一束红色激光射向直角棱镜，由直角棱镜反回的光束被激光接收器 1″接收。折回的光束在接收器中的位置，将随着两轴转动到 12：00（时针位置）、3：00，6：00，9：00 四个不同方位而改变，接收器将接收到不同位置的光束，将其转变为电信号，送到微机中，经微机的计算得出两联轴器的端面平行偏差、外圆偏差（见图 2-91）及相应的轴承座（轴瓦）的调整量（见图 2-92）。

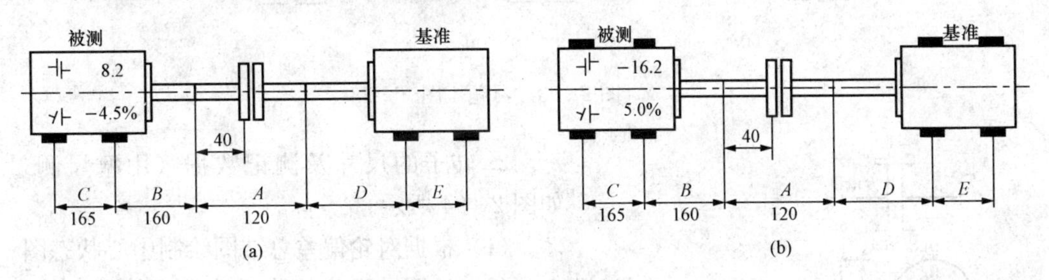

图 2-91　两联轴器的中心状态

（a）垂直结果（侧视）；（b）水平结果（俯视）

（3）根据电视屏上显示的数据，对轴承座或轴瓦进行调整。调整后，再用同样的方法对中心状态进行复查。

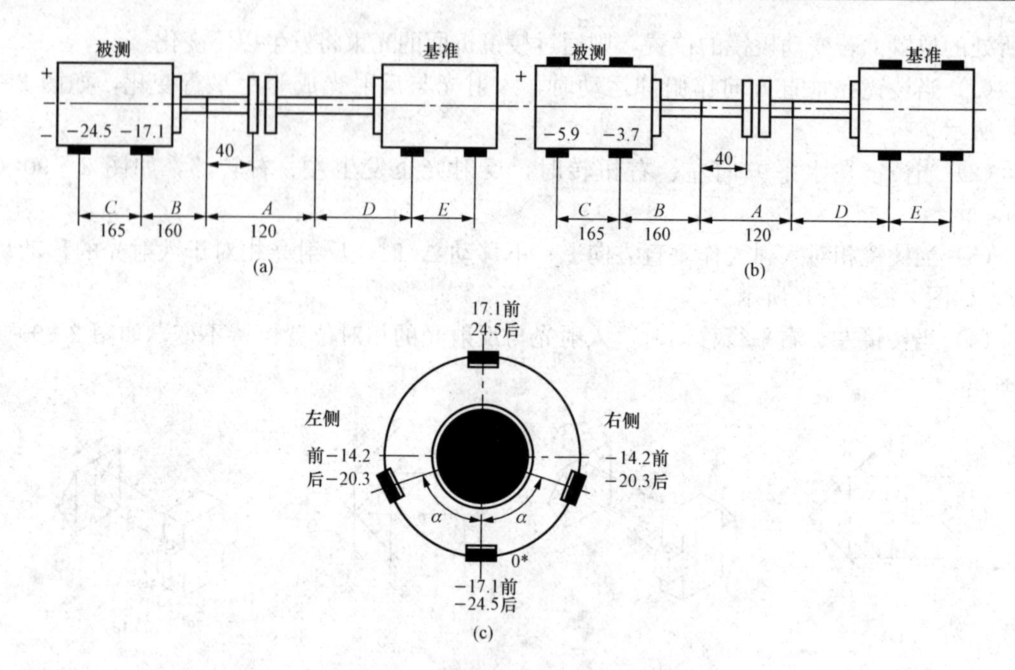

图 2-92 轴承座及轴瓦的调整量

(a) 轴承座垂直调整量（侧视）；(b) 轴承座水平调整量（俯视）；(c) 轴瓦垂直调整量（主视）

习　题

1. 根据图 2-93 的已知条件，绘制中心状态图；然后根据中心状态图和图 2-93 (b)、(c) 的测量条件，分别填写外圆偏差值。

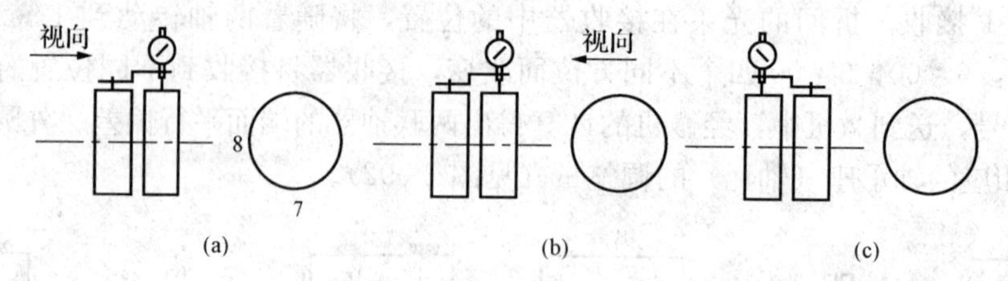

图 2-93 习题 1 图

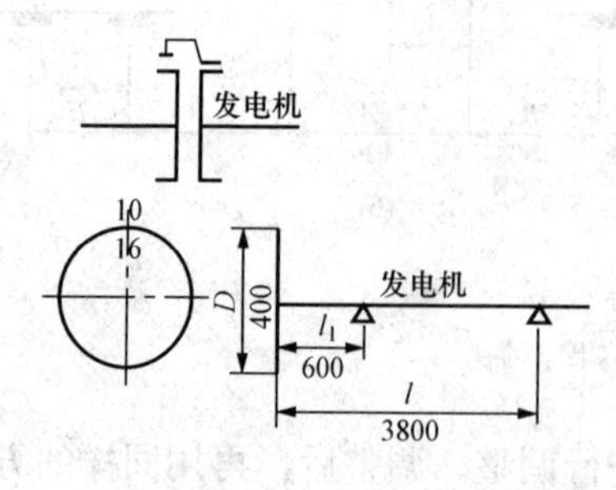

图 2-94 习题 2 图

2. 转子的尺寸及测记数据（用塞尺测量），如图 2-94 所示。

(1) 根据对轮偏差总结图绘制中心状态图。

(2) 计算轴瓦为消除对轮端面偏差 a 值的调整量。

(3) 根据中心状态图，计算两轴瓦应同调整的外圆偏差值 b。

学习情境三

风机的结构认识

【学习情境描述】

本情景通过离心式风机的拆装、轴流风机的结构认知2个工作任务的学习，使学生掌握风机结构、各部件的作用及其工作原理，培养按操作规范操作，零部件按顺序、方位摆放整齐的良好习惯，锻炼查找资料、主动学习、团结协作、互相帮助、共同进步的职业素养。

【教学环境】

本情境的两个教学任务也在热机实训室中完成。本情境教学所需的设备主要有小型离心式风机，动叶可调轴流风机叶轮，风机检修测量工具、检修工具、起重调整工具以及多媒体教学设备等。所需教学资源包括教学课件、风机结构与检修过程视频、相关装配图纸等。

任务一　离心式风机的拆装

【教学目标】

一、知识目标

(1) 掌握离心式风机的结构。

(2) 掌握各部件的作用及其工作原理。

(3) 掌握离心式风机各部件的结构及其装配关系。

二、能力目标

(1) 会正确制订离心式风机拆、装工艺流程。

(2) 会正确选择与使用拆装离心式风机所需工具、量具。

(3) 会按照拆装规范和装配技术要求协作拆卸和装配离心式风机。

【任务描述】

为确保风机发挥所需的性能，且无故障地长期运行，应定期检修风机。根据离心式风机维护检修规程，离心式风机运行3个月要小修，6～12个月要中修，24～36个月要大修。检修时必须拆装风机。

本任务要求学生：

(1) 了解离心式风机各部分结构、作用、工作原理及装配关系。

(2) 练习风机拆装工具的使用方法。

(3) 实施离心式风机拆卸并记录操作要点。

(4) 实施离心式风机的组装并记录操作要点。

【任务准备】

(1) 指出图 3-1 所示离心式风机主要部件名称，它们各有什么作用？

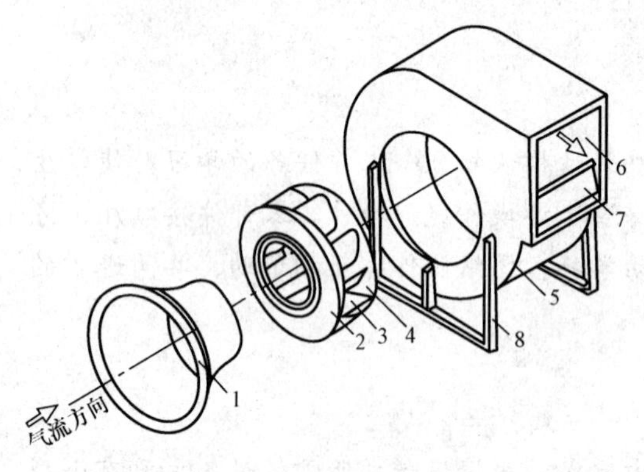

图 3-1 离心式风机主要结构分解示意图

(2) 简述离心式风机的工作原理。

(3) 离心式风机常用哪些形式的叶轮？各有什么特点？

(4) 风机主要部件的质量标准是什么？

(5) 离心式风机拆装需准备哪些工具、量具？

(6) 制订离心式风机解体步骤及操作要点。

(7) 怎样吊拆转子？

(8) 制订离心式风机组装的步骤及操作要点。

(9) 怎样复装叶轮？

(10) 拆装现场有哪些安全注意事项？

【任务实施】

本任务建议在热机实训室进行，根据实训室的具体情况，选择拆装单吸单级离心式风机或双吸单级离心式风机。

任务实施建议分四个阶段进行：

一、准备阶段

(1) 学生在任务实施前，应学习相关知识，初步制订任务实施方案。

(2) 学生分组。建议以每 4～6 人为一小组，每组选一组长，以工作小组形式展开，组内成员协调配合完成指定的操作任务。

(3) 教师介绍本任务的学习目标、学习任务。

(4) 教师向学生展示本任务实施使用的工具及其使用方法。

本任务实施所需要的主要工具有小型离心式风机、测量工具（钢卷尺、钢板尺、直角尺、水平仪、游标卡尺、千分尺、塞尺、百分表等）、检修工具（锉刀、活扳手、大小鎯头、三角刮刀、撬棒等）、起重调整工具（手拉葫芦、千斤顶、钢丝绳等）。

二、教师示范

教师示范过程中，建议：

(1) 讲解每个步骤的注意事项（包括人身安全和设备安全注意事项）。

(2) 讲解每一步操作“怎么做”和“为什么”。

(3) 建议难度较大的操作重复示范 1～2 次。

(4) 每拆下一个部件，应讲解该部件的结构、作用及工作原理。

这时，教师可以利用多媒体课件进行讲解。特别要提醒同学注意观察该部件在风机中的装配位置、与其他部件的装配关系。

(5) 在教师的示范过程中，要求学生认真听、认真看，并做好笔记。

三、学生操作

教师示范后，学生按照分组进行操作，教师在场巡查指导。

(1) 学生在操作前，应根据教师的示范操作，重新制订实施方案。

(2) 实施方案经教师检查确认后，方可开始操作。

(3) 任务完成后要求学生清理工具，打扫现场。

四、学习总结

(1) 学生总结操作过程、心得体会，撰写实训报告。

(2) 教师根据学生的学习过程和实训报告进行考评。

【相关知识】

一、离心式风机的主要部件

离心式风机的结构简单，制造方便，图 3-2 所示为离心式风机结构简图。

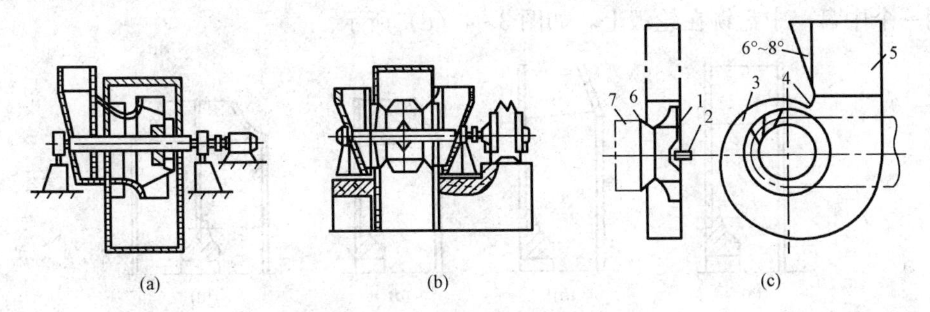

图 3-2　离心式风机结构简图

(a) 单级单吸式；(b) 单级双吸式；(c) 结构示意

1—叶轮；2—轴；3—螺旋室；4—蜗舌；5—扩压器；6—入口集流器；7—进气箱

离心式风机也由转子与静子两大部分构成。

转子由主轴、叶轮、联轴器等组成；静子由进气箱、导流器、集流器、蜗壳、轴承等组成。进气箱、导流器、集流器、叶轮、蜗壳的通道依次相接，形成风机的流道。叶轮和蜗壳一般都用钢板制成。通常采用焊接结构，有时也用铆接。

1. 叶轮

叶轮是对气体做功，并提高其能量的部件，离心式风机一般采用封闭式叶轮，这种叶轮由叶片、前盘、后盘及轮毂组成。

轮毂的作用是将叶轮固定在主轴上。

离心式风机叶轮如图 3-3 所示，叶片的两侧分别焊接在前、后盘上。后盘又用铆钉或高强度螺栓与轮毂连接成叶轮整体。

叶轮的前盘通常有平面、锥面和曲面几种形式。如图 3-4 (a) ～图 3-4 (c) 所示。高效风机的前盘采用曲面形式。

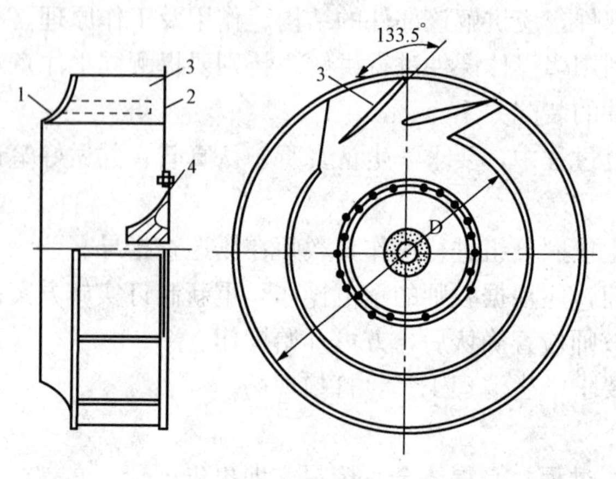

图 3-3 离心式风机叶轮

1—前盘；2—后盘；3—叶片；4—轮毂

叶轮的前、后盘及叶片通常采用普通钢板或16Mn低合金钢板。轮毂用铸铁或铸钢浇铸，消除内应力后，经机械加工而成。

离心式风机的叶轮也分单吸和双吸两种形式。双吸叶轮的两侧各有一个相同的前盘，中间共用一个中盘，中盘铆在轮毂上，如图 3-4（d）所示。

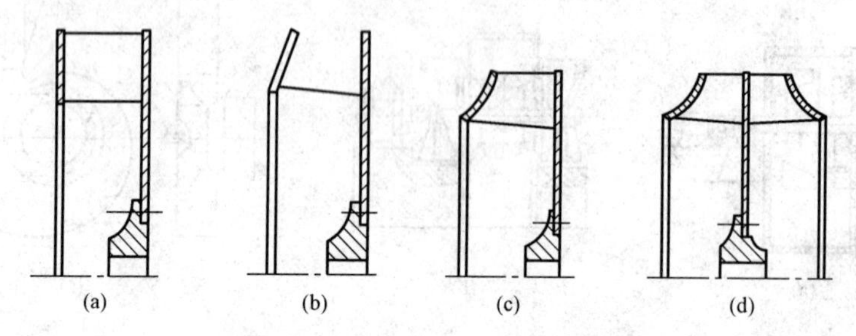

图 3-4 叶轮结构形式示意图

（a）平前盘叶轮；（b）锥形前盘叶轮；（c）弧形前盘叶轮；（d）双吸叶轮

叶轮上的叶片根据出口安装角的不同，可分为前弯式、径向式和后弯式三种形式。离心式风机叶片如图 3-5 所示。

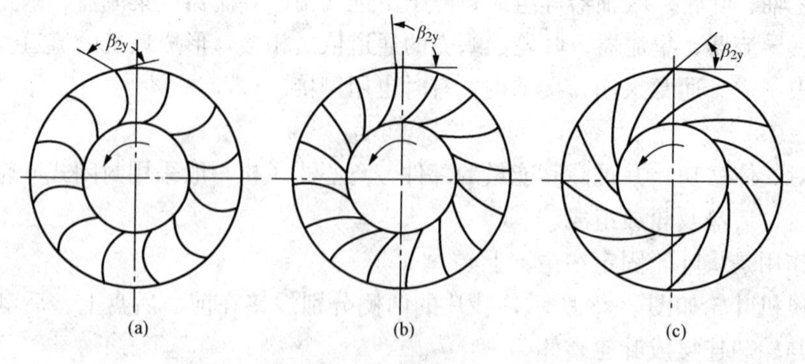

图 3-5 离心式风机叶片

（a）前弯式；（b）径向式；（c）后弯式

后弯式叶片的形状有机翼型、直板型和弯板型，如图 3-6 所示。

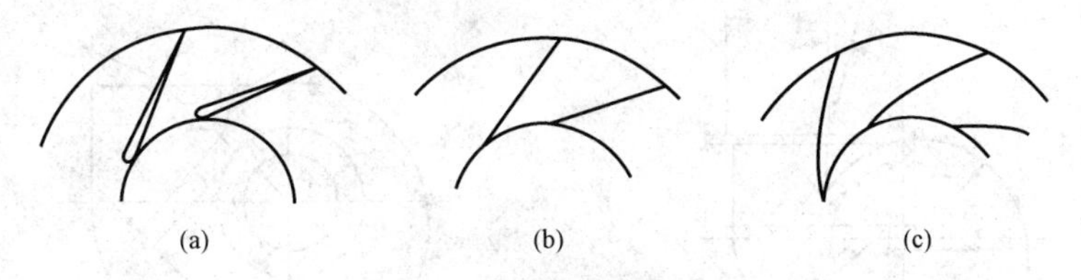

图 3-6 后弯式叶片的形状
(a) 机翼型；(b) 直板型；(c) 弯板型

机翼型叶片具有良好的空气动力特性，是高效风机广泛采用的叶型。但是这种叶型在输送含灰尘量大的气流时，叶片容易磨损，一旦磨穿，会在空心叶片中大量积灰，破坏转子平衡，引起风机振动。因此，机翼型叶片用耐磨钢板制成，其叶片头部还加焊防磨板或堆焊耐磨层。

2. 集流器与进气箱

集流器又称进风口，装在叶轮进口，其作用是以最小的阻力损失引导气流均匀地充满叶轮入口，集流器有圆筒形、圆锥形和锥弧形等，如图 3-7 所示。

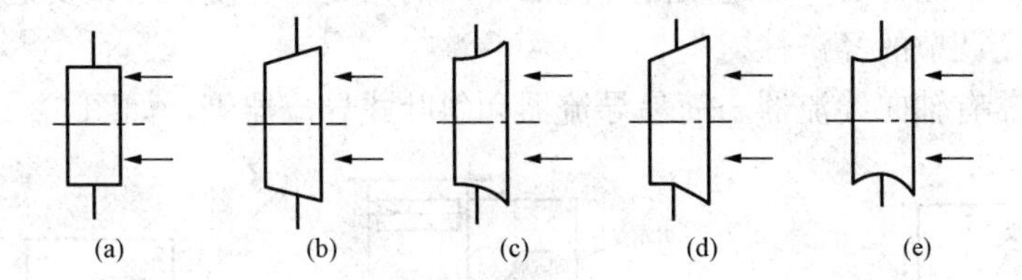

图 3-7 集流器的形式
(a) 圆筒形；(b) 圆锥形；(c) 圆筒与圆锥组合型；(d) 弧形；(e) 锥弧形

锥弧形集流器最符合气流流动的规律，它与圆柱形集流器相比，效率可提高 2%～3%，故在大型风机上得到了广泛的应用。

集流器直接从外界空间吸取气体的称为自由进气。另外，由于风机结构上的需要，如对大型风机进风口前装有弯管或双吸入风机，为改善气流的进气条件，减少气流分布不均而造成的阻力损失，在集流器前装有进气箱，如图 3-8 所示。

进气箱的形状及尺寸对风机的性能影响很大。如果进气箱结构不合理，则造成的阻力损失可达风机全压的 15%～20%。

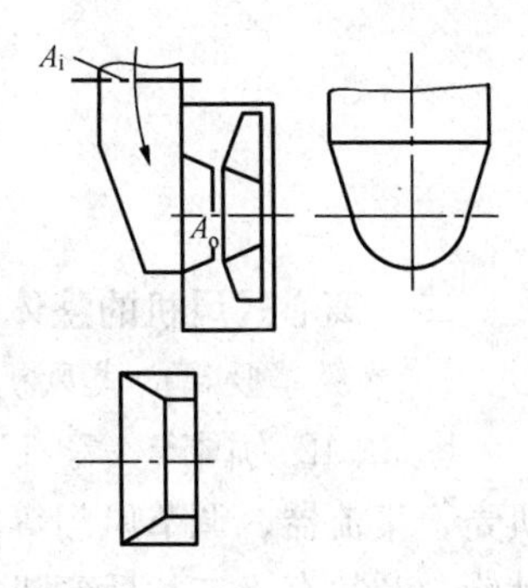

图 3-8 进气箱

3. 蜗壳与蜗舌

蜗壳的作用是汇集从叶轮流出的气体并引向风机的出口，同时，将气体的部分动能转换为压力能。为提高风机效率，蜗壳的外形一般采用阿基米德螺旋线或对数螺旋线，其轴面为矩形，宽度不变，如图 3-9 所示。

在蜗壳出口附近有“舌状”结构，称为蜗舌，其作用是防止部分气流在蜗壳内循环流动。蜗舌分为平舌、浅舌、深舌三种，如图 3-10 所示。它的几何形状，蜗舌尖部的圆弧半径 r'，以及距叶轮的最小距离 t，对风机性能、效率和噪声等均有很大影响。

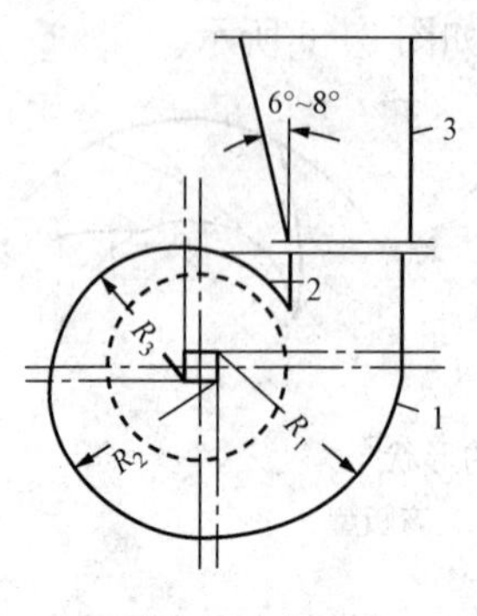

图 3-9 蜗壳

1—螺形室；2—蜗舌；3—扩压器

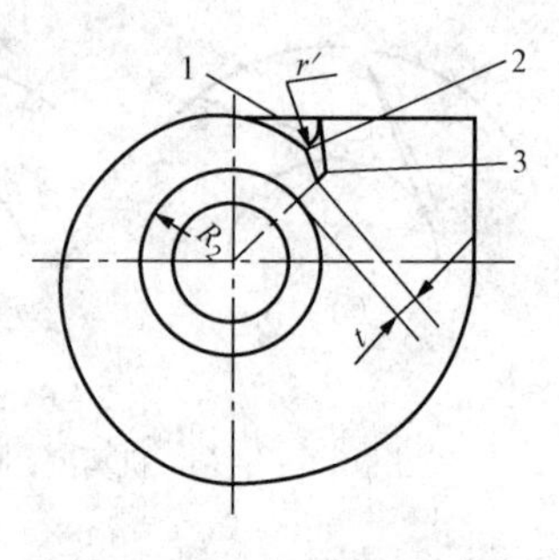

图 3-10 蜗舌

1—平舌；2—浅舌；3—深舌

因蜗壳出口断面的气流速度仍然很大，为了将这部分动能转换为压力能，在蜗壳出口装有扩压器，如图 3-9 所示。

4. 导流器

导流器也称风量调节器，一般在大型离心式风机或要求进行性能调节的风机的进风口或进风口流道内装设。运行时，通过改变导流器叶片的角度（开度）来改变通风机的性能，扩大工作范围和提高调节的经济性。

常见的导流器有轴向导流器、简易导流器和斜叶式导流器等，如图 3-11 所示。

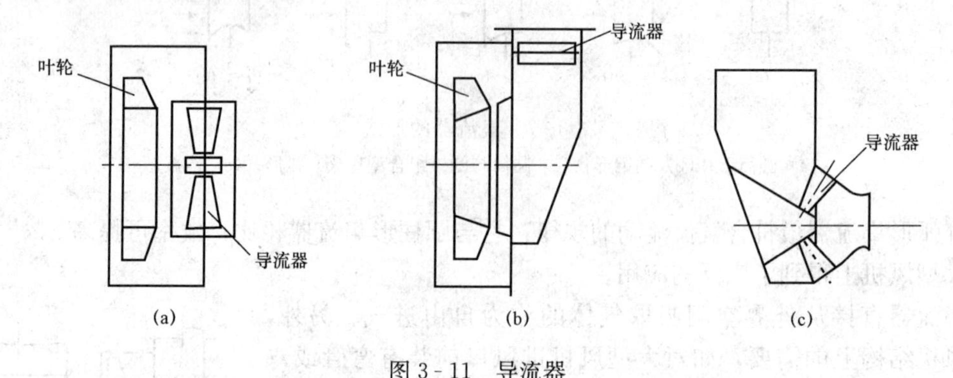

图 3-11 导流器

(a) 轴向导流器；(b) 简易导流器；(c) 斜叶式导流器

二、离心式风机的整体结构

1. 单级单吸离心式风机

图 3-12 为国产 4-73-11 型离心式风机。该系列风机主要有叶轮、主轴、轴承、轴承座、机壳、集流器、调节风门等组成。在钢板焊接的螺旋形机壳内，装有用铆钉固定在轴盘上的叶轮，叶轮有十二片后弯机翼型叶片焊接于弧形前盘与平板型后盘中间。轴盘与大轴用平键连接并用背冒紧固。在进风口装有集流器和调节风门。集流器能保证在损失最小的情况下，将气体均匀地导入叶轮，调节风门是通过调节开度控制风量，保证锅炉正常燃烧的。

2. 单级双吸离心式风机

图 3-13 示为日本三菱公司制造的 350MW 机组配用的 AFW-R280-DWDI 单级双吸离心式引风机。该风机叶轮直径为 2800mm，设计风量为 978 000m^3/h，设计风压为

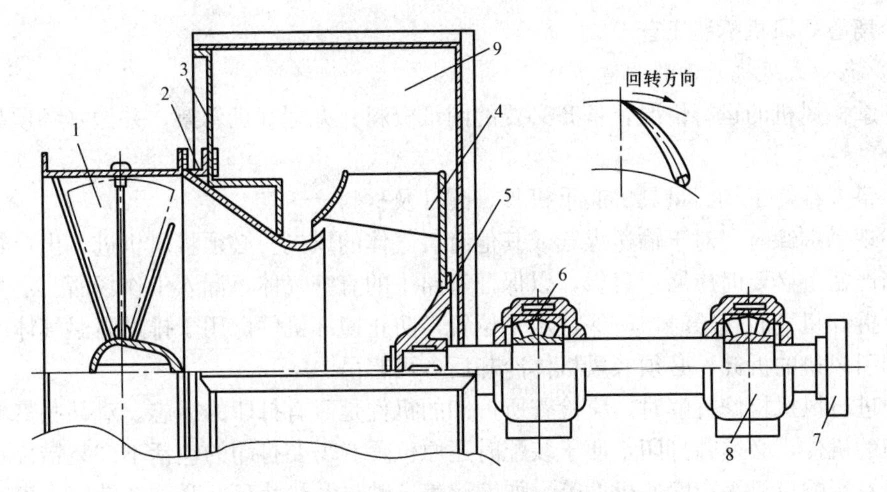

图 3-12 国产 4-73-11 型离心式风机

1—导流器；2—锥弧形集流器；3—机壳；4—叶片；5—轮毂；6—滚动轴承；
7—联轴器；8—轴承座；9—出风口

0.010 128MPa。风机转速高负荷时为 735r/min、低负荷时为 590r/min，叶片为机翼型，调节方式为进口斜叶调节。考虑到烟气中飞灰磨损因素引风机选用较低转速、并用耐磨合金材料制成。

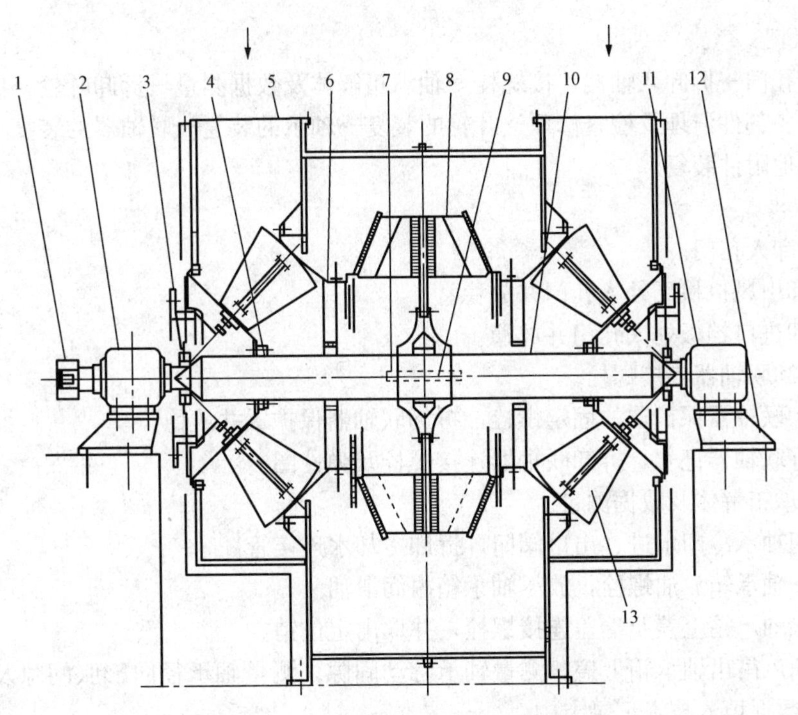

图 3-13 单级双吸离心式引风机

1—联轴器；2—固定侧轴承体；3—放热扇；4—盘根；5—壳体；6—进气锥体；
7—键；8—叶轮与轮毂；9—键；10—主轴；11—自由侧轴承体；
12—轴承座；13—斜叶式导流器

三、离心式风机拆装工艺

（一）离心式风机拆卸的注意事项

（1）掌握风机的运行情况，备齐必要的图纸资料。办理好工作票，并做好各项具体的安全措施。

（2）备齐检修工具、量具、起重机具、配件及材料。

（3）现场拆卸时，对于输送煤气或其他有害气体的风机，必须将风机进、出口管路中的阀门关闭严密，必要时应堵上盲板，以保证管路中的有害气体不漏入工作场所。

（4）拆卸机壳和转子时，应保持水平位置，防止撞坏机件。用于排送高温气体的风机的拆卸，如引风机的拆卸，必须等风机体冷却后方可起吊。

（5）进行风机检修拆解时，应检查所拆卸的机件是否有打印的标志。对某些需要打印而没有打印的机件，必须补打印，便于装配时还原位置。需要打印的包括不许装错位置或方向的机件以及影响风机平衡度的机件等。如键、盖、轴衬及垫片环、联轴器销钉、离心式风机的进气口、轴流风机的可拆叶片等。

（6）拆卸后应将所拆卸的机件进行清洗，除掉尘垢后码放整齐，以便于检修完毕后的组装。

（二）离心式风机拆装步骤

风机结构不同，拆卸程序差异很大，下面以某电厂 5-47-11 No. 19. 6D 引风机为例来说明。

1. 流程图

拆卸人孔门→拆卸联轴器连接螺栓→轴承箱解体及数据测量→拆卸叶轮→拆卸联轴器→拆卸轴承→各部件清理及检查修理→叶轮的装复→轴承的装复→联轴器的装复→轴承箱测量及装复→其他附件装复。

2. 拆卸步骤

（1）拆卸人孔门。

1）拆卸引风机机壳处人孔门并放稳。

2）拆卸进口挡板处人孔门并放稳。

（2）拆卸联轴器连接螺栓。

1）拆卸联轴器保护罩的固定螺栓，拆卸联轴器保护罩并放稳。

2）做好联轴器记号，拆卸联轴器连接螺栓及弹性圈。

（3）轴承箱解体及数据测量。

1）关闭轴承冷却水进、出口阀门，拆卸冷却水连接管。

2）旋下轴承箱放油螺栓，放尽轴承箱内润滑油。

3）拆除轴承箱上盖及端盖连接螺栓，并取出定位销。

4）用葫芦吊出轴承箱上盖，测量轴承游动间隙，测量轴承径向膨胀间隙及轴向膨胀间隙，将测量数据填入技术记录卡中。

（4）拆卸叶轮。

1）拆卸风壳大盖及轴封板，卸下集流器（或割下喇叭口）。

2）吊出转子，起吊由起重人员负责。

3）转子必须由托架垫稳，使轴保持水平。

4）松掉叶轮并帽，取下保险垫圈。

5）装叶轮拉杆，上好千斤顶，用烤把烤叶轮轮毂处，温度达150～200℃时即可手摇千斤顶，将叶轮拔出。

注意：拔叶轮应用葫芦吊住轴，以防叶轮拔出、脱落。

（5）拆卸联轴器。用拆卸叶轮同样的方法，将联轴器拔出，用顶丝顶出联轴器键，并妥善保管好。

（6）拆卸轴承。

1）卸下轴承并帽及保险片。

2）采用专用工具将轴承取下或用烤把把轴承内圈烤至100～150℃，然后用铜棒轻轻敲击，敲打时注意碎片不要伤人。

3. 组装步骤

（1）叶轮的装复。

1）将叶轮进口向下，平放于地上，将轴垂直吊起，注意轴中心对准叶轮孔。

2）装好键，并在轴上涂机油或红丹粉。

3）用烤把加热轮毂至200℃左右，放下轴套于孔内，装配时动作迅速、准确，并不断摇动。

4）冷却后，将转子放平，上好保险（止动）垫圈，拧紧并帽。

（2）轴承的装复。

1）检查新轴承质量状况及各尺寸。

2）测量轴承内径（内径偏差为0～0.025mm），确保与轴装配时有紧力。

3）将轴承平放于油锅内加热至120℃，保持5～10min后，取出装入轴承位置上。

4）待冷却后，上好轴承保险垫圈锁紧并帽。

（3）联轴器的装复。

1）检查键的配合情况。

2）将联轴器加热至200℃左右时即可装配。

3）检查联轴器及键的配合情况，顶部应有0.3～0.5mm的间隙。

（4）轴承箱测量及装复。

1）转子就位，吊装转子就位必须由起重人员负责。

2）转子就位后，用压铅法测量轴承与轴承座配合顶部间隙、侧面间隙，并测量承力轴承挡的膨胀间隙、推力轴承挡的推力间隙。根据测量结果及质量标准调整好各结合面垫片厚度。

3）确认轴承箱内无杂物后吊上轴承座上盖，拧紧上、下箱体连接螺栓，拧上定位销。

4）装复轴承座两边端盖及连接螺栓。

5）将测量数据记录在检修技术记录卡中。

6）轴承箱内加68号机械油至正常油位。

（5）其他附件装复。

1）集流器装复或喇叭口修复，并调整间隙。

2）吊装风壳大盖，上好石棉绳，锁好法兰螺栓，上好轴封板。

3）调整好进口风门挡板开关位置。

4）装复轴承箱冷却水阀门及管路。

5）电动机就位，检查电动机基础完好，地脚螺栓无滑牙、变形等缺陷。

6）联轴器中心找正，基础螺栓紧固。

7）装复联轴器连接螺栓，装复联轴器保护罩。

8）关好人孔门。

（三）离心式风机检修质量标准

1. 联轴器质量标准

（1）对轮及弹性膜片应完好，无裂纹、变形等现象。

（2）键槽与键为过渡配合，不许有松动感。键的顶部应有0.2～0.5mm的间隙。

（3）对轮与轴的装配应符合图纸要求。

2. 叶轮质量标准

（1）叶轮应无裂纹、变形等缺陷。

（2）叶轮的叶片厚度磨损不应超过其厚度的1/2。

（3）叶轮轮盘厚度磨损不应超过其厚度的1/3。

（4）装配叶轮与轮盘的连接螺栓不允许有裂纹、松动及头部磨损严重的现象，必须紧固可靠。止退片应按旋向放置，不得放反。

（5）轮盘键槽应齐正、光滑，与键配合为过渡配合，最大间隙不大于0.05mm。

（6）轮盘与轴配合处尺寸应符合图纸要求的数据尺寸。

3. 主轴质量标准

（1）主轴所有装配轴颈应保持光洁，不许有碰撞摩擦的伤痕，螺纹要完好，配合螺母灵活、无卡涩，螺纹连接可靠。

（2）主轴弯曲度不超过0.05mm/m，安装水平度不超过0.10mm。

（3）所有装配轴颈的不圆度、圆锥度均不超过0.02mm。

（4）轴上键槽与键配合紧密，不许有松动现象。不允许用加热等方法来增加键侧面的紧力，键的顶部应留有0.2～0.5mm的间隙。

（5）主轴保护套完好，主轴与保护套之间的间隙应为6～8mm。

4. 挡板质量标准

（1）挡板应开关灵活，能够从0°～90°（全开、关）调节，且与操作装置开关同步，方向一致。

（2）挡板部件要完好，其安装应牢固、可靠，风箱内的连接螺栓要点焊止动。

（3）挡板四周间隙为3～5mm。

（4）挡板开启方向应使气流顺叶轮转向进入集流器。

（5）转动部件及轨道轮不得有卡住或脱落、离位等现象。

（6）转动摩擦部位应按规定加入足量的润滑脂，即每半年用钙钠基脂润滑一次。

（7）挡板实际开关角度应与仪表指示和就地开度指示标志一致。

5. 机壳质量标准

（1）机壳及风道焊缝不得有裂纹、磨损严重现象，磨损超过原厚度的1/2应挖补，新焊补的钢板应与原钢板线型一致。

（2）所有法兰的结合面应采用石棉绳进行密封，并保证严密不漏。

（3）机壳轴封端盖间隙为0.5mm左右。

（4）进出口风道畅通，人孔门部件齐全、严密。

（5）集流器安装牢固，不抖、不晃。风机集流器与叶轮轴向深度为21mm，径向间隙为4mm。

四、知识拓展

4-73型离心式风机检修、工艺方法及质量标准见表3-1。

表3-1　4-73型离心式风机检修、工艺方法及质量标准

检修项目		工艺方法及注意事项	质量标准
（一）检修前运行工况分析		检修前记录以下数值： （1）风机及电动机各轴承处的垂直、径向、水平振动值。 （2）电动机空载电流。 （3）轴承温度。 （4）风机出口风压。 （5）风机外壳的严密性、泄露处用红漆作出记号。 （6）冷却水系统的工作情况。 （7）润滑油系统的工作情况	送电机、引风机振动值小于或等于0.10mm（转速为<1000r/min），排粉机振动值应小于或等于0.08mm（转速为1000～1500r/min）
（二）转子的拆装、检修	1. 叶轮检修和更换	（1）检查叶轮、叶片的焊缝。	应无裂痕、砂眼、未焊透及咬边等缺陷。
		（2）叶片与后盘的焊缝磨损处均应补焊，补焊时应使各叶片焊缝的焊条质量差不大于5g。	
		（3）用超声波测量厚度仪器测定叶片厚度，叶片磨损严重的，应更换。	工作叶片磨损超过原厚度的2/3时，应予更换。当局部磨损小于3mm时，应作补焊处理。 工作叶片有1/2以上面积达到3毫米时，应更换全部叶片（包括叶轮）。 新叶轮应符合图纸要求，静平衡应合格。不平衡质量在其工作转速下产生的离心力应小于5%的转子质量。
		（4）检查叶轮前盘的磨损情况。	前盘磨损厚度达8mm时（对引风机），应更换。要求更换材质为16Mn、厚度14mm的钢板。
		（5）检查送风机机翼形叶片焊缝及焊缝磨损情况，已进灰的应作处理。	
		（6）后盘与轮毂连接的铆钉应用榔头锤击或探伤仪检查，松动和磨损的铆钉应更换。	后盘磨损为原厚度的1/2时应更换。
		（7）吸风机和排粉机叶轮应采用成熟的防磨措施。	
		（8）机壳内如衬有防磨材料则衬里应牢固，表面应平整。	
		（9）装复后应测定叶轮的轴向和径向幌度	叶轮的轴向、径向幌度均不大于2mm

续表

检修项目		工艺方法及注意事项	质量标准
（二）转子的拆装、检修	2. 转子检修和组装	（1）检查轴的弯曲度（可在车床上测定），超标的可采用加热顶压法直轴。用千分表精确测量轴的直径、锥度和椭圆度。	主轴无裂痕、腐蚀及磨损。 主轴弯曲值一般应不大于0.05mm/m，全长不大于0.10mm。 主轴轴颈圆度不大于0.02mm。轴颈应该符合图纸要求，轴承在轴颈上的装配进度应符合设备技术文件规定，内套与轴不得产生活动，不得安放垫片，轴颈的椭圆度和锥度一般不大于直径的1/1000。
		（2）轴颈处用0号细砂纸打磨光洁。 （3）轴承入轴时，必须先放在油盆内，注入机油，待加热油温达90～110℃后用铁丝钩出，用石棉布托住轴承，套装在轴的固定位置上，冷却后用手盘动外钢圈。 （4）均匀加热叶轮轴孔，温度控制在180～220℃，平稳地套在轴上。扣紧螺母，止动垫圈应完整、嵌牢，螺母不得松动。 （5）用秒表法做转子静平衡试验。	轴安装水平误差一般不大于轴长的0.2/1000。
		（6）将轴稳妥的吊装就位。 （7）盖上轴承箱上盖，轴承箱水平结合面螺栓紧固时应对角均匀拧紧，装上轴承箱端盖，并更换毛毡，毛毡和轴的间隙应适宜，使之既不磨轴，又不漏油。	轴承外钢圈与外壳间轴向及径向的配合应符合设备技术文件的规定，并不得在径向安放垫片。
		（8）膨胀端轴承应该留有足够的膨胀间隙。 （9）注入合格的润滑油，正常油位应保持在轴承下滚珠（或滚柱）的中心	推力轴承的轴向间隙为0.30～0.40mm，轴承的膨胀间隙可按下式计算 $C=[1.2(t+50)L]/100$ 式中 C——热伸长常量，mm； t——轴周围介质最高温度，℃； L——轴承之间的轴长度，m
	3. 对轮的拆装	（1）对轮上应有装配标记。 （2）测量对轮的轴向、径向幌度和对轮间隙，供修前、修后比较分析。 （3）检查对轮有无裂纹等缺陷。可用小锤轻击，根据声音和外观检查判别。	对轮的径向晃度不应大于0.1mm，轴向晃度在距中心200mm处测量应不大于0.1mm。 对轮不应有裂纹等损坏情况。
		（4）用专用工具拆卸对轮，若过紧则可用火焊或喷灯加热，加热时应注意快速、均匀、对称，加热温度以80～100℃为宜，加热后可用拉模将其由轴端缓慢拉出，下面应垫以枕木，以防对轮落下。 （5）清洗对轮。	对轮孔径的椭圆度和锥度不应大于0.3mm。轴颈和轴孔的紧配尺寸应符合图纸规定的配合公差。如无规定时，一般应按轻打入座的配合公差来考虑。
		（6）装配前测量轴颈和轴孔尺寸，视紧配度来决定更换与否。	两对轮外径误差应不大于0.05mm。
		（7）测量对轮外径，检查键槽并在轴上涂以机油。	键与键槽的配合，两侧不应有间隙，其顶部间隙一般应为0.1～0.4mm。
		（8）均匀加热对轮，随后用垫木和榔头将其平稳地撞击入轴。	对轮孔径和轴的配合应有0.03～0.05mm的紧力。
		（9）检查对轮螺栓和弹性垫圈	对轮螺栓应无裂纹和弯曲，螺栓与橡皮垫最大间隙超过0.6mm时应更换（原间隙应为0.5mm）

续表

<table>
<tr><th colspan="2">检修项目</th><th>工艺方法及注意事项</th><th>质　量　标　准</th></tr>
<tr><td colspan="2">（三）滚动轴承的检查和更换</td><td>（1）将滚动轴承清洗干净。
（2）检查夹持器的情况。
（3）检查滚动体表面情况。
（4）检查滚动轴承内套与轴的配合是否紧固。
（5）用塞尺测量滚珠或滚柱与外套的径向间隙</td><td>检查滚动轴承的内外套、隔离圈及滚珠，不应有裂纹、麻点、重皮、斑痕、起皮等缺陷，并符合设备技术文件规定。
轴承内套与轴颈的配合为过盈配合，过盈量为0.01～0.04mm。
应符合设备技术文件规定</td></tr>
<tr><td colspan="2">（四）检查滑动轴承</td><td>（1）检查油环搭口和锁口是否完整。
（2）检查轴瓦乌金情况。
（3）检查乌金的磨损程度及厚度。
（4）检查轴瓦金与轴瓦外壳的严密性。
（5）检查轴瓦与轴颈的接触情况</td><td>油环搭扣和锁扣应完整无缺，两半油环合上后应成圆形，如变形应修理或更换。
轴瓦乌金面应光洁，无砂眼、气孔、裂纹、残缺和脱壳分离现象。
接合应严密。
接触角应在60°～90°的范围内，接触点清晰，每平方厘米不少于两点</td></tr>
<tr><td rowspan="2">（五）进风斗、挡板调节装置、机壳检修</td><td>1. 进风斗检修</td><td>（1）检查进风斗磨损情况，局部磨损严重的可做挖补处理，喉部磨损严重的宜更换新进风口。
（2）检查进风斗的椭圆程度，超标的应作校正。
（3）吊装时进风斗应稳妥地插入叶轮进风口内，可靠就位，并调整好进风口和叶轮轴向和径向间隙（可通过气焊烘校来达到）。吊装时应防止由撞击而引起的变形</td><td>更换新进风斗时，喉部应符合图纸要求。
进风斗椭圆度不得大于3mm。
mm<table><tr><th>项目</th><th>径向间隙</th><th>轴向间隙</th></tr><tr><td>引风机</td><td>3.5～4</td><td>28～30</td></tr><tr><td>送风机</td><td>3.5～4</td><td>22～25</td></tr><tr><td>排粉机</td><td>3.5～4</td><td>4～5</td></tr></table></td></tr>
<tr><td>2. 挡板调节装置检修</td><td>（1）检查挡板、椎体、挡板内支点轴头、挡板上螺栓及支撑杆磨损情况。
（2）拆卸挡板外端螺栓和挡板。安装时应保持各叶片的开关角度一致，叶片的开启方向应使风流顺着风机转向进入，不得装反。调节挡板轴头上应有与叶片板位置一直的刻痕，挡板应有与实际相符的开关刻度指示，手操挡板在任何开度时都应能固定。
（3）检查当班导轮轨道、连杆及外圆环椭圆度。
（4）检查开、关终端位置限位器。
（5）吊装挡板调节装置时，结合面应加石棉垫，以保证密封性能，装上调整杆和伺服机并连接妥当，调整好开度指示。手操伺服机，检查调节装置严密性、导向轴转动灵活性及开度指示的正确性</td><td>锥体上的挡板插孔磨成椭圆、挡板无法可靠定位时，必须更换锥体。
叶片板固定可靠，与外壳应有适当的膨胀间隙（对介质温度超过室温的风机）。
导轮沿轨道应完好，转动时不得有卡住或脱落现象。外圆环不应有明显的椭圆变形，连杆应完好。
限位器应完好</td></tr>
</table>

续表

检修项目		工艺方法及注意事项	质量标准
（五）进风斗、挡板调节装置、机壳检修	3. 机壳检修	（1）磨漏和撕裂处必须补焊。 （2）检查机壳底部放水阀，必须使其畅通。 （3）检查机壳本体位置和出入口方位、角度。 （4）磨损严重的排粉机耐磨衬板应予更换。为提高防磨效果，在排粉机和引风机粉尘冲刷严重的部分可涂以铸石粉防磨涂料。 （5）为确保厂房内清洁，排粉机出口入孔门应严密不漏。 （6）检查机壳内部和出风口支承杆两端磨损程度，按磨损程度决定补焊或更换（薄壁支撑圆管应改为厚壁）。 （7）检查风机出口导流板焊缝，必要时应进行补焊。 （8）伸缩节磨漏或腐蚀的要修补，严重的要更换。 （9）调整机壳进风斗与叶轮进风口间隙，使之均匀。 （10）调整轴与机壳的密封间隙。 （11）机壳应经严密性测试后方可进行保温	机壳本体应垂直，出入口方位和角度应正确。 应符合建设技术文件的规定，一般可为2～3mm（应考虑机壳受热后向上膨胀的位移量）。轴封毛毡轴接触应均匀，紧度适宜，严密不漏
（六）轴承箱及冷却水管检修		（1）退出轴承，清洗后检查其有无裂纹等缺陷，测量轴承滚珠（或滚柱）与内、外钢圈的间隙，超标的应予更换。用“皮老虎”吹净清洗好的轴承，然后用白布包好。 拆卸轴承时，应将力均匀地加到轴承内整个圆周上。 （2）检查轴的弯曲度，超标的可采用加热顶压法直轴。 （3）检查齿轮的啮合情况。 （4）用煤油和热碱水清洗轴承箱，并涂上红丹粉。 （5）拆下并清洗油位计，保证其畅。更换耐油橡皮垫。 （6）拆卸冷却水管，锤击掉垢物后用10%浓度的稀盐酸清洗和水冲洗，最后用压缩空气吹净。 （7）安装冷却水管时应确保其严密不漏	轴承型号应符合设计要求，外观应无裂纹、重皮和锈蚀等缺陷。轴承的总游动间隙应符合设备技术文件的规定。 轴弯曲值一般应不大于0.10mm。 应符合通用机械质量标准要求。 轴承箱油位计应畅通、刻度清楚。 冷却水应畅通，水量合适，冷却水阀门应开关灵活

续表

检修项目	工艺方法及注意事项	质量标准
（七）电动机安装	（1）将由电气车间检查合格的电动机运至安装现场。 （2）将电动机的地脚螺栓周围清理干净。 （3）在原位置上放上原垫铁。若配置新垫铁，垫块不得用铝板等延伸性大的材料制作，每个底脚下垫铁数不得超过三片。 （4）装上调整电动机中心用的校中卡子，校中卡子应具有足够的刚度。 （5）检查地脚螺栓本身和其固定的可靠性。 （6）稳妥的将电动机吊装就位，就位时用钢皮尺初步进行校正。 （7）用千分表精确测量对轮外圆的轴向和径向偏差，并用撬棒和调整螺栓进行调整。在调整中心时严禁用大锤敲打。 （8）中心调整好后，缓慢对称地旋紧地脚螺栓，复查其中心无变化后装上并帽。 （9）待安装工作全部结束后，复查一遍中心，并把此数值作为正式记录。 （10）装上对轮保护罩	地脚螺栓应完好。 两对轮间隙应按图纸规定，如无规定时轴伸长和轴串移量之和： 轴向偏差应≤0.10mm； 径向偏差应≤0.05mm
（八）试运转	（1）机壳内和与其相连接的烟、风、煤粉管道清理干净后关闭人孔门，并保持密封。 （2）检查冷却水，应使其保持畅通和具有足够的流量，检查油位，应使其保持在正常的标高上。 （3）检查各部挡板的开度，并使其处于关闭位置。 （4）熟悉就地切断电源按钮的位置和性能。 （5）准备好找动平衡的全套工具、仪器。 （6）班组长和车间技术负责人确认具备启动条件后，联系运行送电。 （7）第一次启动后，应在刚达到全速时用事故按钮停机，利用全停前的转动惯性来观察轴承和转动部分，若无摩擦和其他异常则可正式启动。 （8）启动后即测量轴承振动情况，若振动值超标，则应进行平衡测试。 （9）在整个试转过程中，除测量振动值外，还需记录轴承温度和风门在各挡开度上的电流值并检查有无摩擦、漏油、漏水、漏风等异常情况	风机试运行时间为4～8h。 试运行中轴承垂直振动在0.03mm以内，轴承水平振动一般应在0.05mm以内。 风机运行正常，无噪声。 挡板开关灵活，指示正确。 各处密封严密，无漏油、漏风、漏水。 滚动轴承温度应不高于80℃；滑动轴承温度应不高于50℃

任务二　轴流式风机的结构认知

【教学目标】

一、知识目标

(1) 掌握轴流风机的结构。

(2) 掌握各部件的作用及其工作原理。

(3) 了解轴流式风机的叶轮检修工艺。

(4) 了解轴流式风机巡检项目。

二、能力目标

(1) 能看懂轴流式风机结构图。

(2) 能实施轴流式风机叶轮检修。

(3) 能巡检轴流式风机。

【任务描述】

轴流式风机流量大、全压低，尤其是在低负荷运行时效率明显高于离心式风机，因此，在大型火力发电厂锅炉机组中，轴流式风机已有逐渐取代离心式风机的趋势。所以必须了解轴流式风机的结构、运行维护与检修知识。

叶轮是转子中较易磨损的机件。当风机输送含有粉尘的气体或物料时，则叶轮的磨损较快。如锅炉引风机的叶轮、煤粉风机的叶轮，常常在短时期内就被磨损报废。风机的叶轮如果磨损过多，就将失去转子的平衡，不仅会引起风机的剧烈振动，而且还可能发生事故。因此，对风机的叶轮不仅要定期检修，而且有时还要更换新叶轮。

本任务要求学生：

(1) 能看轴流式风机结构图，认知风机各部分结构、作用、工作原理。

(2) 参观 600MW 机组模型，了解风机的工作位置和环境，模拟巡检轴流式风机。

(3) 拆装轴流式风机的叶轮，了解轴流式风机叶轮的检修工艺。

【任务准备】

(1) 指出轴流式风机主要部件名称，它们各有什么作用?

(2) 简述轴流式风机的工作原理。

(3) 轴流式风机的叶轮有什么特点?

(4) 为什么大型电厂趋向于选用轴流式风机?

(5) 大型电厂的送风机、引风机、一次风机通常采用哪些型号的轴流式风机?

(6) 轴流式风机正常运行要监视哪些参数?

(7) 制订轴流式风机叶轮解体步骤及操作要点。

(8) 制订轴流式风机更换叶片的步骤及操作要点。

【任务实施】

本任务看轴流式风机结构图、模拟巡检轴流式风机，建议在 600MW 模型室进行，拆装轴流式风机叶轮在热机实训室进行。

任务实施建议分四个阶段进行：

一、准备阶段

（1）学生在任务实施前，应学习相关知识，初步制订出任务实施方案。

（2）学生分组。建议以每4～6人为1小组，每组选一名组长，以工作小组形式展开，组内成员协调配合完成指定的操作任务。

（3）教师介绍本任务的学习目标，学习任务。

（4）教师向学生展示本任务实施使用的工具及其使用方法。

本任务实施所需要的主要工具包括巡检仪、动叶可调轴流式风机叶轮一个、扳手、专用工具、手锤、葫芦、拉码、钢丝绳、螺丝刀、千斤顶、撬棍、大锤、百分表、转子托架、铜棒等。

二、教师示范

教师示范过程中，建议：

（1）轴流式风机的结构可以利用多媒体课件进行讲解，巡检演示可观看现场巡检录像，老师再示范巡检仪的使用。

（2）叶轮拆装过程要讲解每个步骤的注意事项（包括人身安全和设备安全注意事项）。

（3）建议难度较大的操作重复示范1～2次。

（4）每拆下一个部件，应讲解该部件的结构并与离心式风机的叶轮进行比较。

（5）在教师的示范过程中，要求学生认真听、认真看，并做好笔记。

三、学生操作

教师示范后，学生按照分组进行操作，教师在场巡查指导。

（1）学生在操作前，应根据教师的示范操作，重新制订实施方案。

（2）实施方案经教师检查确认后，方可开始操作。

（3）任务完成后要求学生清理工具，打扫现场。

四、学习总结

（1）学生总结操作过程、心得体会，撰写实训报告。

（2）教师根据学生的学习过程和实训报告进行考评。

【相关知识】

一、轴流式风机的主要部件

随着机组容量的增大，风机所输送的流量也随之增加，比转数就要加大，因此，有的大容量机组采用轴流式风机，轴流式风机的基本构造如图3-14所示。

轴流式风机的主要部件有叶轮、导叶、集流器、扩压器、动叶调节机构等。

1. 叶轮

叶轮是风机主要部件之一，气体通过叶轮的旋转，才能获得能量，然后离开叶轮做螺旋线的轴向运动。轴流式风机的叶轮由叶片和轮毂组成，图3-15所示为轴流式风机叶轮结构。

叶片为扭曲形状，一般采用铸铁、钢或硬铝合金材料。为了防止引风机叶片磨损，在叶片进口边加装防磨片，其材料为1Cr18Ni9Ti，表面镀硬铬。轮毂一般用铸钢或合金钢制成，

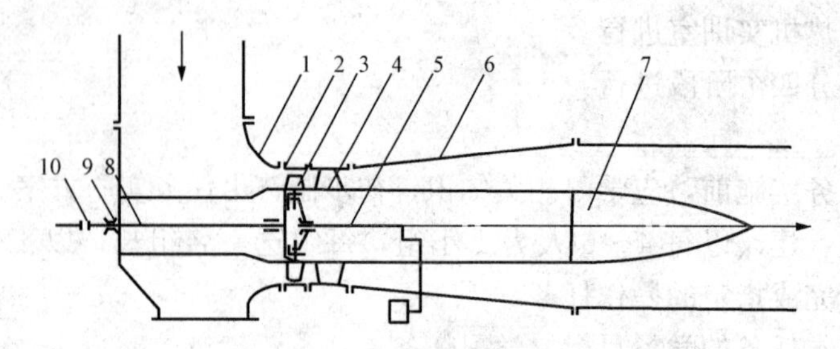

图 3-14 轴流式风机结构简图

1—进气室；2—外壳；3—动叶片；4—导叶；5—扩散筒；6—扩压器；
7—导流体；8—轴；9—轴承；10—联轴器

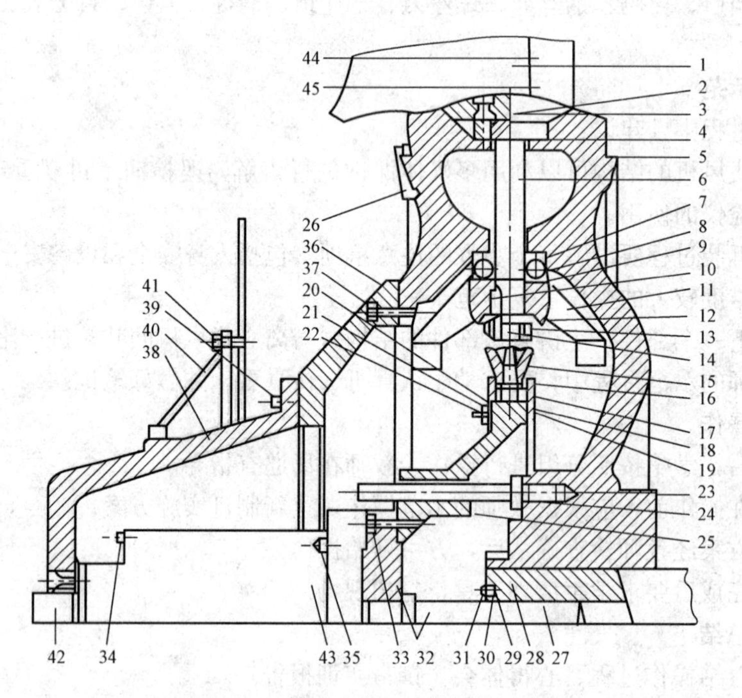

图 3-15 轴流式风机叶轮结构示意图

1—叶片；2—叶片螺栓；3—聚四氟乙烯环；4、9、27—衬套；5—轮毂；6—叶柄；7—推力轴承；
8—紧圈；10—叶柄滑键；11—调节臂；12—垫圈；13、15、28—锁帽；14—锁紧垫圈；
16—滑块销钉；17—滑块；18—锁圈；19—导环；20—带空导环；21—螺母；22—双头螺栓；
23—衬套；24—导向销；25—调节盘；26—平衡重块；29—密封环；30—毡圈；31—螺栓；
32—支撑轴颈；33～35、37、39、41、42、45—螺栓；36—轮毂盖；38—支撑罩；
40—加固圆盘；43—液压缸；44—叶片防磨前缘

其外缘安装叶片，内部空心处装有动叶调节机构部件，可以带动动叶片和叶柄转动。动叶片与调节机构之间驱动力的传递，是通过叶柄和调节杆的连接来实现的。动叶片根部用六角螺栓与放入轮毂圆孔的叶柄相连接，然后在叶柄上依次装上平衡重锤、支承轴承、导向轴承，最后与调节杆相连。由于支承轴承能承受叶轮旋转时动叶与叶柄等产生的离心力，导向轴承可以保证叶柄中心不发生偏斜，平衡重锤因产生补偿力矩，平衡叶轮旋转而使叶片和调节杆产生阻碍叶片安装角改变的关闭力矩，所以这种叶片调节时转动灵活、方便。

2. 导叶

导叶能使通过叶轮前、后的流体具有一定的流动方向，并使其阻力损失最小。装在叶轮进口前的称前导叶，装在叶轮出口处的称为后导叶。后导叶除将流出叶轮流体的旋转运动转变为轴向运动外，同时还将旋转运动的部分动能转换为压力能。为避免气流通过时产生共振，导叶数比动叶数少些。

3. 集流器

集流器装在叶轮进口，其作用与离心式的相同，使气流加速并均匀分布。轴流式风机一般采用喇叭管形集流器，并在集流器前装有进气箱，如图 3 - 16 所示。

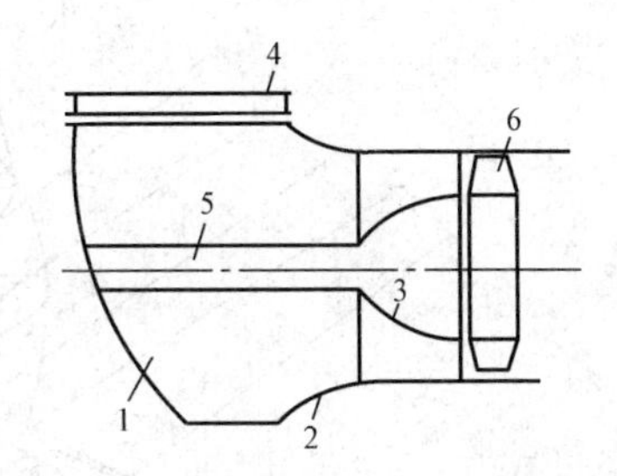

图 3 - 16　进气箱、集流器与整流罩
1—进气箱；2—集流器；3—整流罩；
4—膨胀节；5—保护罩；6—叶轮

4. 整流罩

整流罩安装在叶轮或进口导叶前，以使进气条件更为完善，降低风机的噪声。整流罩的好坏对风机的性能影响很大，一般将其设计成半圆或半椭圆形，也可与扩压器的内筒一起组成流线形的。

5. 扩压器

扩压器的作用是将后导叶流出气流的动能部分转变为压力能。其结构形式有筒形和锥形，如图 3 - 17 所示。

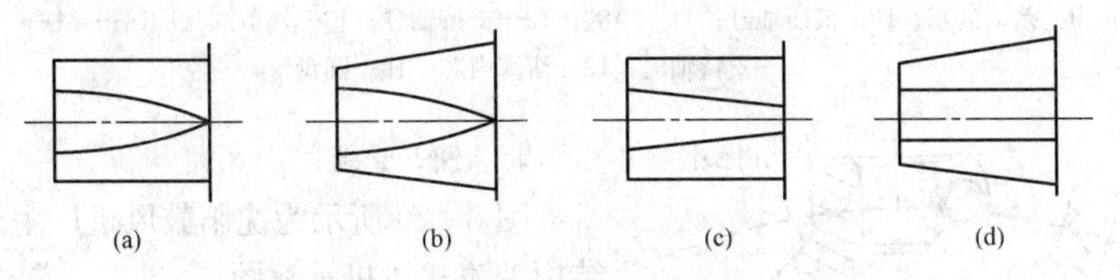

图 3 - 17　扩压器
(a) 圆筒形一；(b) 圆筒形二；(c) 锥形一；(d) 锥形二

6. 动叶调节机构

改变叶片的角度是通过动叶调节机构来执行的。轴流式风机的动叶调节机构一般分为机械式和液压式两种。目前常用液压调节机构，液压缸结构如图 3 - 18 所示。调节杆将液压缸与叶柄下部连在一起，调节时，液压缸的左、右移动，通过调节杆（如图 3 - 19 所示）转化为动叶的转动，达到改变动叶安装角的目的。活塞被活塞轴的凸肩及轴套固定在轴上，不能产生轴向移动，当缸内充油时，液压缸就会沿活塞轴向充油侧移动，同时带动定位轴移动，产生反馈作用。定位轴装在活塞轴中，但不随叶轮旋转。另外，在调节系统中还有控制头、伺服阀、控制轴等既不随叶轮旋转又不随液压缸左、右移动的调节控制部件。

二、典型轴流式风机结构介绍

我国通过消化、吸收引进技术，目前生产的火力发电厂锅炉送、引风机主要为引进丹麦 NOVENCO 公司 WARIAX 型 ASN（单级）与 AST（双级）轴流式风机，引进德国 TLT 技术的 FAF 送风机系列和 SAF 引风机系列，以及引进德国 KKK 公司技术的 AN 系列静叶可调轴流式风机和 AP 系列动叶可调轴流式风机。

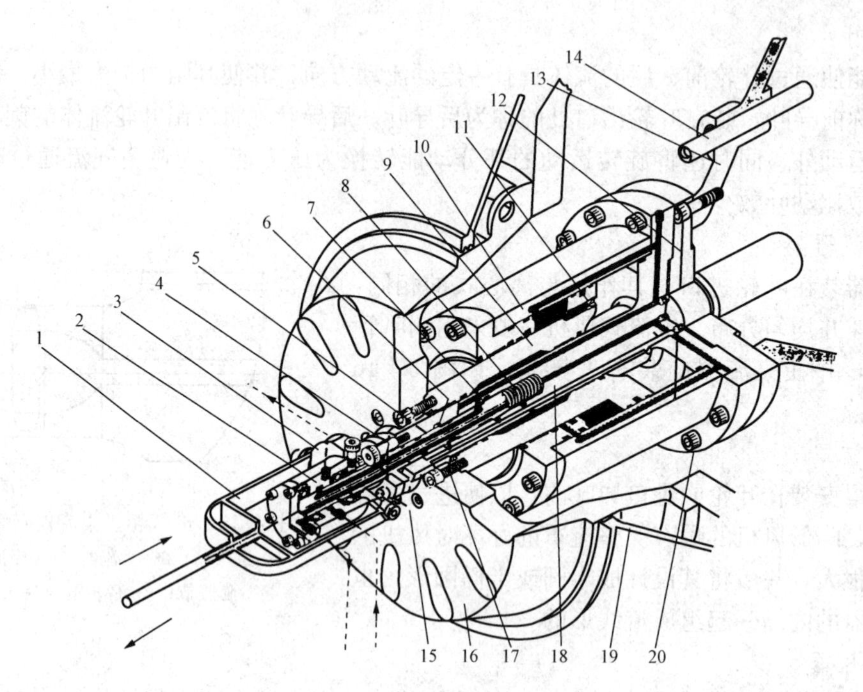

图 3-18 液压缸结构

1—拉叉；2—调节阀轴承座；3—传动板；4、15、17、20—螺钉；5—调节阀；6、7—切口通道；8—弹簧；9—差动活塞；10—液压油缸；11—喷嘴；12—支持轴颈；13—调节圆盘；14—导柱；16—支持轴盖；18—活塞内芯；19—圆盘

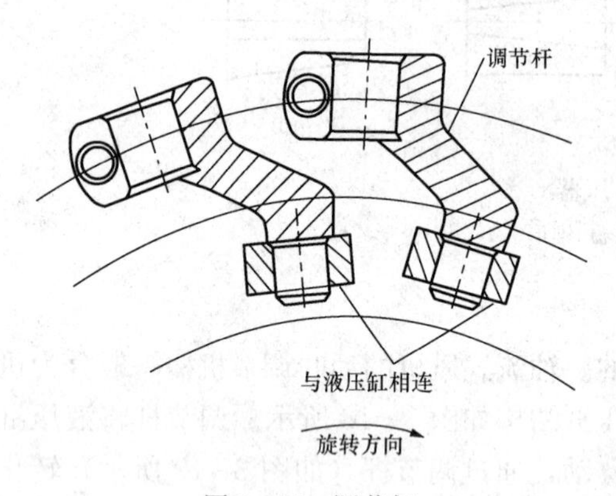

图 3-19 调节杆

1. ASN 型轴流式风机

图 3-20 所示为沈阳鼓风机厂生产的 ASN 型结构轴流式风机示意图。

该系列风机转子包括轮毂部、叶片、液压调节机构、调节拉叉和调节驱动装置。

轴承箱为碳钢型材焊接结构，具有足够的刚性，并便于安装找正。主轴采用滚动轴承支撑，稀油润滑或脂润滑。轮毂侧为支承轴承，联轴器侧为支承推力轴承。

定子部件主要由导轨、进气箱、主体风筒、扩散器等组成。主要采用型材焊接结构。主体风筒的内表面经过机械加工，可以保证叶片顶部与壳体有准确的间隙。在主体风筒上还设有检测门。扩散器的支腿上装有滑动支座，可以使扩散器沿底座轨道滑动，给风机的安装和检修带来很大方便。扩散器上还设有人孔门，检修人员可以通过人孔门进入风机。进气箱、主体风筒和扩散器的连接处设有导柱销，安装和检修时便于找正。

2. TLT 型轴流式风机

图 3-21 所示为上海鼓风机厂生产的 TLT 型结构轴流式风机示意图。

风机转子由叶轮、叶片、整体式轴承箱和液压调节装置组成。叶轮为焊接结构，装在主轴的轴端上，风机运行时，通过液压调节装置，可调节叶片的安装角度并保持在这一角

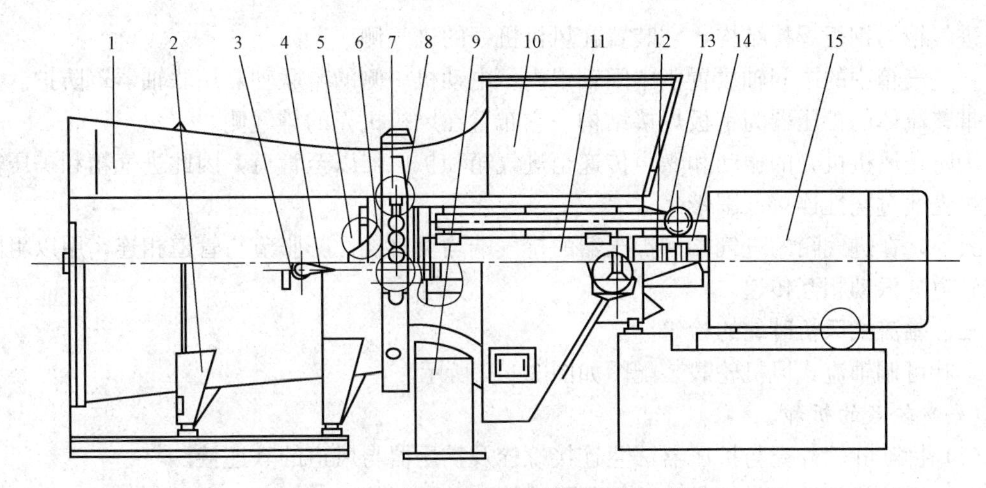

图 3-20　ASN 型结构轴流式风机示意图

1—扩压器；2—扩压器支座滚轮；3—动叶调节机构；4—传动臂；5—支承罩；6—叶轮罩；7—叶片；8—叶轮外壳；9—进风箱支管；10—进风箱；11—主轴承箱；12—联轴器；13—轴冷却风机；14—联轴器保护罩；15—电动机

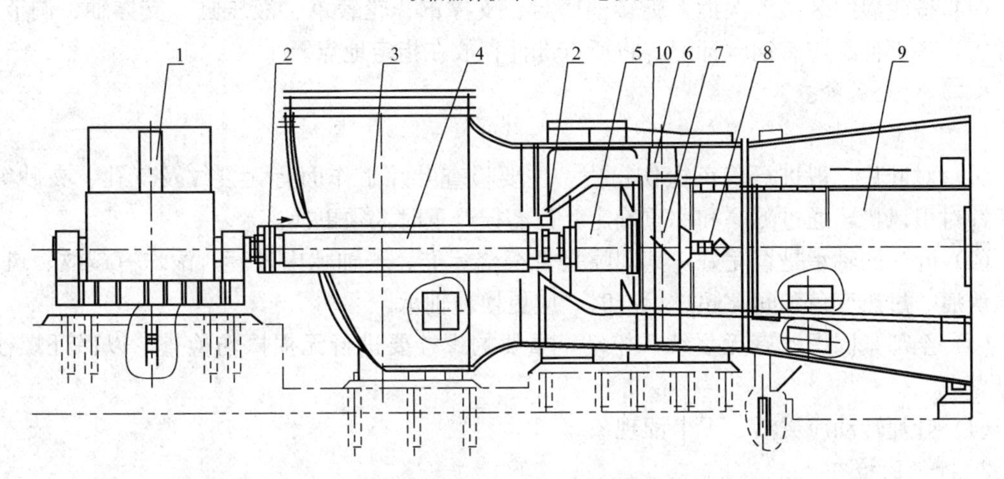

图 3-21　TLT 型轴流式风机

1—电动机；2—联轴器；3—进气箱；4—主轴；5—液压缸；6—叶轮片；7—轮壳；8—传动机构；9—扩压器；10—叶轮外壳

度上。

主轴和滚动轴承同置于一球铁箱体内，此箱体同心地安装在风机下半机壳中并用螺栓固定。

在主轴的两端各装一个滚柱轴承用以承受径向力，在近联轴器端装有一个向心推力球轴承，承担逆气流方向的轴向力。

轴承的润滑借助于轴承箱体内的油池和外置的液压润滑联合油站。当轴承箱油位超过最高油位时，润滑油将通过回油管流回油站。

风机转子通过风机侧的半联轴器、电动机侧的半联轴器和中间轴与驱动电动机连接。

风机机壳是钢板焊接结构。风机机壳具有水平中分面，上半可以拆卸，在机壳出口部分为整流导叶环。

进气箱为钢板焊接结构，它装置在风机机壳的进气侧。

在进气箱中的中间轴放置于中间轴罩内。电动机一侧的半联轴器用联轴器罩防护。

带整流体的扩压器为钢板焊接结构，它布置在风机机壳的排气侧。

为防止风机机壳的振动和噪声传递至进气箱和扩压器以至管道，因此进气箱和扩压器同风机机壳通过挠性连接（围带）。

另外，在进气箱的进气端和扩压器的排气端均设有挠性膨胀节与管道相连，用以阻隔风机与管道的振动相互传递。

三、轴流式风机叶轮的检修

动叶可调轴流式风机轮毂装配图如图 3-15 所示。

（一）轮毂的拆卸

（1）拆除叶轮外壳与扩压器法兰连接螺栓及扩压器与风道的软连接。

（2）拆除旋转油密封的进出油管及漏油管，并拆下拉叉。

（3）在扩压器两边各装一只 1～2t 的手拉链条葫芦，并将扩压器轴向拉入风道中，留出与叶轮外壳的间距 0.8～1m，以便拆卸并吊出轮毂。

（4）按轮毂组装图依次拆下旋转油密封、支撑罩、轮毂罩、液压缸、支撑轴、调节盘、叶片等，各部件都应有钢印标记，将所有部件存放在指定地点。

（二）叶轮的检查

1. 叶片的检查

（1）对叶片一般进行着色探伤检查，主要检查叶片工作面有无裂纹及气孔、夹砂等缺陷。针对引风机，通过测厚和称重确定叶片磨损严重时，须更换。

（2）叶片的轴承是否完好，其间隙是否符合标准。若轴承内外套、滚珠有裂纹、斑痕、磨蚀锈痕、过热变色和间隙超过标准时，应更换新轴承。

（3）全部紧固螺栓有无裂纹、松动，重要的螺栓要进行无损探伤检查，以保证螺栓的质量。

（4）叶片转动应灵活、无卡涩现象。

2. 叶柄的检查

（1）叶柄表面应无损伤，叶柄应无弯曲变形，同时叶柄还要进行无损探伤检查，应无裂纹等缺陷，否则应更换。

（2）叶柄孔内的衬套应完整、不结垢、无毛刺，否则应更换。

（3）叶柄孔中的密封环是否老化脱落，老化脱落则应更换。

（4）叶柄的紧固螺帽、止退垫圈是否完好，螺帽是否松动。

3. 轮毂的检查

（1）轮毂应无裂纹、变形。

（2）轮毂与主轴配合应牢固，发现轮毂与主轴松动应重新进行装配。

（3）轮毂密封片的磨损情况，密封片应完好，间隙应符合标准，密封片磨损严重时须更换。

（三）叶片的更换

（1）解列液压油系统，拆除所有影响扩压器拉出的部件，并标记好。

（2）拉开扩压器，依次拆卸叶轮上各动叶调节机构部件，做好标记并放好。

(3) 如在更换叶片的同时对其承力轴承也进行检查或更换，则应将叶片和枢轴一起从人孔门取出，随后还要将轮毂拆下。

(4) 拆除旧叶片时要对角进行，以免叶轮不平衡过大，影响拆卸叶片的工作和安全。叶片螺栓过紧松不开，可通过加热法将其松开。

(5) 新叶片应按编号对称安装，叶片螺栓全部换新，叶柄轴螺栓装复前应清理干净、无毛刺，所有螺栓和螺母均能用手旋进。螺栓螺纹应涂二硫化钼油，同一片叶片的螺栓安装要对角均匀预紧，最后用力矩扳手对角紧固，力矩应符合规定。

(6) 全部叶片安装好后，锁紧螺母应全部旋紧，然后逐个旋松270°，再测量叶片与外壳的间隙，并做好记录，以确认间隙是否符合规定要求。如不符合要求应查明原因。

四、轴流式风机的巡检项目

根据运行规程，机组正常运行时每小时应对风机进行一次巡检。

(1) 检查风机及电动机轴承箱油位在1/3～2/3之间，发现油位不正常降低、升高应立即查找油位升高、降低的原因进行处理。油系统无渗漏，通过油面镜观察油质透明，无乳化和杂质，油面镜上无水汽和水珠，油温正常。

(2) 轴承冷却水，冷油器冷却水回、供水门开启，冷却水管道无泄漏，冷却水畅通。

(3) 检查油站滤网前后差压在正常范围内。

(4) 检查风机及电机地脚螺栓无松动，安全罩连接牢固。

(5) 入口动叶或静叶DCS盘面和就地开度指示一致，挡板连杆连接正常，挡板无振动。

(6) 风机运行中风机及电动机轴承振动在正常范围内。

(7) 风机及电动机轴承温度在正常范围内，当发现轴承温度超过正常温度时查找原因。

(8) 风机及电动机运行中无异声，内部无碰磨、刮卡现象。

五、知识拓展

FAF19-9-1动叶可调轴流式送风机检修工艺方法和质量标准见表3-2。

表3-2 FAF19-9-1动叶可调轴流式送风机检修工艺方法和质量标准

项 目	检修工艺方法和注意事项	质 量 标 准
一、检修前的准备工作	(1) 检修前设备台账查览及运行工况分析。 (2) 检修用工具、量具、器具及备品、材料准备。 (3) 现场清理，搭设架子，照明准备。 (4) 各项安全措施办理、落实。 (5) 工作人员安排调配	
二、风机大盖拆卸	(1) 松围带连接螺栓，把围带移离大盖。 (2) 拆机壳水平中分面连接螺栓和定位销。 (3) 用起重设备把大盖垂直吊起，直至机壳移动时不会碰伤到叶片为止，然后横向移出并放在木质垫板上。 (4) 机壳积灰、污物清理，各部件损坏情况检查	(1) 围带破损或老化必须更换。 (2) 机壳内积灰、锈渣必须清理干净，磨缺损的必须补焊。 (3) 螺栓、定位销除锈，检查发生扭弯、变形应换新，螺纹完好

续表

项　目	检修工艺方法和注意事项	质 量 标 准
三、消声器检修	(1) 从地面搭架子至消声器入口。 (2) 拆去消声器入口铁丝网。 (3) 用压缩空气，从外至内及内至外对岩面层反复吹扫，如积灰严重不能吹扫时应更换。 (4) 检查消声器焊接、锈蚀情况	(1) 各焊缝应完整，无裂纹、脱焊等现象。 (2) 内部不得有积灰、杂物，锈蚀严重整体更换。 (3) 岩棉层不得有破损、残缺
四、联轴器解列	(1) 拆下联轴器保护罩，做好联轴器回装标记。 (2) 测记两半联轴器开口尺寸及轴、径向的中心偏移。 (3) 焊托架把中间轴托稳（电动机端）。 (4) 将中间轴防护筒（中间轴联轴器处）割去一块，把中间轴吊稳。 (5) 拆去联轴器连接螺栓，并检查螺栓及螺孔的磨损程度。 (6) 联轴器及其弹簧片、中间轴的损坏检查。 (7) 倒装两根螺栓压缩联轴器，使电动机及轴承箱有间隙吊出	(1) 对轮保护罩完好牢固、无变形，油漆均匀，旋向标志清晰。 (2) 螺栓无弯曲、裂纹、变形现象，丝扣完好，锈蚀、磨损严重的更换。 (3) 弹簧片无裂纹、变形，对轮找正后，弹簧片不能弯曲，只能按正常位置沿着法兰平衡伸长。 (4) 对轮完好，无锈蚀、崩缺现象。 (5) 键与键槽滑动配合，不允有松动，顶部应有 0.2～0.5mm 间隙。 (6) 中间轴及防护筒无裂纹、变形现象。中间轴全长不垂直度不超过 0.3mm。 (7) 联轴器端面跳动偏差不大于 0.5mm，对轮更换时必须成套更换，不允许窜用
五、叶片拆卸检查	(1) 标记叶片与叶轮的相对位置。 (2) 松拆叶片紧固螺钉，把叶片吊至指定位置。 (3) 叶片清洗及检查，叶片螺钉定位套检查，损坏则更换	(1) 拆下的叶片螺钉一般不可再用，原则上必须换新，且新螺钉经过使用前探伤检查合格，螺纹正常，长短一致。如经检查拆下螺钉确完好，没有损坏现象也可再用。 (2) 叶片磨损小，表面光滑，各片重量一致，工作面和根部无裂纹、铸造气孔、夹渣等缺陷。 (3) 叶片密封片磨损或失去密封性须更换
六、液压调节装置检修	(1) 液压调节装置从叶轮上拆卸吊至指定位置。 (2) 液压调节装置外表清洗和检查。 (3) 拆输入、输出杆小靠背轮。 (4) 调节装置导向部件拆卸，检查更换损坏构件。 (5) 液压调节装置伺服部件拆卸，检修更换损坏构件。 (6) 液压缸拆卸检查，更换构件。 (7) 整体回装，试验	(1) 调节装置壳体无裂纹、崩缺等现象，防锈层良好。 (2) 导向齿套、齿轮及销杆啮合、配合良好，齿牙无磨损和崩缺。 (3) 伺服阀配合良好，密封圈无磨损，密封良好，否则更换。 (4) 伺服壳体内铜套、密封圈、骨架油封磨损则更新。 (5) 液压缸槽形密封、O形密封、骨架油封磨损则更新，密封良好。 (6) 试验：各结合面无渗漏油，调节灵活、平稳、无异常现象，液压缸行程在规定范围

续表

项　目	检修工艺方法和注意事项	质　量　标　准
七、转子组拆吊	（1）轴承箱放油。 （2）联系热控人员拆卸热控测头。 （3）拆轴承箱连接管路并用布包扎、防尘，标上标记。 （4）拆轴承箱和机座的连接螺栓。 （5）用起吊设备吊起转子组并放至指定地点	
八、叶轮检修	（1）叶轮内部构件作标记。 （2）拆下与液压调节装置相连的调节杆上的调节盘。 （3）拆下叶柄调节杆和滑块。 （4）用绳吊出叶柄放至指定地点。 （5）用专用工具逐步退出叶柄上三个向心推力轴承及叶柄组件，清洗并检查其安全环、各密封构件、轴承、滑块和平衡块，对损坏的进行更换。 （6）松轴圆螺母及保险，用专用工具把叶轮拆下清洗并检查： 1）检查叶轮是否有疲劳裂纹，有裂纹的地方应打磨好坡口进行焊接，坡口的深度要保证工件被焊透。 2）轮毂上的轴孔、键槽因拆卸拉伤的毛刺，用油光锉修平。 3）更新叶轮时几何尺寸应详细核对，焊缝应检查合格，孔径、键和键槽的装配尺寸应符合标准。 4）检查并清理轮毂内腔有无杂质及碎铁屑	（1）滑块、销子清洗，检查不得有磨损裂痕，否则更换。 （2）氟胶环完整，无破损、老化、龟裂现象，环的开口在叶片的出口侧和凹槽配合不松（一般每拆一次便全部更换新环）。 （3）推力轴承应无磨损、裂纹及严重锈蚀、麻点等缺陷；轮动灵活，完整、无卡涩，否则更换。 （4）叶柄轴内的衬套应完整，不剥落和磨损，轴衬和孔的配合适度。 （5）轴衬和毯垫环无磨损，轴颈表面光滑无拉毛，弯曲度小于0.02mm。 （6）叶柄螺纹和锁帽配合完好，叶柄应无裂纹，和轴衬配合时转动灵活、无弯曲。 （7）叶柄应经探伤检查完好，表面无尖角和裂纹，不弯曲，端面的垂直度及同心度偏差不大于0.02mm，键槽要完整。 （8）平衡块表面无裂纹，轴孔光滑无毛刺，和叶柄配合不松动，止动垫片无损坏。 （9）导向销无磨损，弯曲值小于0.1mm，导向销螺纹应完整无烂牙，和轮毂上的螺纹配合正确。 （10）调节盘表面无裂纹，各配合面应光滑、无毛刺，螺纹应完整、无烂牙。 （11）轮毂、盖、支承罩表面无裂缝、气孔、积灰等，各结合面应平整、无毛刺，螺纹应完好。 （12）叶轮体外径椭圆度不超过±2mm

续表

项　目	检修工艺方法和注意事项	质量标准
九、轴承箱解体检修	（1）拆联轴器、圆螺母及轴承端盖。 （2）取出骨架油封，拆下轴上的密封胶圈、甩油环、导油环。 （3）用专用工具从联轴器端抽出主轴，拆下滚动轴承。 （4）轴承检查。 （5）主轴检查。 1）键和槽有无剪切、变形，轴肩有无疲劳裂纹，轴承装配处有否磨损，丝口是否完好，必要时采取探伤检查。 2）轴上的伤痕、锈蚀变形丝口须锉磨修正。 3）装配轴颈处公差如不符合标准，视情况选轴颈喷镀、镀铬等方法处理。 4）大轴需补焊时，须经总工或设备部门批准并制订必要的补焊措施。 5）主轴同心度检查，弯曲度超标应进行校正或更换	（1）壳体内处无砂眼、裂纹，焊缝不渗油，结合面平整，各固定螺栓孔完整无缺，底板平整、无毛刺。 （2）箱内油路畅通，压力油喷嘴无堵塞。 （3）轴承端盖上的密封应完整、无缺损，止推轴承端盖上的压力弹簧完整、无缺损和无变形现象。 （4）轴承内外套、珠架、珠子无裂纹、麻坑、重皮、锈蚀、变色等缺陷，非滚道上的麻坑、锈痕面积不大于1mm时可用。 （5）轴承珠架磨损不超过1/4。 （6）轴承间隙不超过标准。 （7）大轴所有装配轴颈应光滑完整、无裂痕，不许有碰撞伤痕，丝扣完好，各配合段同心度不大于0.02mm，椭圆度不大于0.03mm，弯曲度不超0.1mm
十、轴承箱组装	（1）主轴上油润滑。 （2）轴承加热装配。 （3）各密封件、甩油环、导油环端盖装复。 （4）联轴器装复。 （5）手盘检查是否卡涩	（1）轴承加热装配时，加热温度不超过100～120℃，加热时轴承不得和加热器底部接触。 （2）轴和轴承内钢圈不许产生滑动，允许最大过盈量0.061mm，最小过盈量0.018mm。 （3）轴承外钢圈和轴承壳的配合间隙为−0.03～−0.05mm。 （4）油位计完好，各油管路接头不渗油，油位正确且指示清晰。 （5）密封圈及高低垫应更换。 （6）所有螺栓、定位销完好无缺，安装正确，紧力均匀。 （7）轴承箱各连接面、油管口不得有渗漏。 （8）推力轴承和箱体凸肩的安装间隙为0.75mm。 （9）两轴承之间的弹簧紧力为29 400N。 （10）轴承和轴配合符合图纸技术要求

续表

项 目	检修工艺方法和注意事项	质 量 标 准
十一、叶轮组装	（1）将起吊环装在叶轮起吊孔，然后将轮毂吊至轴承箱主轴水平高度上，并对好装配位置。 （2）检查轴、孔配合尺寸，并作记录。 （3）装上轴键，涂油，准备好装配工具。 （4）加热叶轮轴盘，达到装配间隙后快速将叶轮压入至轴肩位置。 （5）用止退垫圈及锁帽将叶轮压紧，待叶轮冷却后再压紧一次锁母，然后锁上止退垫圈。 （6）叶轮内部构件装配：顺序和其拆卸次序相反	（1）键和轴配合应严密，不许有松动现象，不许用加热或捻缝的方法来增加键的紧力，键的顶部应留0.2～0.4mm间隙。 （2）轮毂和轴的配合应符合图纸技术要求，至少应有0.015mm间隙，热装时加热轮毂温度不超过180～220℃；油压装配所需膨胀力80MPa。 （3）滑块清洗后，先要放在100℃的二硫化钼油剂中浸泡2h，待干后再安装使用。 （4）推力轴承加油脂时，每只加油量要相等，大约10g。 （5）导环和滑块之间的正常间隙为0.1～0.4mm，导环要求平整、无弯曲，安装时表面涂上二硫化钼粉。 （6）叶柄孔内的密封环要全部更新。 （7）各点的紧固螺钉都要根据要求的级别用扭力扳手紧固。 （8）装配好的转子轴向、径向晃度均不大于2mm（测点：轴向在轮毂外径处，径向在叶片外侧）
十二、转子吊装	（1）检查转子上应装的部件是否齐全，然后用起重设备把转子吊就位，轴承箱和机座螺杆紧固。 （2）轴承箱各油管回装。 （3）热控探测头回装	轴承箱和机座螺杆要用扭力扳手紧固
十三、叶片装复	（1）将检修好的叶片根部及叶柄盘上宽温油脂（7014），按标记回装，用叶片螺钉暂时紧定。 （2）叶片回装时要对称装配紧固。 （3）检查每块叶片角度是否一致（均在全关30°位置），否则要松叶片夹紧螺栓螺母进行调正	（1）叶片组装后，应保持1mm的窜动间隙（由锁帽调整），各片要相同。 （2）叶片的轴向窜动量必须小于0.8mm。 （3）叶片紧固螺钉按要求用扭力扳手紧固。 （4）全套叶片更新安装时，必须按叶片根部号码顺序进行对称装配，且装时先将旧叶片组的平衡重除去，按换装新叶片组重新平衡，并在新加的平衡重上刻划上叶片标记和用醒目的色彩表示出平衡重位置
十四、叶片调节装置回装	（1）将试验好的调节装置就位，紧固螺栓。 （2）支承罩、盖板回装。 （3）油管回装，防扭转扁钢回装；调节轴、指示轴螺钉、弹簧片检查后回装。 （4）调节装置中心找正。 （5）防扭转扁钢紧定	（1）各油管吹扫干净，接头、垫片每拆一次必须换新。 （2）调节轴、指示轴螺钉无剪切、磨损伤痕，螺纹完整，弹簧片完好、无锈蚀等缺陷。 （3）调节装置中心偏差不大于0.08mm

续表

项目	检修工艺方法和注意事项	质量标准
十五、消声器、进气箱、扩压器及出口门检修	(1) 进气箱、扩压器支撑拉筋出现裂纹须打坡口进行补焊。 (2) 前、后导叶组发生变形时，可加热进行校正。 (3) 检查挡板轴和孔眼的磨损情况，应开、关动作灵活。 (4) 检查挡板开关情况，开关指示和实际开度相符，弯曲变形的挡板应进行平整或更换。 (5) 检查出口挡板连接部件紧固性和可靠性，防止螺栓松动或脱焊。 (6) 检查进气箱上、下部分法兰面的螺栓是否松动，软性连接是否破损	(1) 机壳风道、进气箱支撑及筋板之间的焊接无裂缝，磨损超过原厚度三分之二应挖补，新补钢板应与原线型一致，连接螺栓点焊止动。 (2) 整流导叶、扩压器的叶片应光滑无变形。 (3) 出口调节挡板无锈蚀、变形、裂纹等缺陷，从0°～90°开关灵活，开关同步，每块挡板开关角度、方向一致；开启方向正确，应使风流顺着开启方向出去。 (4) 挡板传动臂连接紧固，移动灵活，无锈蚀、磨损，轴承转动灵活，润滑正常。 (5) 软性连接完好，无破损、穿孔，密封良好
十六、电动机中心找正	(1) 电动机台板清理，垫片按原标记放好，电动机就位，用钢板尺初步找正后连接两联轴器。 (2) 割去中间轴支撑。 (3) 用百分表调整半联轴器弹簧处端面距离为（23.5 ± 3）mm，上、下张口不超过±0.05mm。 (4) 中心找正后，缓慢对称紧固地脚螺栓，复查其中心在标准范围内后，装上并帽；松电动机侧联轴器（必须用支撑托稳中间轴），通知电气检修人员进行电动机空载试转。 (5) 确定电动机试转正常、方向正确后，将联轴器按标记装回螺栓并紧固。 (6) 装复联轴器防护罩	(1) 半联轴器和中间轴法兰端面间隙为（23.5 ± 3）mm，上、下张口不超过±0.05mm。 (2) 两半联轴器径、轴向偏差不大于0.08mm。 (3) 联轴器防护罩完好、牢固。 (4) 电动机调整垫片数不超过3块，垫片面积不小于电动机支承面的2/3。 (5) 电动机试验合格
十七、动叶角度调试	(1) 检查各油路连接是否完好。 (2) 把油压调至最低，启动油泵，检查各油路密封情况是否良好。 (3) 慢慢调大油压，使轮毂叶片稳定在全开或全关处，电动执行机构也手动到相应角度后紧固调节轴、指示轴包头螺钉，定好全开全关位置；然后把油压调至标准压力下进行叶片角度调节检查。 (4) 联系热控人员进行远程调试	(1) 各油路连接头无渗漏油现象，压力油管路880kPa试压不漏，其余管路98kPa试压不漏。 (2) 动叶开关同步无卡涩，各叶片角度一致。 (3) 动叶全开为：+20°；全关为：−30°。就地刻度板指示和叶轮所标记刻度一致。 (4) 电动执行机构调节开关灵活平稳，限位正常，集控显示角度和就地刻度一致

续表

项　目	检修工艺方法和注意事项	质　量　标　准
十八、上盖回装	（1）清理内部遗留杂物及大盖接合面污垢。 （2）用起重设备把大盖回装。 （3）打开出口人孔门，进入机壳内测量叶片和机壳上下、左右间隙（测量时叶片必须关闭），如间隙过大或过小，则进行打磨或更换处理。 （4）关闭孔门，围带回装	（1）叶片和机壳内壁间隙为 1.9～2.4mm。 （2）孔门、围带密封良好
十九、风机试运	（1）检查机壳、人孔门已关闭密封。 （2）检查各连接、紧固螺栓应紧定。 （3）油站油位达到正常标高，初次加油启动油站试调动叶角度时因轴承箱要储一部分油，必须补充。 （4）检查各挡板门开、关正常、同步，并使其处于关闭位置。 （5）熟识就地切断电源按钮的位置和性能。 （6）手盘转动无卡涩、异响。 （7）确认具备启动条件后，联系试动。 （8）第一次启动，应在刚达到全速时，即用事故按钮停机，利用全停的转动惯性来观察轴承和转动部分，若无摩擦和其他异常，则可正式启动。 （9）启动后，记录电动机启动和正常运转电流、轴承箱轴承温度，测轴承振动情况。若振动值超标，则应根据检修记录和振动值分析，确定处理方案，若各部间隙过大，则调整间隙，若转子不平衡，则进行静、动平衡试验。 （10）试运完毕后，现场清理，整理并记录数据	（1）检修记录齐全、准确。 （2）现场整洁，设备干净，标志齐全。 （3）不漏风、油、水。 （4）各种表计指示正确。 （5）挡板门开关灵活、准确。 （6）叶片调节灵活、准确。 （7）油站油压、油位、冷却水正常。 （8）启动和正常运转后，电流数值应在规定范围内，轴承最高表温超过 80℃。 （9）空载试运时，连续运行时间在轴承升温稳定后不小于 2h，风机运转时不应有摩擦碰撞等不正常的声音，振动值≤0.08mm。 （10）试运时各部位无漏油、水、风现象，设备无异常响声

习　题

1. 填空题

（1）风机的转动部分由________、________所组成。

（2）离心式风机的叶片有________、________和________等几种。

（3）离心式风机叶轮由________、________、________和轮毂组成。

（4）风机按叶轮的吸入方式可分为________和________两类。

（5）离心式风机的________位于叶轮的进口前，它的作用是在损失最小的情况下引导气流均匀地充满叶轮进口。

2. 简答题

(1) 离心式风机的叶轮与轴流式风机的叶轮有什么不同?

(2) 简述火力发电厂主要有哪些风机?根据所输送的气体性质说明它们在结构上应注意哪些问题?

学习情境四

泵与风机的运行

【学习情境描述】

给水泵，循环水泵、送风机、引风机等设备是火力发电厂中非常重要的辅助设备，这些设备运行得好坏，关系着火力发电厂运行的安全性和经济性。因此，泵与风机运行是火力发电厂集控运行人员的基本技能之一。本情境主要通过泵与风机的仿真运行，让同学们掌握电厂大型泵与风机的启停和运行监控操作、泵的汽蚀、泵与风机的振动等常见故障现象的判断及处理操作。通过本情境的学习，同学们还能掌握泵与风机的性能曲线、工作点及泵与风机的运行调节和方法，泵与风机联合运行的特点等理论知识。

【教学环境】

本情境在火力发电机组仿真实训室中完成，在火力发电机组仿真实训室中配备有大型火力发电机组仿真系统及多媒体教学设备，能够实现大型火力发电机组各种泵与风机的仿真运行。所需要的教学资源有教学课件、仿真机组的实训指导书等。

任务一　泵与风机性能的深度认识

【教学目标】

一、知识目标

完成本学习任务后，应该知道：

(1) 流体在叶轮中的运动及速度三角形的构成、绘制方法。

(2) 能量方程的形式。

(3) 影响叶轮做功能力的因素。

(4) 泵与风机性能曲线的定义。

(5) 离心式泵与风机扬程性能曲线几种形状特点。

(6) 不同比转数泵与风机的性能曲线比较。

(7) 离心式水泵与轴流式水泵启动的特点。

二、能力目标

完成本学习任务后，应该能：

(1) 泵与风机性能参数的测量方法及测量仪表的使用。

(2) 单独操作离心式水泵性能测试实验。

(3) 进行实验数据记录和整理。

(4) 根据实验数据绘制出泵的性能曲线。

【任务描述】

泵与风机内部流动很复杂，用理论计算方法确定的性能曲线与实际性能曲线存在不同的差异。因而，为了提供可靠的技术性能，迄今仍采用试验的方法来确定。试验方法一般有常规测试、热力学法测效率及自动化测试。

本任务主要通过离心式水泵性能测试实验，让同学认识离心式水泵及离心式水泵性能测试装置，学习小型离心式水泵的启停及运行，学习泵的性能参数测量方法、测量仪表/装置的使用方法，实验数据的整理和性能曲线的绘制。

【任务准备】

(1) 速度三角形由哪三个速度矢量构成?

(2) 流动角 β 与叶片安装角 β_y 有何区别和联系?

(3) 如何计算圆周速度 u?

(4) 如何修正叶片厚度对叶轮有效通流面积的影响?

(5) 写出能量方程。

(6) 提高转速对扬程/全压有何影响? 是否可以无限提高转速?

(7) 增大叶轮外径对扬程/全压有何影响? 是否可以无限增大叶轮外径?

(8) 为什么在其他条件相同的情况下，轴流式泵与风机的能头低于离心式泵与风机的能头?

(9) 为什么将轴流式叶轮叶片入口处稍稍加厚做成翼形断面?

(10) 增大叶片安装角对扬程/全压有何影响?

(11) 为什么离心式泵均采用后弯式叶片?

(12) 什么是泵与风机性能曲线?

(13) 泵与风机性能曲线基本形状有哪几种? 并指出每种性能曲线形状的特点。

(14) 随着比转数增大，泵与风机的性能曲线有何变化? 对泵与风机的运行有何影响?

(15) 什么是工况点? 什么是最佳工况点? 什么是经济工作区?

(16) 按管路布置方式分，水泵试验装置有哪两种?

(17) 离心式水泵性能测试实验开始前，为什么要先灌引水?

(18) 简述水泵性能测试实验中各性能参数的测量方法。

(19) 在实验过程中，转速往往会偏离规定值，应如何处理?

(20) 风机性能测试试验装置有哪几种?

【任务实施】

本任务在热机实训室中进行，要求学生爱护实训室中的设备，遵守仿真实训室规章制度。

任务实施建议分以下几个阶段进行:

一、准备阶段

(1) 学生在任务实施前，应学习相关知识及各校离心式水泵性能测试实验指导书，并初步制订任务实施方案。

(2) 教师介绍本任务的学习目标、学习任务。

(3) 教师给同学讲解相关知识：

1) 速度三角形的构成及绘制方法。

2) 泵与风机的能量方程及影响叶轮做功能力的因素。

3) 泵与风机性能曲线的定义。

4) 分析离心式泵各种形状性能曲线的特点。

5) 比较不同比转数泵与风机性能曲线形状特点。

(4) 教师介绍本实验室离心式水泵性能测试装置构成及相关测量仪表。

二、教师示范与学生模仿操作

教师讲解操作方法及有关注意事项。教师边操作边讲解：

(1) 每个步骤的注意事项。

(2) 每一步操作“怎么做”和“为什么”。

(3) 难度较大的操作重复示范 1～2 次。

(4) 在教师的示范过程中，要求学生认真听、认真看，并做好笔记。

三、学生单独操作

(1) 学生分组完成实验，要求学生分工协作，共同完成本实验。教师在场指导。

(2) 任务完成后要求学生清理实验场所，将设备状态复原。

四、学习总结

(1) 学生整理实验数据，撰写实验报告。

(2) 教师根据学生的学习过程和实验报告进行考评。

【相关知识】

一、能量方程

(一) 流体在泵与风机叶轮中的流动

流体在泵与风机叶轮内的运动比较复杂，为了便于分析，作以下几点假设：

(1) 叶轮上有无数多且无限薄的叶片。基于这点假设，可以认为流体质点的运动轨迹与叶片的外形曲线相重合，便于确定流体质点的流动速度方向。

(2) 流体为不可压缩的理想流体。因此，可暂不考虑由于流体黏性和流体的压缩性的影响。

(3) 流动在叶轮内为稳定流动。

(二) 叶轮内流体运动的速度三角形

流体质点在泵与风机叶轮内，既随叶轮一起做旋转运动，同时又沿叶轮流道向外缘流动。因此，流体在叶轮中的运动是一种复合运动。根据运动学原理，可以将流体质点的绝对运动分解为牵连运动和相对运动，因此，流体质点的绝对运动速度 V 可表达为

$$V=u+w \tag{4-1}$$

式中　V——流体质点的绝对运动速度；

u——对应半径 r 处叶轮的圆周速度。

w——相对速度。

用矢量图来表达式（4-1），可以画出流体质点在叶轮内运动的速度三角形，如图4-1所示。

图4-1中，绝对速度 V 还可以分解成两个相互垂直的分量。它在圆周方向的分量称为圆周分速度，用 V_u 表示。沿半径方向的分量称径向分速度，用 V_r 表示。

α 是绝对运动速度与圆周分速度的夹角，β 是相对速度与圆周分速度的反向夹角，它们均称为流动角。另外，用 β_y 表示叶片切线与圆周分速度的反向夹角（如图4-2所示），称为叶片安装角。

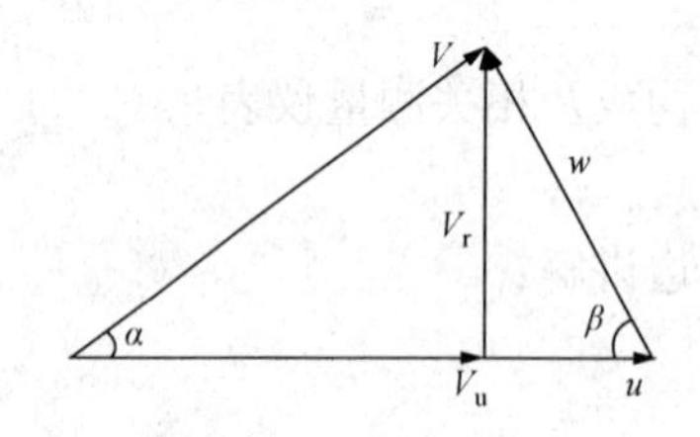

图4-1 速度三角形

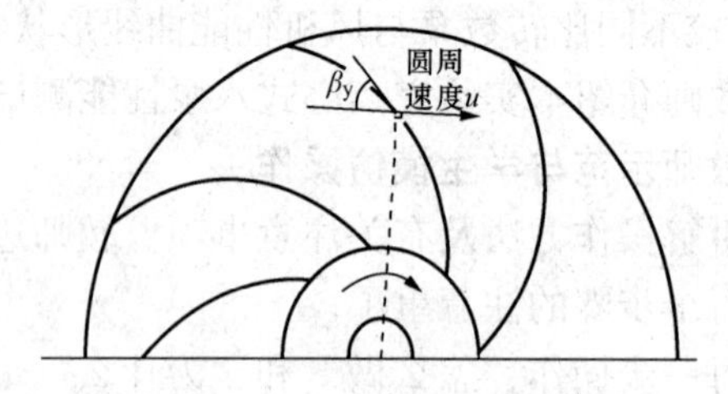

图4-2 叶片安装角

根据几何学知识，要画出速度三角形，需要确定三个参数。

1. 圆周速度 u

圆周速度的大小用式（4-2）计算，即

$$u=\frac{\pi Dn}{60} \quad \text{m/s} \tag{4-2}$$

式中 D——计算处的直径，m；

n——叶轮转速，r/min。

2. 径向分速度 V_r

根据连续方程，径向分速度 V_r 为

$$V_r=\frac{q_{VT}}{A}=\frac{q_V}{A\eta_V} \quad \text{m/s} \tag{4-3}$$

$$A=\pi Db\psi \tag{4-4}$$

式中 q_{VT}、q_V——理论流量、实际流量，m^3/s；

η_V——容积效率；

A——有效过流面积（与 V_r 垂直的过流断面面积），m^2；

b——叶片宽度，m；

ψ——排挤系数。

由于叶片具有一定厚度，会占据部分过流面积，这里用排挤系数 ψ 来考虑叶片厚度对流体的排挤程度。对于水泵，入口排挤系数取0.75～0.80，出口的排挤系数取0.85～0.95。

3. 相对速度 w 的方向或 β 角

当叶片为无限多时，相对速度 w 方向应与叶片相应点切线方向一致，即 $\beta=\beta_y$。

在泵的入口处，常将流体设计为沿着径向注入叶轮，即 $\alpha_1=90°$。

根据上述参数，可以按比例画出速度三角形。

对离心式泵与风机，在研究流体通过叶轮的能量转换关系时，只需知道叶轮进口和出口的运动状态，而不必知道叶轮流道内的运动情况。因此，只需作出叶轮进口和出口的速度三角形即可。一般叶轮进口和出口的参数分别用下标“1”和“2”表示，另外，用下标“∞”表示叶轮有无限多叶片时的参数，如“$V_{1r\infty}$”表示叶轮有无限多叶片时进口处的径向分速度。

【例 4-1】 转数 $n=1500\text{r/min}$ 的离心式泵，叶轮尺寸 $b_1=35\text{mm}$，$b_2=19\text{mm}$，$D_1=178\text{mm}$，$D_2=381\text{mm}$，$\beta_{1y}=18°$，$\beta_{2y}=20°$，设叶片数无限多，且流体沿径向流入叶轮。试按比例给出进口及出口处的速度三角形。

解：

$$u_1=\frac{\pi D_1 n}{60}=\frac{3.14\times0.178\times1450}{60}=13.5(\text{m/s})$$

由于流体沿径向流入叶轮，即 $\alpha_1=90°$，又 $\beta_{1y}=18°$，据此可以画出进口速度三角形，如图 4-3（a）所示。则

$$V_1=V_{1r}=u_1\tan\beta_{1y}=13.5\times\tan18°=4.38(\text{m/s})$$

$$q_T=\pi D_1 b_1 V_{1r}=3.14\times0.178\times0.035\times4.38=0.086(\text{m}^3/\text{s})$$

$$V_{2r}=\frac{q_T}{\pi D_2 b_2}=\frac{0.086}{3.14\times0.381\times0.019}=3.77(\text{m/s})$$

$$u_2=\frac{\pi D_2 n}{60}=\frac{3.14\times0.381\times1450}{60}=28.9(\text{m/s})$$

因此，可画出出口速度三角形，如图 4-3（b）所示。

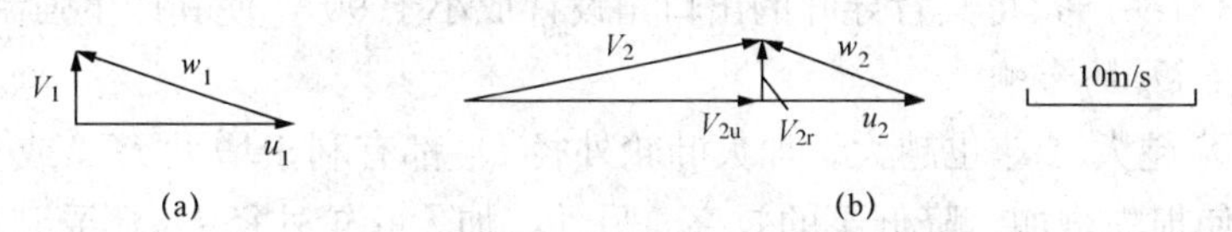

图 4-3　［例 4-1］图

（a）进口速度三角形；（b）出口速度三角形

（三）能量方程式

流体流经泵与风机的叶轮后，叶轮对流体做功，流体能量增加。在工程流体力学中，利用动量矩定律求得流体在叶轮中所获得的能量，即能量方程为

$$H_{T\infty}=\frac{u_2V_{2u\infty}-u_1V_{1u\infty}}{g} \tag{4-5}$$

式中　$H_{T\infty}$——无限多叶片时的理论扬程，m；

u_1、u_2——叶轮进、出口圆周速度，m/s；

$V_{1u\infty}$、$V_{2u\infty}$——无限多叶片时，叶轮进、出口绝对速度周向分量，m/s。

式（4-5）是泵与风机的基本方程式。它表示单位质量的流体在理想情况下经过叶轮后所获得的理论能量。由于该方程式是欧拉在 1756 年首先推导出的，所以又称为欧拉方程式。

对于泵而言，$H_{T\infty}$ 是叶轮具有无限多叶片时的理论扬程。流体在风机中获得的能量用全压 $p_{T\infty}$ 表示，即

$$p_{T\infty}=\rho gH_{T\infty}=\rho(u_2V_{2u\infty}-u_1V_{1u\infty}) \tag{4-6}$$

式中　$p_{T\infty}$——无限多叶片时的理论全压，Pa；

ρ——流体密度，kg/m³。

（四）能量方程分析

在泵与风机，常常希望流体在叶轮中获得较多的能量，即 $H_{T\infty}$ 或 $p_{T\infty}$ 尽可能的大。通过分析能量方程，可以了解影响 $H_{T\infty}$ 或 $p_{T\infty}$ 的因素。

1. 流体的种类的影响

理论扬程 $H_{T\infty}$ 与流体的种类和性质无关。对于同一台泵，转速相同，在输送不同的介质时，所产生的理论扬程是相同的。

但风机的理论全压 $p_{T\infty}$ 却与流体密度有关，也就是说，由于介质密度不同，对于同一风机，在转速相同的情况下，在输送不同的介质时，所产生的理论全压是不同的。

2. 进口流动角 α_1 的影响

为了减小 $u_1V_{1u\infty}$ 的影响，设计时，让流体沿径向流入叶轮，这时 $\alpha_1=90°$，$V_{1u\infty}=0$，故有

$$H_{T\infty}=\frac{u_2V_{2u\infty}}{g} \tag{4-7}$$

和

$$p_{T\infty}=\rho u_2V_{2u\infty} \tag{4-8}$$

这时，流体在叶轮中获得的能量最大。

但在非设计工况下，由于流量的改变，会使得流体不沿径向流入叶轮，即进口角 $\alpha\neq 90°$，从而使理论能头降低。但现代大型泵为了改善流体进口处的流动，改善泵的汽蚀性能、减少损失，所以有些厂家将其背导叶的出口角设计成小于 90°，使其产生强制预旋。

3. 叶轮外径 D_2 的影响

叶轮外径 D_2 越大，u_2 也越大。加大叶轮外径 D_2 都有利于增大 $H_{T\infty}$ 或 $p_{T\infty}$。但加大叶轮外径 D_2，将使损失增加，降低泵的效率。另外，加大叶轮外径 D_2 还受到材料强度限制。

4. 转速 n 的影响

在叶轮外径 D_2 一定的前提下，提高转速 n，也可以增大 u_2，从而增大 $H_{T\infty}$ 和 $p_{T\infty}$。但是，提高转速 n，泵则受汽蚀的限制，风机则受噪声的限制。同时，提高转速 n 也受到材料强度限制。但比较之下，用提高转速 n 来提高理论扬程仍是当前普遍采用的主要方法。

5. 理论能头的组成分析

根据速度三角形，利用余弦定律，可以将能量方程转换为

$$H_{T\infty}=\frac{V_{2\infty}^2-V_{1\infty}^2}{2g}+\frac{u_2^2-u_1^2}{2g}+\frac{w_{1\infty}^2-w_{2\infty}^2}{2g} \tag{4-9}$$

式中　$w_{1\infty}$——无限多叶片时，叶轮进、出口相对速度，m/s。

式（4-9）中第一项是流体通过叶轮后所增加的动能，又称动扬程，用 $H_{d\infty}$ 表示。为减小损失，这部分动能将在压出室内部分地转换为压力能。第二项和第三项是流体通过叶轮后所增的压力能，又称静扬程，用 $H_{st\infty}$ 表示。其中第二项是由离心力的作用所增加的压力能，第三项则是由于流道过流断面增大，导致流体相对速度下降所转换的压力能。

在泵与风机中，流体获得的压力能越大，动能越小，则泵与风机的运行效率越高。因此，总希望式（4-9）中，第一项尽可能小一些，而第二项和第三项之和尽可能大一些。

但是，在轴流式泵与风机中，由于 $u_1=u_2$，因此，它的第二项为零。这说明在其他条件相同的情况下，轴流式泵与风机的能头低于离心式。为了提高轴流式泵与风机的静能头，

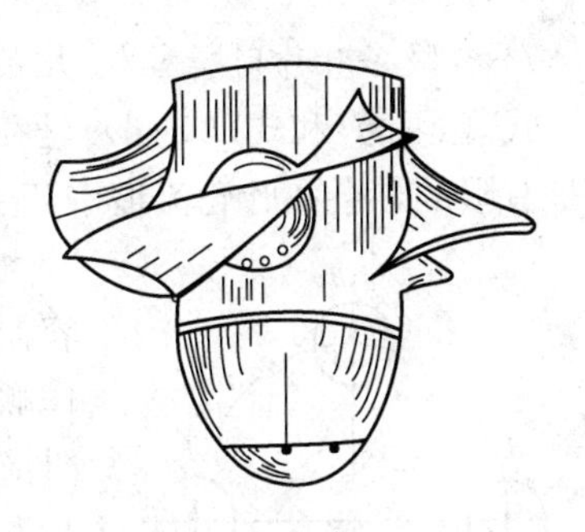

图 4-4　轴流式泵的机翼形叶片

就必须设法提高 w_1，为此，应使叶片入口面积小于其出口面积。故常常将轴流式叶轮叶片入口处稍稍加厚做成翼形断面，即顺着介质流向看叶片形状，呈前厚后薄机翼形，这就是轴流式泵与风机结构的一个重要特征。

另外，为了提高动压能，轴流式泵与风机的叶片应做成出口安装角大于进口安装角，即叶片应向前弯，这是轴流式泵与风机结构上的第二个特征。轴流式泵的机翼形叶片如图 4-4 所示。

6. 叶片出口安装角 β_{2y} 的影响

按叶片出口安装角 β_{2y} 大小，将泵与风机的叶片形式分为后弯式（$\beta_{2y}<90°$）、径向式（$\beta_{2y}=90°$）和前弯式（$\beta_{2y}>90°$）三类，如图 4-5 所示。

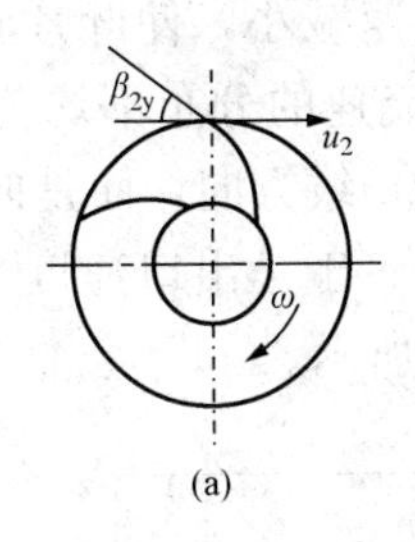

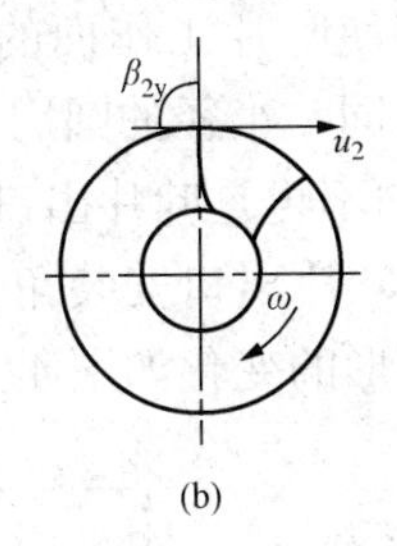

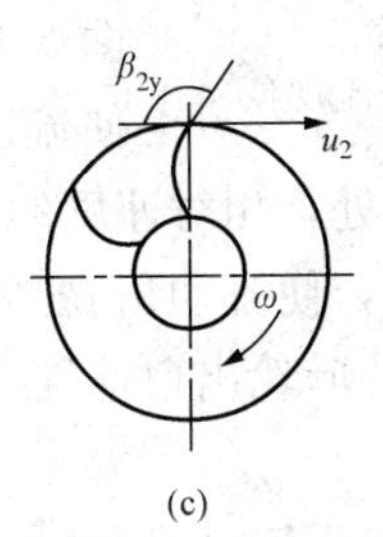

图 4-5　泵与风机的叶片形式

（a）后弯式；（b）径向式；（c）前弯式

另外，定义反作用度 $\tau=H_{st\infty}/H_{T\infty}$，它反映静压头占总压头的比例。$\tau$ 越大，表示静压头所占总压头的比例也越大，泵与风机的运行效率越高。

通过理论分析，得到叶片出口安装角 β_{2y} 对 $H_{T\infty}$ 和 τ 的影响，如图 4-6 所示。

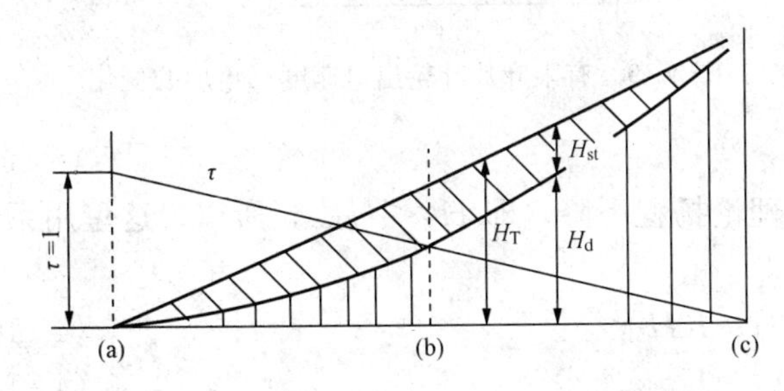

图 4-6　叶片出口安装角 β_{2y} 对 $H_{T\infty}$ 和 τ 的影响

（a）$\beta_{2y}=\beta_{2y\cdot min}$；（b）$\beta_{2y}=90°$；（c）$\beta_{2y}=\beta_{2y\cdot max}$

由图 4-6 可知：随着 β_{2y} 的增大，$H_{T\infty}$ 也随之增大，而 τ 却随之减小。所以，流体在后弯型叶轮内获得的总能量 $H_{T\infty}$ 偏小，但其静压能头 H_{st} 占的比例较大，而且叶道较长，扩散角较小，过流断面变化平缓，因而叶轮内能头损失比较小；而流体在前弯式叶轮内获得的总能量 $H_{T\infty}$ 虽大，但其动能头 H_d 占的比例较大，这不仅使得在蜗壳或导叶中动能转化为压能的损失增大，而且叶道较短，扩散角较大，因而叶轮内能头损失也较大；径向型叶轮的能头损失介于两种叶轮之间，所以后弯型叶轮效率高，前弯型低，径向型居中。

为了高效率的要求，离心式泵均采用后弯式叶片，通常 β_{2y} 为 20°～30°。对效率要求高的离心式风机，也采用后弯式叶片，一般 β_{2y} 为 40°～60°。前弯式和径向式叶片一般用于低压通风机中，其 β_{2y} 为 90°～155°。

7. 有限多叶片时扬程/全压的修正

式(4-5)和式(4-6)是在假设叶轮上叶片无限多的前提下导出的，实际叶轮的叶片数是有限的，会在叶轮流道中产生“轴向涡流”现象，使能头下降。

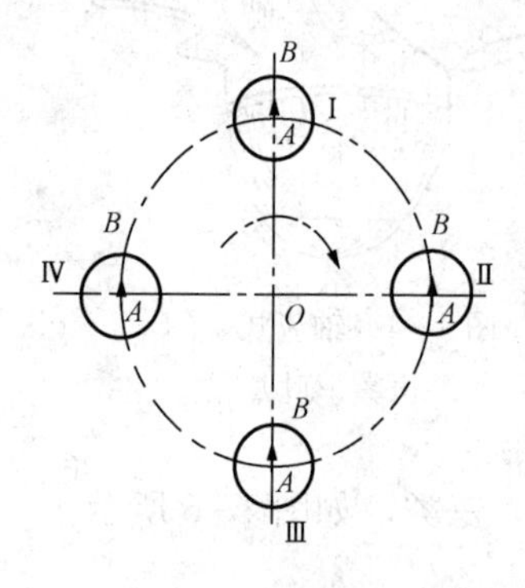

图 4-7 轴向涡流现象

轴向涡流现象如图 4-7 所示，用一个充满理想流体的圆形容器，在流体上悬浮一箭头 AB。当容器以角速度 ω 绕中心 O 作顺时针方向旋转时，因为没有摩擦力，所以流体不转动，此时箭头的方向未变，这是因为流体由于本身的惯性保持原有的状态。当容器从位置Ⅰ沿顺时针方向转到位置Ⅳ时，流体相对于容器产生逆时针方向的旋转运动，角速度也为 ω。这种相对容器的旋转运动就是轴向涡流。

流体在叶道内的流动也有类似的现象。如图 4-8 所示，轴向涡流将使叶片工作面的流速减小，使叶片背面的流速增大，使流道内同一半径的圆周上流速的分布不均匀，如图 4-8 中 c 所示。在叶轮出口处，相对速度的方向不再是叶片出口的切线方向，而是向叶轮旋转的反方向偏转了一个角度，使流动角 β_2 小于叶片出口安装角 β_{2y}。于是出口速度三角形由△abc 变为△abd，有限叶片叶轮出口速度三角形的变化如图 4-9 所示。

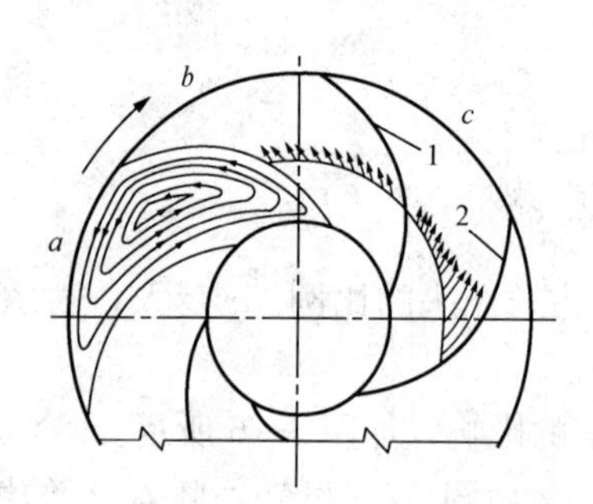

图 4-8 流体在叶轮流道中的运动

1—压力面；2—吸力面

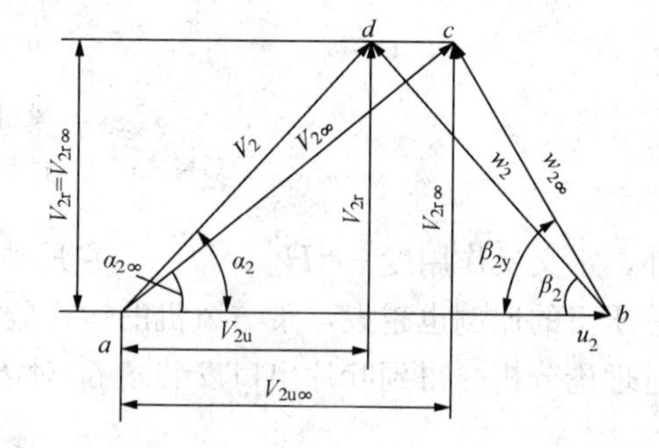

图 4-9 有限叶片叶轮出口速度三角形的变化

由于 $V_{2u}<V_{2u\infty}$，使有限叶片叶轮的理论扬程下降，即 $H_T<H_{T\infty}$，所以，这里用系数进行修正，即

$$H_T=KH_{T\infty} \tag{4-10}$$

$$p_T=Kp_{T\infty} \tag{4-11}$$

式中 K——滑移系数，它用来修正实际有限多叶片的影响，$K<1$。泵的 K 值可取 0.8～1，风机的 K 值可取 0.8～0.85。

8. 流体黏性的影响

由于流体黏性的作用，也会使理论能头下降，在泵与风机中，一般用流动效率 η_h 进行修正，即

$$H=\eta_h H_T=K\eta_h H_{T\infty} \tag{4-12}$$

$$p=\eta_h p_T=\eta_h K p_{T\infty} \tag{4-13}$$

二、泵与风机的性能曲线

（一）性能曲线定义

在一定转速下，泵与风机的扬程 H、全压 p、功率 P 及效率 η 与流量 q_V 之间的关系曲线称为泵与风机的性能曲线。

对于泵而言，还有汽蚀性能参数（允许汽蚀余量［$NPSH$］或允许吸上真空高度［H_s］等）与流量 q_V 之间的关系曲线，称为泵的［$NPSH$］—q_V、［H_s］—q_V 性能曲线。

（二）最佳工况点与经济工作区

1. 工况点

如图 4-10 所示，在任意给定的流量下，水泵均有一个与之对应的扬程 H 或全压 p、功率 P 及效率 η 值，这一组参数就构成一个说明水泵工作状况的工况点。

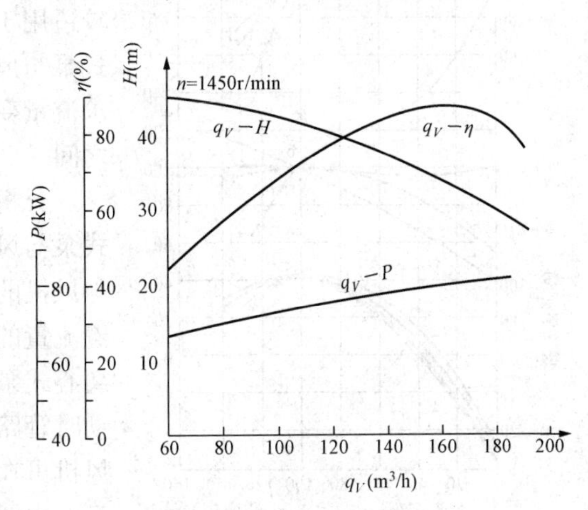

图 4-10　泵的性能曲线

2. 最佳工况点

最高效率所对应的工况点，称为最佳工况点。它是泵与风机运行最经济的一个工况点。

3. 经济工作区

在最佳工况点左右的区域（一般不低于最高效率的 0.85～0.9），称为经济工作区，或高效工作区。泵与风机在此区域内工作最经济。为此，制造厂对某些泵与风机常提供高效区域的性能曲线，以指导用户能使所购置的泵与风机在高效工作区内运行，提高泵与风机的运行经济性。

（三）离心式泵与风机几种典型的 $H-q_V$ 曲线

分析大量的性能试验可知泵与风机具有如图 4-11 所示的三种典型的 $H—q_V$ 性能曲线。

1. 陡降型

如图 4-11 中曲线 a 所示，它有 25%～30%的斜度。

当流量有较小变化时，扬程就会有较大的变化，适用于扬程变化大时，其流量变化小的情况，如电厂的取水水位变化较大的循环水泵。

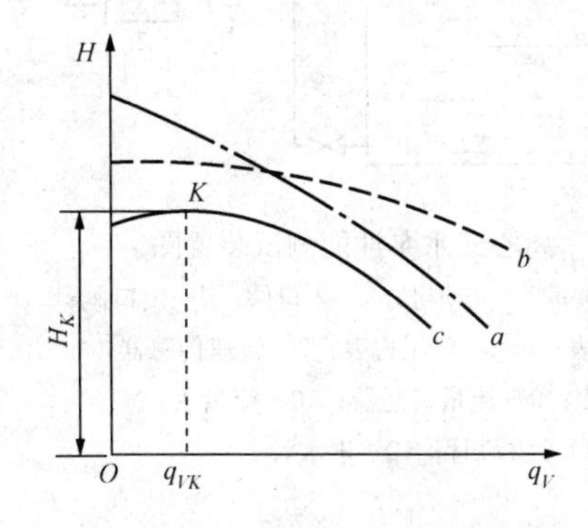

图 4-11　离心式泵与风机几种典型的 $H-q_V$ 曲线

2. 平坦型

如图 4-11 中曲线 b 所示，这种曲线有 8%～12%的斜度，当流量变化较大时，扬程变化很小，它适用于流量变化大而要求扬程变化小的情况，如电厂的锅炉给水泵。

3. 具有驼峰形的曲线

如图 4-11 中曲线 c 所示。其扬程随流量增加的变化是先增加后减小，其中存在一个扬程的最大值点 K，在 K 点左边为不稳定工况区，因此，一般不希望使用驼峰形曲线的泵与风机。即便使用也只允许在 K 点的右边工作，即要求运行流量 $q_V > q_{VK}$。

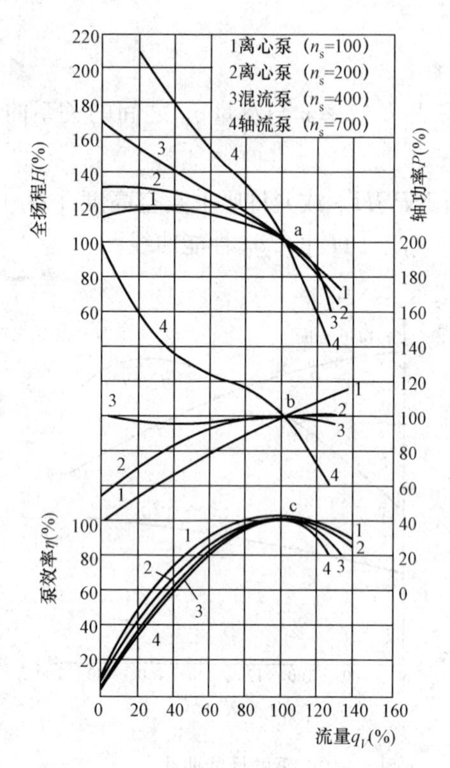

图 4-12 叶片式泵与风机性能比较

（四）叶片式泵与风机性能比较

图 4-12 所示为叶片式泵与风机性能比较。为便于比较，用各参数相对于最高效率点参数的百分比绘制而成。

由图 4-12 上部的四条 $H-q_V$ 曲线可以看出，随着流量的增加，离心式泵与风机的扬程下降缓慢，比较适用于流量变化时要求扬程改变小的场合；而轴流式泵与风机的扬程下降迅速，宜用于扬程变化大时要求流量变化小的场合；混流式则介于离心式和轴流式之间。

分析图 4-12 中部的四条 $P-q_V$ 曲线可知，离心式泵与风机的曲线随流量的增加逐渐上升，混流式泵与风机的曲线接近水平，而轴流式泵与风机的曲线随着流量的增加急剧下降。因此，为避免原动机过载，离心式泵与风机宜空负荷启动，而轴流式泵与风机启动时管路上的阀门应全开，对叶片可调的轴流式泵与风机可在小安装角时启动。

由图 4-12 最下部的四条 $\eta-q_V$ 曲线可知，离心式泵与风机的 $\eta-q_V$ 曲线比较平坦，高效工况区宽。随着由离心式向轴流式的过渡，$\eta-q_V$ 曲线越来越陡，高效区越来越窄。

三、离心式水泵性能测试

离心式水泵性能测试实验的目的是了解离心式泵结构和特性，熟悉离心式泵的使用，学习离心式泵性能参数的测量方法及泵的性能参数的绘制。

现以图 4-13 所示离心式水泵性能测试装置（开式实验系统）为例，介绍水泵性能实验的原理及步骤。

（一）实验装置

如图 4-13 所示，实验水泵自水箱中吸水，经吸水管路进入泵内，水在泵内获得能量后，再经压水管路回到水箱。实验过程中，水在系统中循环流动。在泵的进、出口管路上装有阀门 3、4。实验过程中，出口阀 4 用来调节流量。在泵的进口处装有真空表 5，用来测量泵的入口真空。出口处装有压力表 6，用来测量泵的出口压力。在压水管路上还装有流量传感器 9 和与之配套的流量表，用来测量泵的流量。在电动机 2 上装有转速传感器 7 和与之配套的转速表，用来测量泵的转速。

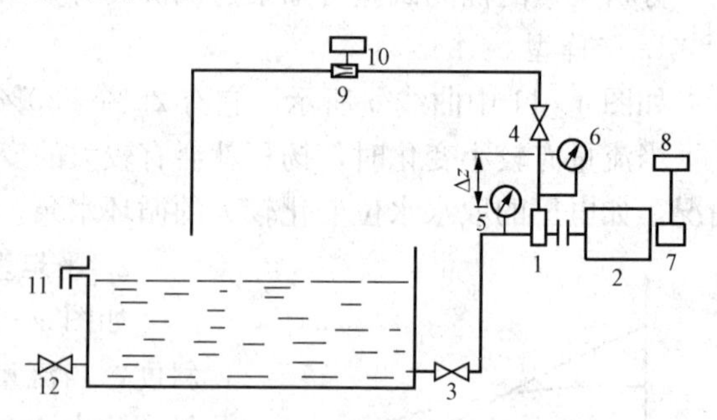

图 4-13 离心式水泵性能测试装置图

1—实验离心式泵；2—电动机；3—入口阀；4—出口阀；5—进口真空表；6—出口压力表；7—转速传感器；8—转速表；9—流量传感器；10—流量表；11—溢流管；12—进水管

（二）实验原理

性能曲线是在转速不变时所测得的一组曲线。实验需要测量每个工况点的转速 n、流量 q_V、扬程 H、轴功率 P，并计算出相应的效率 η。

1. 转速测量

转速 n 一般可采用机械式转速表、数字式转速表或频闪测速仪进行测量。

2. 流量测量

通常采用节流式流量计或涡轮流量计来测量水泵中流体的流量。

节流式流量计的节流元件主要有节流孔板、文丘里管和喷嘴。流体流过节流元件后，在节流元件的前、后产生一个与流量对应的压力差，用压差计测量出这个压力差来反映流量。

涡轮流量计是利用涡轮将流速转换为涡轮的转速，再将转速转换成与流量成正比的电信号。由于叶片有导磁性，它处于信号检测器（由永久磁钢和线圈组成）的磁场中，旋转的叶片切割磁力线，周期性地改变着线圈的磁通量，从而使线圈两端感应出电脉冲信号，此信号经过放大器的放大整形，形成有一定幅度的连续的矩形脉冲波，可远传至显示仪表，显示出流体的瞬时流量和累计量。在一定的流量范围内，脉冲频率 f 与流经传感器的流体的瞬时流量 q_V 成正比，即

$$q_V=3600f/k \tag{4-14}$$

式中　f——脉冲频率，Hz；

k——传感器的仪表系数［1/m］，由校验单给出；

q_V——工作状态下流体的瞬时流量，m^3/h。

每台传感器的仪表系数 k 由制造厂填写在检定证书中，k 值设入配套的显示仪表中，便可显示出瞬时流量和累积总量。

3. 扬程测量

扬程可以将入口真空表和出口压力表测量的数据代入式（1-6）进行计算。

4. 轴功率测量

轴功率可以用电能表测量电动机的输入功率 $P_{g\cdot in}$，然后用式（4-15）计算泵的轴功率，即

$$P=P_{g\cdot in}\eta_g\eta_{tm} \tag{4-15}$$

式中　η_g——电动机的效率；

η_{tm}——联轴器的传动效率。

常用的电测仪表有电能表、功率表及电流表、电压表。

另外，也可以通过测量转矩，应用式（4-16）计算轴功率，即

$$P=\frac{Mn}{9549.29} \tag{4-16}$$

式中　P——轴功率，kW；

M——转矩，N·m；

n——转速，r/min。

转矩的测量常应用天平式测功计进行测量。天平式测功计是在与泵连接的电动机外壳两端加装轴承，并用支架支起，使电动机能自由摆动。电动机外壳在水平径向上装有测功臂和平衡臂，测功臂前端作成针尖并挂有砝码盘，如图 4-14 所示。

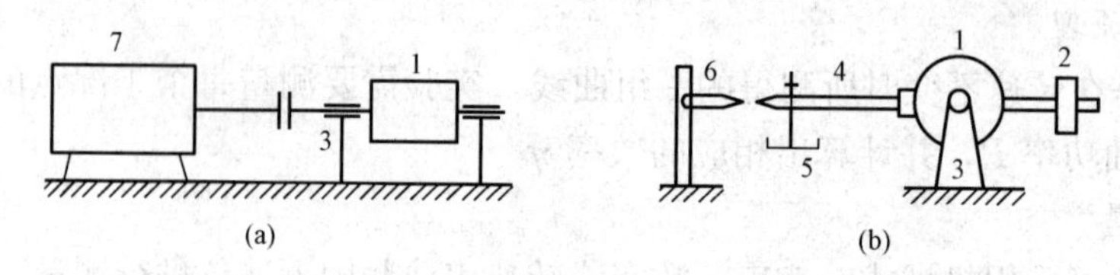

图 4-14 天平式测功计

(a) 实现水泵装置；(b) 天平式测功计

1—电动机；2—平衡臂和平衡重；3—轴承及其支架；4—测功臂；5—砝码盘；6—准星；7—水泵

在泵停止时，移动平衡重使测功臂针尖正对准星，测功计处于平衡状态。当电动机带动泵运转时，在反向转矩作用下，电动机外壳反向旋转失去平衡。此时在砝码盘中加入适量砝码，使测功臂针尖再对准准星，测功计重新平衡，则此砝码的质量乘以测功臂长度得到的正向转矩，和反向转矩相等，因而可得转矩为

$$M=mgl \tag{4-17}$$

式中 m——砝码的质量，kg；

l——测功臂长度，m；

g——重力加速度，取 9.806m/s^2。

将式（4-17）代入式（4-16），则

$$P=\frac{mln}{973.7} \tag{4-18}$$

若取 $l=0.9737$m，则

$$P=\frac{mn}{1000} \tag{4-19}$$

若取 $l=0.4869$m，则

$$P=\frac{mn}{2000} \tag{4-20}$$

这样，只需测出砝码质量 m 和转速 n 就可以得到轴功率 P。目前，已有数字显示转矩值的天平式测功计，为自动化测量提供了条件。

5. 泵的效率

根据上述所测结果，可以计算出对应工况点的效率 η，即

$$\eta=\frac{\rho gHq_V}{1000P}\times 100\% \tag{4-21}$$

（三）实验操作要点

(1) 实验前，应先灌引水。灌引水时，要关闭进口阀，同时打开放气阀，以便排出泵内空气。对离心式泵而言，还要关闭出口门，以免启动时电动机发生过负荷。

(2) 在测取实验数据之前，应对泵在规定转速下和工作范围内进行试运转，对轴承和填料的温升、轴封泄漏、噪声和振动等情况进行全面检查，一切正常后方可进行实验，试运转时间一般为 15～30min。若需对泵进行预备性实验时，试运转也可以结合预备实验一起进行。

(3) 实验时通过改变泵出口阀门的开度来调节工况。实验点应均布在整个性能曲线上，要求在 13 个点以上，并且应包括零流量和最大流量，实验的最大流量至少要超过泵的规定

最大流量的15%。

（4）对应每一工况，都要在稳定运行情况下测取全部实验数据，并详细填入专用的记录表内，实验数据应完整、准确，对有怀疑的数据要注明，以便校核或重测。

（5）在确认应测的数据无遗漏、无错误时方可停止实验。为避免错误和减少工作量，数据整理和曲线绘制可与实验同步进行。

（四）数据记录及处理

1. 数据记录表

数据记录表见表4-1。

表4-1　数据记录表

序号	转速 n (r/min)	流量 q_V (L/s)	进口真空 p_V (Pa)	出口压力 p_g (Pa)	砝码质量 m (kg)
1					
2					
⋮					

2. 数据处理表

数据处理表见表4-2。

表4-2　数据处理表

序号	实测数据				$n=n_0$			
	n (r/min)	q_V (L/s)	H (m)	P (kW)	q_V (L/s)	H (m)	P (kW)	η (%)
1								
2								
⋮								

表4-2中，n_0 为规定转速。实验时，若泵的实验转速 n 偏离规定转速 n_0（偏差在±20%内），实测数据要应用式（4-22）～式（4-24）转换为规定转速下的数据，即

$$q_{V0}=\frac{n_0}{n}q_V \tag{4-22}$$

$$H_0=\left(\frac{n_0}{n}\right)^2 H \tag{4-23}$$

$$P_0=\left(\frac{n_0}{n}\right)^3 P \tag{4-24}$$

3. 绘制泵的性能曲线

根据数据处理表中的数据，以流量 q_V 为横坐标，分别绘制出扬程性能曲线 $H-q_V$，功率性能曲线 $P-q_V$ 和效率性能曲线 $\eta-q_V$。

四、风机性能测试简介

（一）试验装置

风机性能测试试验装置按风管布置方式可分为三种：进气试验、排气试验和进、排气联

合试验。

1. 进气试验

这种布置形式只在风机进口装设管道，如图 4-15 所示。气体从集流器 1 进入吸风管道 2，经整流栅再流入叶轮 3，在管道进口处装有调节风量用的锥形节流阀 4，并在吸风管中放置测量流量用的皮托管 5 及静压测管 6。

2. 排气试验

这种布置形式只在风机出口装设管道，如图 4-16 所示。气体从集流器 1 进入叶轮 2，由叶轮流出的气体经排风管道 3 中整流栅流出，用出口锥形节流阀 4 调节风量，并在管道上装设静压测管 5 和皮托管 6。

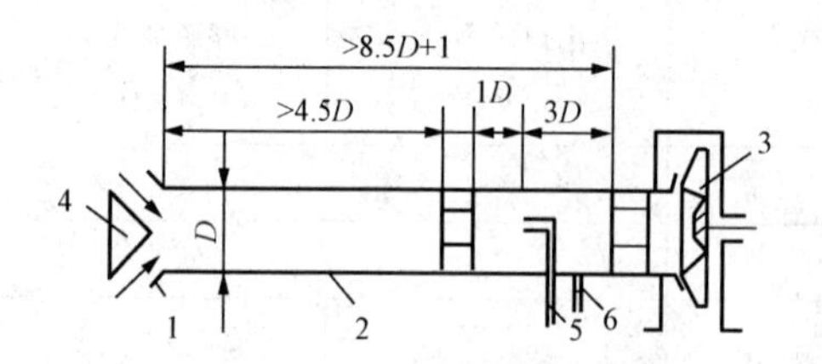

图 4-15 进气试验装置

1—集流器；2—吸风管道；3—叶轮；
4—锥形节流阀；5—皮托管；
6—静压测管

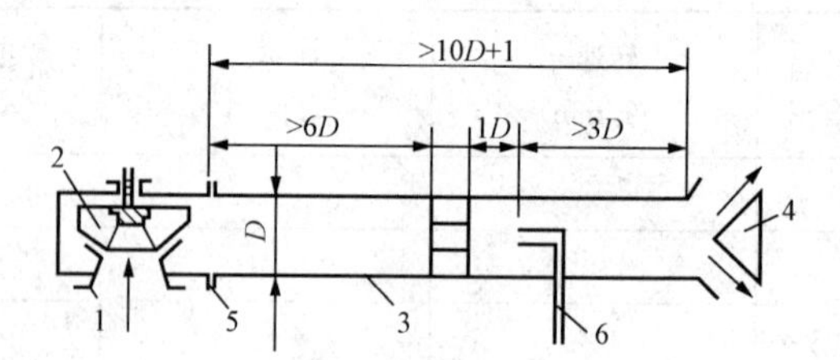

图 4-16 排气试验装置

1—集流器；2—叶轮；3—排风管道；
4—锥形节流阀；5—静压测管；
6—皮托管

3. 进、排气联合试验

这种布置形式是在风机进、出口都装设管道，如图 4-17 所示。气体由集流器 1 进入吸风管 2，经叶轮 3 流入排风管道 4，然后排出，在出口装一锥形节流阀 5 调节风量，并在进出口管道上装设静压测管 6 和皮托管 7。

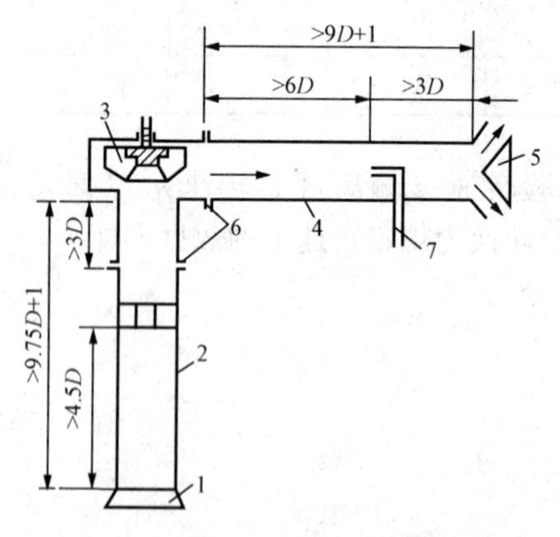

图 4-17 进排气试验装置

1—集流器；2—吸风管；3—叶轮；
4—排风管道；5—锥形节流阀；
6—静压测管；7—皮托管

在试验时采用哪一种布置形式，可根据各自的习惯及现场试验条件来决定。如送风机是从大气吸入空气，经管道送入炉膛，则应采用排气试验装置。引风机抽出炉膛的烟气使之经烟囱排入大气，则应采用进排气联合试验装置。

（二）性能参数的测量

1. 流量的测量

测量气体的流量，通常采用动压测定管。先测出截面上的气流平均速度，再按截面尺寸计算出流量。常用的动压测定管有皮托管和笛形管。

2. 风压的测量

风机产生的全压 p 等于风机出口的全压 p_2 减去入口的全压 p_1，即

$$p=p_2-p_1 \tag{4-25}$$

由于全压等于静压 p_{st} 与动压 p_d 之和，同时，考虑测点截面到风机进、出口截面之间有流动损失 Δp，式（4-25）表示为

$$p=(p_{st2}+p_{d2}+\Delta p_2)-(p_{st1}+p_{d1}-\Delta p_1) \quad (4-26)$$

式中下标“1”和“2”分别表示进口和出口的参数。

风机的静压 p_{st} 等于全压 p 减去动压 p_d，通常将出口的动压 p_{d2} 作为风机的动压，故

$$p_{st}=p-p_{d2} \quad (4-27)$$

（1）当采用进气试验时，$p_{st2}=0$，$\Delta p_2=0$，则

$$p=p_{d2}-(p_{st1}+p_{d1}-\Delta p_1) \quad (4-28)$$

$$p_{st}=p-p_{d2}=-(p_{st1}+p_{d1}-\Delta p_1) \quad (4-29)$$

（2）当采用排气试验时，$p_1=0$，$\Delta p_1=0$，则

$$p=p_{st2}+p_{d2}+\Delta p_2 \quad (4-30)$$

$$p_{st}=p-p_{d2}=p_{st2}+\Delta p_2 \quad (4-31)$$

（3）当采用进排气联合试验时，全压 p 用式（4-26）计算，p_{st} 用式（4-32）计算，即

$$p=p-p_{d2}=(p_{st2}+\Delta p_2)-(p_{st1}+p_{d1}-\Delta p_1) \quad (4-32)$$

任务二　泵的运行

【教学目标】

一、知识目标

完成本学习任务后，应该知道：

（1）泵与风机工作点的概念。

（2）泵与风机运行调节的目的及常用的调节方法。

（3）泵与风机各种调节方法的理论依据及其特点。

（4）液力耦合器的结构、调速原理。

（5）泵与风机并联和串联工作的目的和特点。

（6）离心式水泵与轴流式水泵启动的特点。

二、能力目标

完成本学习任务后，应该能：

（1）确定泵与风机的工作点。

（2）确定泵与风机串联和并联工作点。

（3）完成给水泵的启动前检查。

（4）完成给水泵（电动给水泵/汽动给水泵）的启动。

（5）会监控给水泵的运行。

（6）完成给水泵组的正常停运和事故停运。

【任务描述】

在火力发电厂中，有给水泵、循环水泵、凝结水泵等不同作用和不同形式的泵，这些泵对电厂的安全经济运行非常重要。特别是给水泵，它被比做火力发电厂的“心脏”。

本任务主要利用大型火力发电机组仿真系统，通过给水泵的仿真运行，让同学掌握电厂大型泵的启停及运行监控操作方法。

【任务准备】

(1) 什么是管路特性曲线？流体在管路中消耗的能量分哪三部分？每一部分与流量之间有何关系？

(2) 为什么泵的管路特性曲线不经过原点，而风机的管路特性曲线经过原点？

(3) 什么是泵与风机的工作点？

(4) 什么是泵与风机的运行调节？

(5) 泵与风机运行调节的方式主要有哪些？

(6) 为什么泵不宜采用进口节流调节？

(7) 简述离心式风机采用入口导流器调节原理。

(8) 什么叫变速调节？为什么说变速调节的经济性比节流调节好？

(9) 实现变速调节的方法主要有哪些？目前大型火力发电机组主要采用什么方式实现变速调节？

(10) 简述液力耦合器的工作原理。

(11) 什么是泵与风机并联工作？泵与风机在什么情况下要采用并联工作？

(12) 什么是泵与风机串联工作？泵与风机在什么情况下要采用串联工作？

(13) 为什么在给水出水管止回阀前接有再循环管？

(14) 泵在启动过程中，需要克服哪些阻力矩？

(15) 什么是旋转机械的启动特性？

(16) 为什么离心式泵要关闸阀启动，而轴流式泵应开阀启动？

(17) 给水泵在启动前，要做哪些准备？

(18) 给水泵在启动前，为什么要暖泵？

(19) 哪些情况应紧急故障停泵？其步骤有哪些？

(20) 哪些情况应立即启动备用泵，然后停运故障泵？

【任务实施】

本任务在火力发电机组仿真实训室中进行，要求学生爱护实训室中的设备，遵守仿真实训室规章制度。

任务实施建议分以下几个阶段进行：

一、准备阶段

(1) 学生在任务实施前，应学习相关知识，还要学习各校仿真机组实训指导书，并初步制订任务实施方案。

(2) 教师介绍本任务的学习目标、学习任务。

(3) 教师给同学讲解相关知识：

1) 泵与风机的工作点及确定方法。

2) 泵与风机联合工作目的及联合工作点的确定方法。

3) 泵与风机的调节方法、原理。

4) 液力耦合器的结构、调节原理。

(4) 教师介绍仿真系统的使用方法。

由于各校使用的仿真系统不同，仿真系统的操作方法也不相同。

二、教师示范与学生模仿操作

教师先介绍所用仿真机组的概貌，重点介绍所用仿真机组的给水系统。然后，从“给水泵启动前检查”开始示范操作。

建议在教师示范操作过程，学生跟着老师操作。教师边操作边讲解：

（1）讲解每个步骤的注意事项。

（2）讲解每一步操作“怎么做”和“为什么”。

（3）难度较大的操作重复示范1～2次。

（4）在教师的示范过程中，要求学生认真听、认真看，并做好笔记。

三、学生单独操作

（1）学生在模仿老师操作完成后，再从“给水泵启动前检查”开始，单独完成整个过程的操作，教师在场巡查指导。

（2）任务完成后要求学生关闭计算机，并清理工作台。

四、学习总结

（1）学生总结操作过程，撰写实训报告。

（2）教师根据学生的学习过程和实训报告进行考评。

【相关知识】

一、运行工作点

1. 管路特性曲线

如图4-18所示，泵要将液体从A容器抽送到B容器中，一要克服A、B两容器液面高度差H_t，二要克服A、B两容器液面的静压头差$(p_B-p_A)/\rho g$，三要克服A、B两容器之间管路系统的流动损失h_w。其中，前两项与流动无关，称为静扬程，将前两项之和用H_{st}表示，即

$$H_{st}=H_t+\frac{p_B-p_A}{\rho g}$$

最后一项h_w与管内流体流量q_V的平方成正比，即$h_w=\varphi q_V^2$。因此，泵的管路特性方程为

$$H_c=H_{st}+\varphi q_V^2 \tag{4-33}$$

式中 H_c——管路所需总能量（扬程），m；

H_{st}——管路所需静扬程，m；

q_V——管内流体流量，m^3/s；

φ——比例系数。

根据式（4-33）可画出泵的管路特性曲线，如图4-19所示。

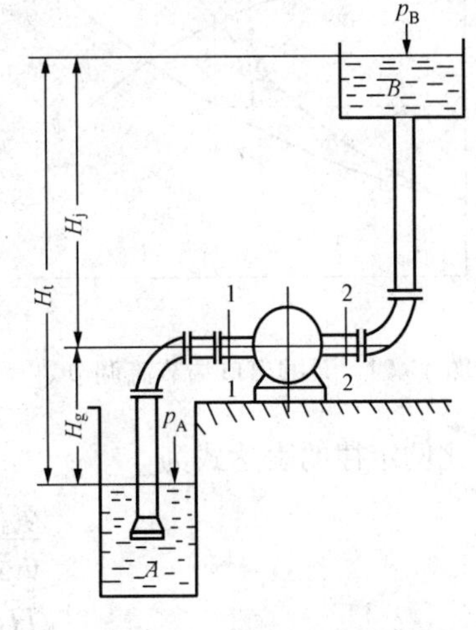

图4-18 管路系统装置

2. 泵的工作点

将泵本身的性能曲线与管路特性曲线按同一比例绘在同一张图上，它们产生的交点M就是泵在管路中的工作点，如图4-20所示。在M点处，泵所产生的能量与管路系统所需的能量平衡，因此，泵能在M点处稳定工作。

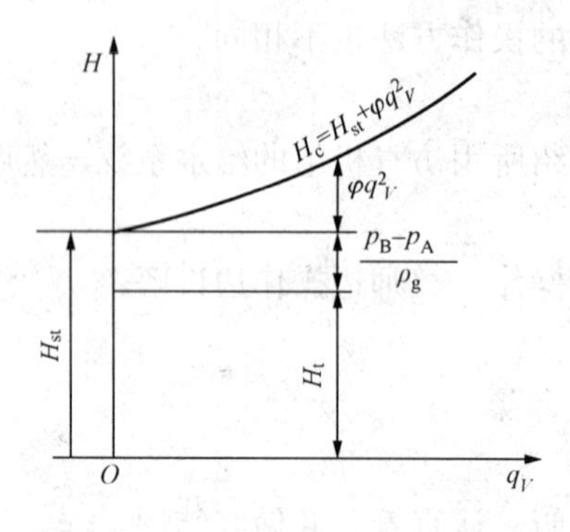

图 4-19 泵的管路特性曲线

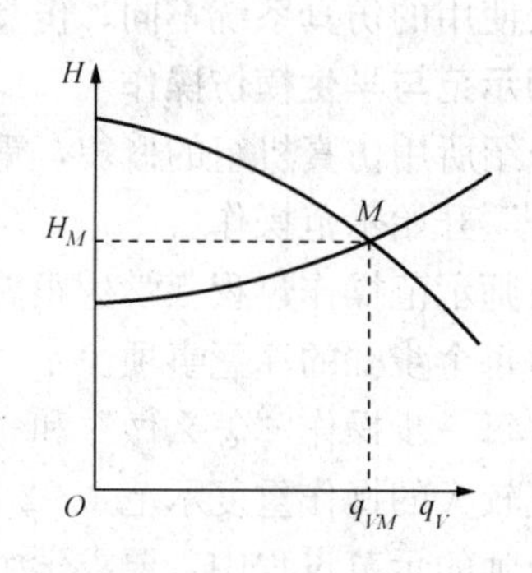

图 4-20 泵的工作点

当泵的性能曲线与管路特性曲线无交点时，则说明这种泵或风机的性能过高或过低，不能适应整个装置的要求。

二、运行调节

泵的运行调节实际上是改变泵的运行工作点的位置，从而达到改变泵与风机的流量的目的。

从工作点定义可知，改变泵的运行工作点的位置可以通过改变管路特性曲线实现，也可以通过改变泵的性能曲线实现，还可以同时通过改变管路特性曲线和泵与风机的性能曲线实现。

泵运行调节的方法主要有以下几种。

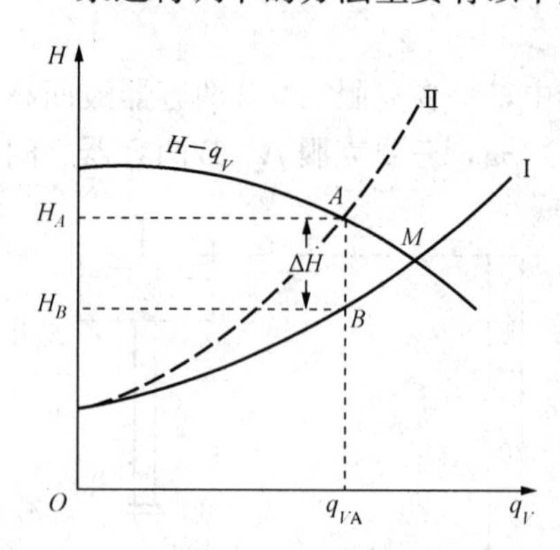

图 4-21 泵的出口端节流调节

1. 节流调节

节流调节就是在泵与风机进口或出口安装调节阀门，通过改变调节阀门开度来调节泵与风机的运行流量。

节流调节简单、可靠，但存在节流损失，运行的经济性较差，较适用于小型的泵与风机。对于泵而言，进口节流调节还容易发生汽蚀，因此，泵不宜用进口节流调节方式。图 4-21 所示为泵的出口端节流调节。

2. 变速调节

根据相似定律可知，同一台泵或风机，输送相同的流体，当转速变化时，相似工况各性能参数之间的关系称为比例定律。

比例定律的表达式为

$$\left.\begin{aligned}&\frac{q_{V1}}{q_{V2}}=\frac{n_1}{n_2}\\&\frac{H_1}{H_2}=\left(\frac{n_1}{n_2}\right)^2 \text{或} \frac{p_1}{p_2}=\left(\frac{n_1}{n_2}\right)^2\\&\frac{P_1}{P_2}=\left(\frac{n_1}{n_2}\right)^3\end{aligned}\right\} \tag{4-34}$$

应用比例定律，将不同转速 n 的性能曲线画在同一个坐标系中，就是泵或风机的通用性能曲线，如图 4-22 所示。

但是，图中 M_1、M_2 和 M_3 工作点间不能直接用此定律，因为他们不在同一条比例曲线（相似抛物线）上，不是相似工况点。

由式（4-34）可知，流量 q_V 与转速 n 的一次方成正比，而扬程 H（全压 p）与转速 n 的二次方成正比，故扬程 H（全压 p）与 q_V 的二次方成正比，因此有

$$H=k_1q_V^2 \tag{4-35}$$

$$p=k_2q_V^2 \tag{4-36}$$

式中　k_1、k_2——比例常数。

式（4-35）、式（4-36）为比例曲线方程，表示转速变化后相似工况点之间的扬程（全压）与流量是按二次抛物线规律变化，故按比例曲线方程绘制的曲线也称相似抛物线，如图 4-23 所示。

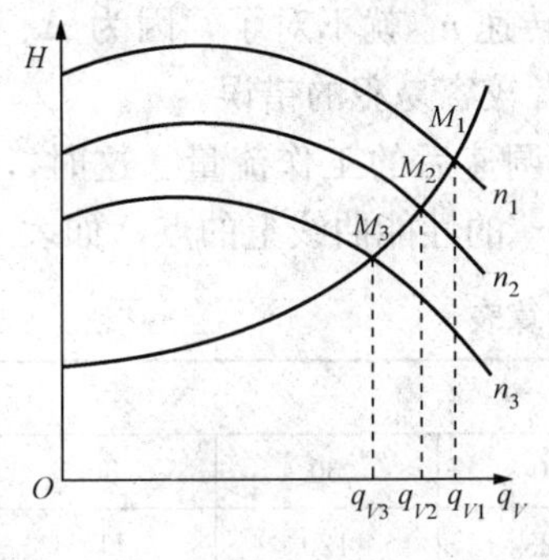

图 4-22　变速调节原理

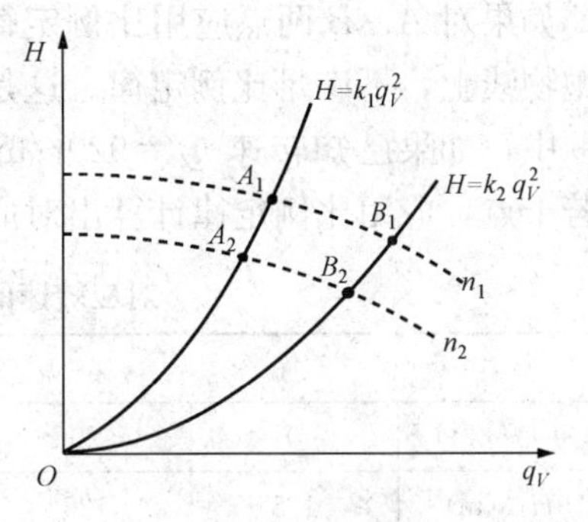

图 4-23　相似抛物线

只有在同一条相似抛物线上的点才是相似工况点，才能应用比例定律。图 4-23 中，A_1、A_2 在同一条相似抛物线上，它们的相似工况点，满足比例定律。同样，B_1、B_2 同在另一条相似抛物线上，它们也是相似工况点，也满足比例定律。而 A_1、B_2 分别在两条不同相似抛物线上，故它们不是相似工况点，因此，A_1、B_2 不满足比例定律。

由图 4-22 可知，当改变转速 n 时，泵与风机的运行工作点也会随之改变。这就是泵与风机变速调节的原理。如图 4-22 所示，对应转速 n_1、n_2、n_3 的工作点分别为 M_1、M_2 和 M_3。

实现变速的方法主要有：

（1）汽轮机驱动。

（2）定速电动机加液力耦合器驱动。

（3）双速电动机驱动。

（4）直流电动机驱动。

（5）交流变速电动机驱动（变频调节）。

【例 4-2】 在转数 $n_1=960\text{r/min}$ 时，10SN5×3 型凝结水泵的 $q_{V1}-H_1$ 性能曲线绘于图 4-24 中。问当管道系统中流量为 67L/s 时，泵的转速 n_2 为多少？管道特性曲线方程式 $H=80+5300q_V^2$（q_V 单位为 m^3/s）。

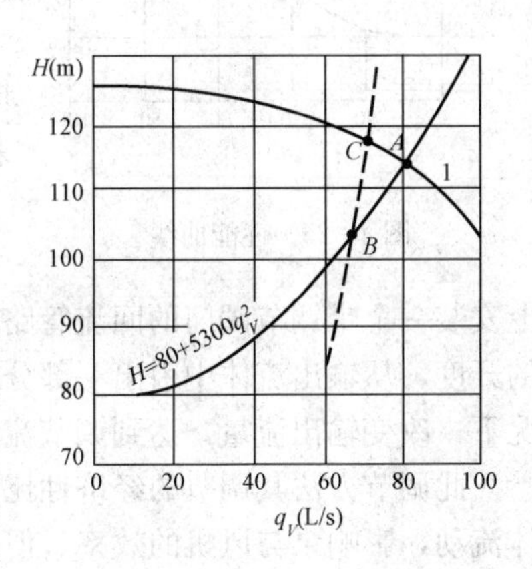

图 4-24 ［例 4-2］图

解： 根据管道特性方程式 $H=80+5300q_V^2$ 绘出管道特性曲线，如图 4-24 所示。

若变速后的工作点 B（67L/s，103.8m）

过 B 点作相似抛物线 $H=0.023q_V^2$（图中虚线示），交性能曲线 1 于 C 点（71.5L/s，118m）

B、C 两点在同一条相似抛物线上，满足比例定律，故可应用比例定律计算转速 n_2，即

$$n_2=\frac{q_{VB}}{q_{VC}}\times n_1=\frac{67}{71.5}\times 960=899.6(\mathrm{r/min})$$

或

$$n_2=\sqrt{\frac{H_B}{H_C}}\times n_1=\sqrt{\frac{103.8}{118}}\times 960=900.4(\mathrm{r/min})$$

即变速后的转速约为 900r/min。

本例中，如果对 A、B 两点应用比例定律计算转速 n_2 就不对了，因为 A、B 两点不在同一条相似抛物线上，不满足比例定律。这是初学者较容易犯的错误。

在该例题中，如果已知转速 $n_2=920$r/min，求调速后的工作流量。这时，只需在性能曲线 1 上取若干点，应用比例定律计算出对应转速 n_2 的性能曲线上的点，如表 4-3 所示。

表 4-3　　对应转速的性能计算表

转速	性能参数						
n_1	q_{V1}（L/s）	0	20	40	60	80	100
	H_1（m）	125	125	123	120	114	104
n_2	q_{V2}（L/s）	0	19.2	38.3	57.5	76.7	95.8
	H_2（m）	114.8	114.8	113.0	110.2	104.7	95.5

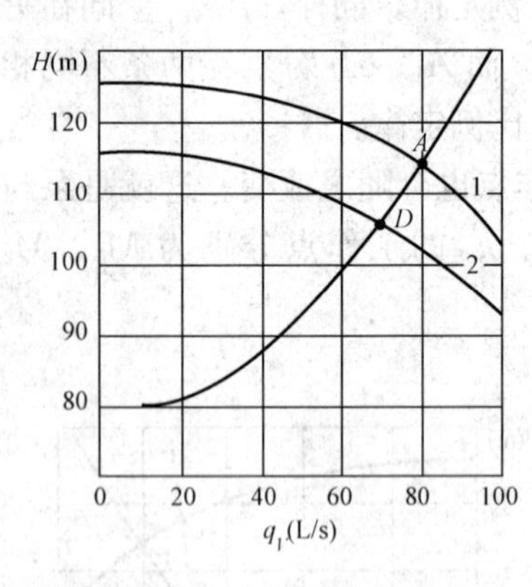

图 4-25　性能曲线

根据表 4-3 中 n_2 对应的数据，在图上画出性能曲线 2，如图 4-25 所示。性能曲线 2 与管路特性曲线的交点 D（70L/s，106m）即为调速后工作点。

3. 改变动叶安装角调节

大型轴流式泵，通常可采用改变动叶安装角的方式来调节流量。

改变动叶安装角（动叶可调），可以改变性能曲线的形状，从而使性能参数随之改变，因此，可以随工况的变化来调节叶片安装角，如图 4-26 所示。

4. 旁通调节

如图 4-27 所示，旁通调节是在泵或风机的出口管路上安装一个带调节阀门的回流管路 2，当需要调节输出流量时，通过改变回流管路 2 上阀门的开度，从输出流体中引出一部分返回到泵与风机入口，从而在泵与风机运行流量不变的情况下，改变输出流量，达到调节流量的目的。

此调节方法其调节的经济性比节流调节还差，而且回流的流体会干扰泵与风机入口的流体流动，影响泵与风机的效率。但在某些场合下常会采用，如锅炉给水泵为了防止在小流量区可能发生汽蚀而设置再循环管，进行旁路调节。

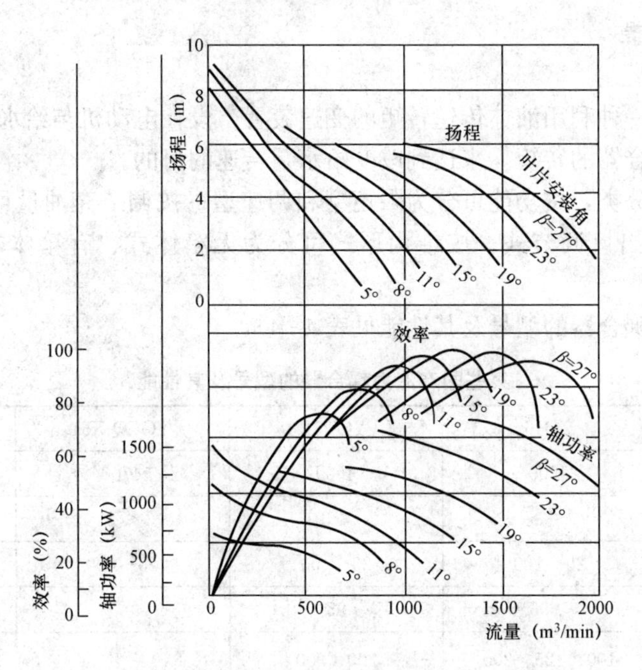

图 4-26　轴流式泵性能参数与叶片安装角关系

5. 汽蚀调节

如图 4-28 (a) 所示，若凝结水泵的出口阀门全开，当汽轮机负荷减小时，凝汽量相应减小，凝汽器水位（即凝结水泵的倒灌高度）下降，当凝汽器水位低于凝结水泵的汽蚀余量时，凝结水泵将发生汽蚀，使水泵的性能曲线突然下降，产生断裂工况。如图 4-28 (b) 所示，不同的入口液位高度有相应的汽蚀性能曲线，它们与管路性能曲线之间的交点即为一系列对应的工作点。这种利用泵的汽蚀实现泵的工作流量调节的方法就是泵的汽蚀调节。

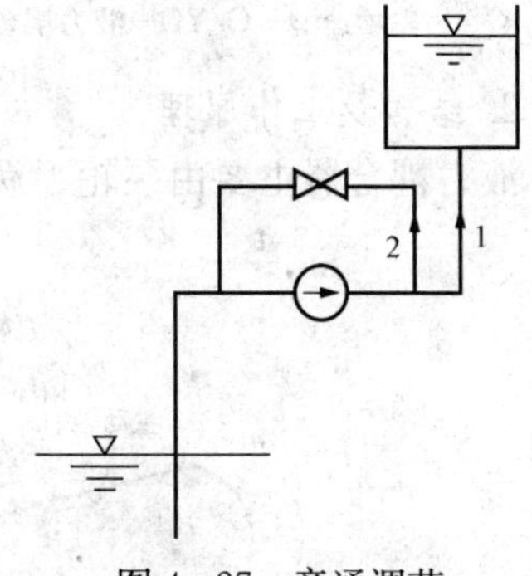

图 4-27　旁通调节

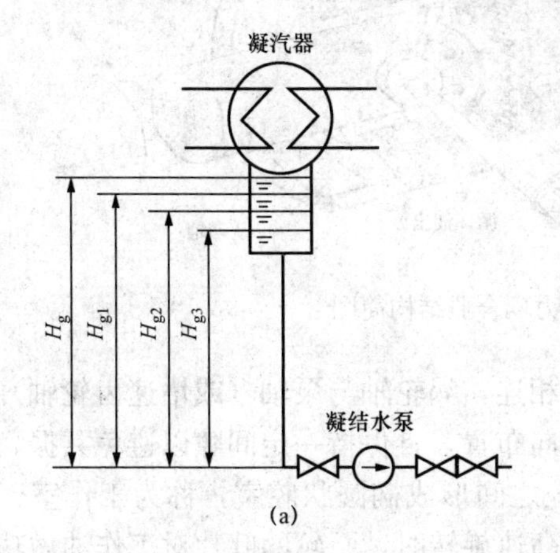

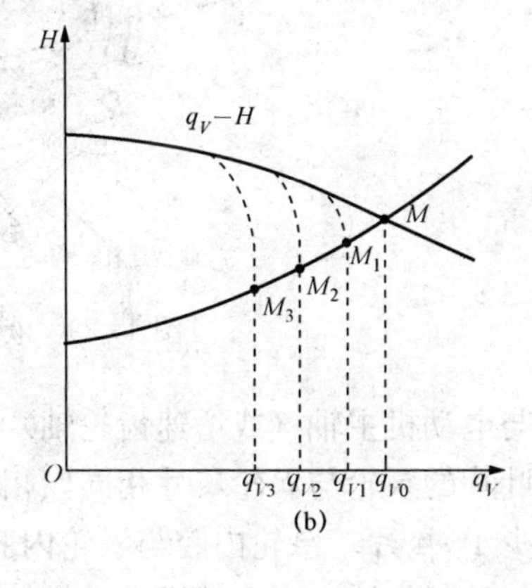

图 4-28　汽蚀调节

(a) 凝结水泵系统；(b) 汽蚀调节原理示意图

三、液力耦合器

1. 概述

液力耦合器是一种利用液体传递转矩的变速装置，设在电动机与给水泵之间。电动机转速不变，用改变耦合器的转矩，来达到改变给水泵转速的目的。

液力耦合器的分类，按功能可分为限矩型和调速型；按调节充油量可分为进口调节式、出口调节式及进、出口调节式；按结构形式可分为无箱体式、有箱体式、带齿轮箱式及立式。

某些国产液力耦合器的型号及其性能见表 4 - 4。

表 4 - 4　某些国产液力耦合器的型号及其性能

型号	CO46	YOT51	YOCQ-X51	YOT46-550
传递功率（kW）	3200	4600	4700	4600
额定滑差（%）	≤3	≤3	≤3	≤3
调速范围（%）	25～100	25～100	25～100	25～100
效率（%）	≥95	95		≤95
适用机组（MW）	100、125、200（50%容量）	200、300（50%容量）	200、300、600	200、300（50%容量），600（25%～30%容量）

注　C—齿轮增速型；O/YO—液力耦合器；T—调速型；YOC—液力耦合器传动装置；Q—前置式。

2. 结构及工作原理

液力耦合器主要由泵轮、涡轮及旋转外套（勺管室）组成，如图 4 - 29 所示。

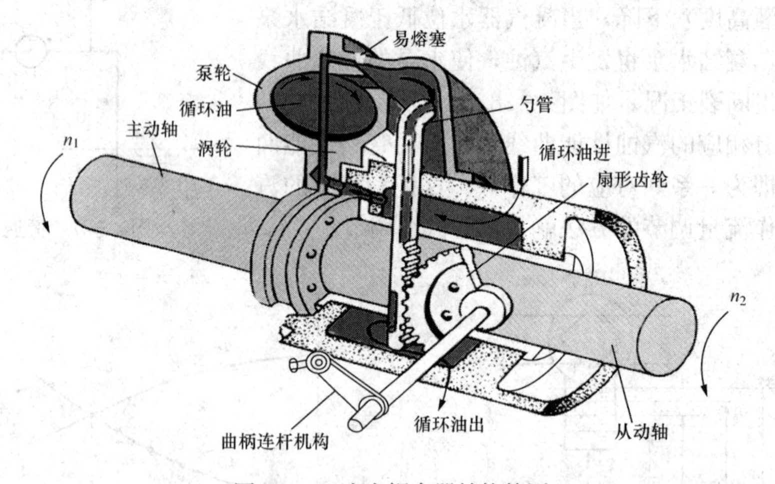

图 4 - 29　液力耦合器结构简图

泵轮轴与电动机主轴（或增速齿轮轴）相连，涡轮轴与泵轴（或增速齿轮轴）相连。带有若干径向叶片的泵轮与涡轮尺寸相同，相向布置，且保持一定间隙以避免共振，涡轮的叶片数比泵轮少 1～4 片。泵轮内腔与涡轮内腔之间形成椭圆状腔室，称为工作室。腔室中充有可控制的传动工作油。当电动机带动泵轮高速旋转时，泵轮的叶片对工作油做功，形成高速油流，在泵轮腔室外径出口处以冲入涡轮，推动涡轮旋转而带动泵或风机旋转。对涡轮做功后的工作油流能量减少，从涡轮内径出口返回泵轮，重新在泵轮中获得能量后循环做功。

3. 调速原理

泵轮的转速是固定的，涡轮的转速可通过改变工作室中的工作油量来实现。工作油量越多，泵轮传递给涡轮的力矩就越大，涡轮的转速升高；反之转速降低。

工作油的控制有两种基本形式：

（1）改变由工作油泵经调节阀进入椭圆腔内的进油量。这种控制方式的特点是可使工作机迅速增速，不适应工作机迅速降速，比如难以适应电厂中单元机组在事故甩负荷时要求给水泵迅速降速的情况。

（2）用调节旋转外套中勺管端口的位置高度来改变出油量。其原理是旋转外套内油环的油压随半径增大而增大，升高勺管，进入其内为高压油流，排油量增加；反之减少。

火力发电厂中锅炉给水泵的调速型液力耦合器一般采用上述两种控制方式的联合使用形式，如图 4-30 所示。由锅炉给水量的负荷信号操纵伺服机，当锅炉给水量需要增加时，伺服机将凸轮向“＋”方向转动，传动杆逆时针方向转动，勺管下降，泄油量减小，同时，因传动杆的逆转，杆上凸轮将进油阀开大，进入工作腔的油量增加，涡轮转速升高，泵的输水量增大。当锅炉给水量需减少时，则伺服机将凸轮向‘－’方向转动，泄油量增大，进油量减小，涡轮转速下降，泵的输水量减小。勺管泄放出的油，经热交换器冷却后，先进入进油阀，再由回油管回到联轴器底座下的油箱。这样，在锅炉给水量需增加时，一方面开大进油阀开度，另一方面可在进油阀阀底小弹簧的作用下，增加勺管泄油的阻力，从而减小泄放油量。也就是进油阀同时起到控制进、出油量的双重作用，因而能迅速调节耦合器的工作油量。

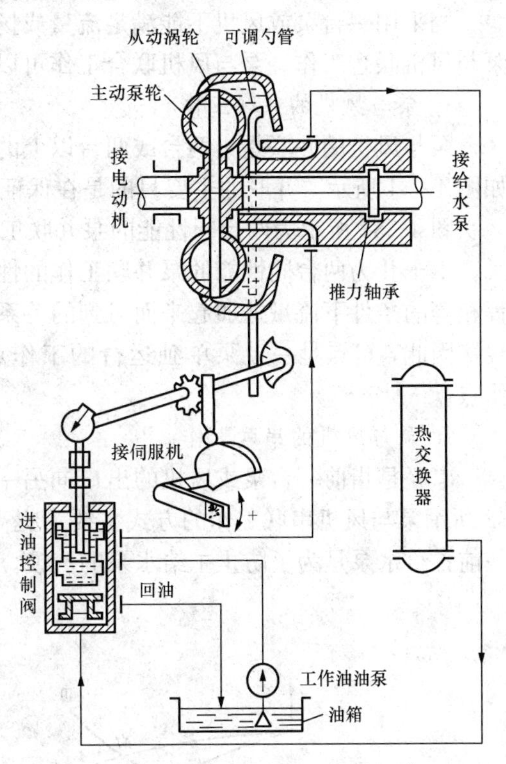

图 4-30　勺管和进油阀联合调节示意图

4. 采用液力耦合器变速的优点

（1）液力耦合器是以油压来传递动力的变速联轴器。油压大小不受等级的限制，所以它是一个无级变速的联轴器，由液力传动，调节方便，稳定性好，噪声小，经久耐用。

（2）电动给水泵启动时从静止到额定转速，启动力矩很大，为了适应这个转矩，电动机配置容量往往比水泵的额定功率大 30%～50%，所以很不经济。当使用液力耦合器后，给水泵可在较低的转速下启动。这样，启动转矩小（启动转矩与转速的平方成正比），电动机的容量就可不必过于富裕。

（3）如果采用进、出油联合调节转速，调速的升降速度快，能适应单元机组直流锅炉对快速启动的特殊要求。

（4）可调节的范围大。为了适应机组运行时负荷变化的要求，汽动给水泵和电动给水泵要有灵活的调节功能。要求给水泵汽轮机的调速范围为 2700～6000r/min，允许负荷变化率为 10％/min；要求电动给水泵组从零转速的备用状态启动至给水泵出口流量和压力达到额定参数的时间为 12～15s；要求汽轮机负荷在 75％以下时，给水调节功能应能够保证锅炉汽包水位在±15mm 范围内变化，不允许大于或等于±50mm（对于直流锅炉，则要求保证压力、流量在允许的范围内）。一般给水泵的出口不设调节阀，前置给水泵的流量等于或大于主给水泵的流量。给水泵汽轮机的汽源，通常采用高压蒸汽和低压蒸汽联合（可相互切换）供汽，以便满足给水泵汽轮机调节品质的要求。

不足之处是调节本身存在工作油循环流动的摩擦、升速齿轮摩擦等功率损耗。另外，系统复杂，造价较高，增加了投资成本。

四、泵与风机联合工作

当采用一台泵或风机不能满足流量或扬程（全压）要求时，往往要用两台或两台以上的泵与风机联合工作。泵与风机联合工作可以分为并联和串联两种。

1. 泵与风机的并联工作

泵与风机的并联是指两台或两台以上的泵或风机向同一压力管路输送流体的工作方式，如图 4 - 31 所示。并联的主要目的是在保证扬程相同时增加流量。

图 4 - 31 所示为两台同性能的泵并联工作。其中曲线Ⅰ、Ⅱ为一台泵单独运行的性能曲线，Ⅰ＋Ⅱ为两台同性能的泵并联工作的性能曲线（它是将单独性能曲线上的各工况点在扬程相等的条件下流量迭加起来而得到的一系列点所形成的曲线）。曲线Ⅲ是管路系统特性曲线。因此，C 点是一台泵单独运行的工作点，而 M 点则是两台同性能的泵并联运行的工作点。

2. 泵与风机的串联工作

串联是指前一台泵或风机的出口向另一台泵或风机的入口输送流体的工作方式，图 4 - 32 所示泵与风机串联工作的方式主要为提高扬程或改善泵的运行条件，如主给水泵前串联一前置给水泵是为了防止主给水泵的汽蚀。

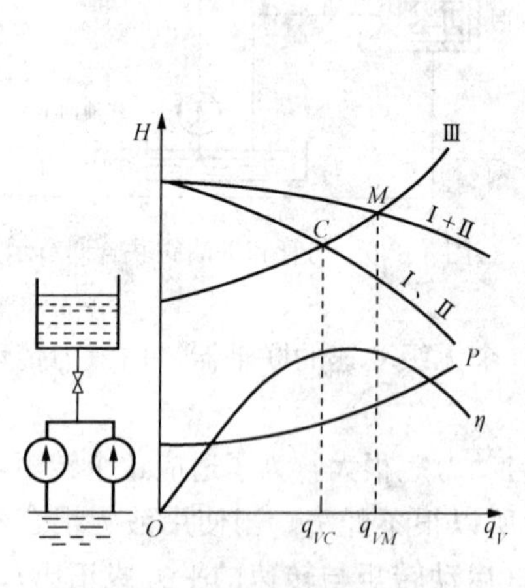

图 4 - 31　泵与风机的并联

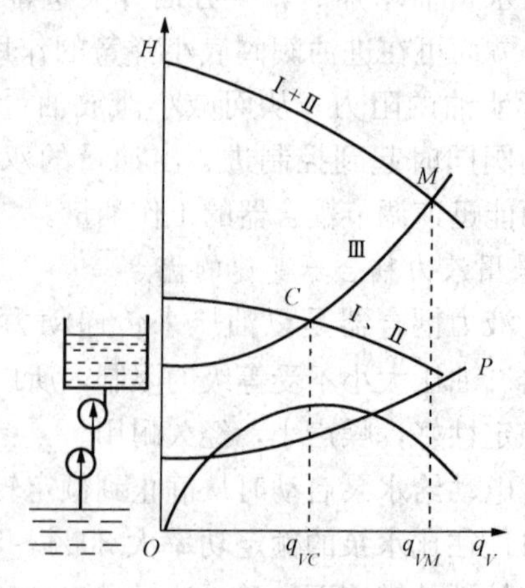

图 4 - 32　泵与风机的串联

图 4 - 32 中，曲线Ⅰ、Ⅱ为两台性能相同的泵单独运行的性能曲线，Ⅰ＋Ⅱ为两台同性能的泵串联工作的性能曲线（它是将单独性能曲线上的各工况点，在流量相等的条件下扬程迭加起来而得到的一系列新工况点所形成的曲线）。曲线Ⅲ是管路系统特性曲线。因此，C 点是一台泵单独运行的工作点，而 M 点则是两台同性能的泵并联运行工作点。

五、泵的启动

（一）启动特性

泵的启动过程是转子从静止状态到正常转速的加速过程，此时，加于转子上的转动扭矩，包括转子的加速转矩、各种机械摩擦阻力矩、流体的各种摩擦阻力矩，就是原动机的启动转矩。对于不同的启动方式，各种阻力矩也有所不同，为了随时平衡这些阻力矩，原动机的功率就要随时变化。旋转机械从静止到额定转速所需的旋转力矩（即轴功率除以当时的角速度而得之值）随转速的变化关系称之为启动特性。

图 4-33 所示为离心式泵启动特性曲线。泵在关阀启动过程中，开始时转子要克服静摩擦，很快又转入动摩擦，水泵阻力矩曲线由 $n=0$ 时的 A 点降至 B 点，然后沿抛物线 BC 上升，最后到达到 C 点（$n=100\%$）。这时打开闸阀，水泵转矩将随流量 q_V 的增大而沿曲线 CD 上升，当达到额定流量 q_{Ve}时，水泵的转矩也达额定转矩 M_e。

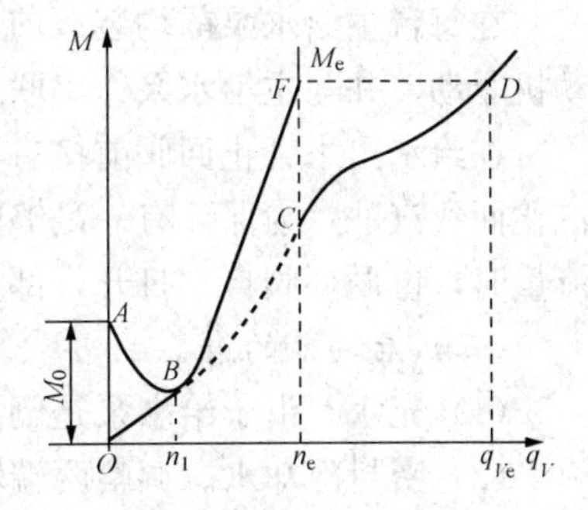

图 4-33 离心式泵启动特性曲线

若是开闸阀启动，水泵阻力矩沿曲线 BF 急剧上升。由此可见，离心式泵开闸阀启动的转矩较关闸阀启动时的转矩大，可能导致原动机过载而损坏。为尽量减小机组的阻力矩，对离心式泵或风机应关阀启动。轴流式泵则相反，$q_V=0$ 时的转矩大于额定转矩，因此，轴流式泵或风机应开阀启动。

对大型动叶可调的轴流式泵或风机，可调节叶片角度在最小的情况下启动，以减小启动阻力矩。

对大型泵或风机采用液力耦合器、油膜滑差离合器等均可改善泵或风机的启动条件。

（二）典型锅炉给水系统分析

以某 600MW 机组给水系统为例，如图 4-34 所示。

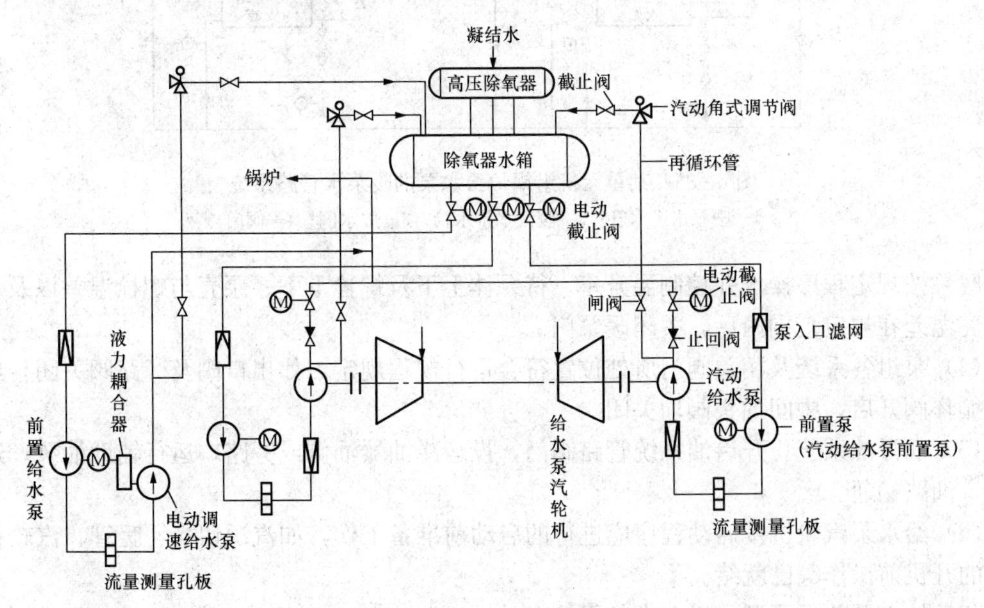

图 4-34 某 600MW 机组给水系统

该系统为单元制，每台机组配置两台50%容量、型号为80CHTA/4型的汽动给水泵（主给水泵）及一台30%容量、型号为50CHTA/4型的启动备用电动调速给水泵。汽动给水泵由给水泵汽轮机驱动，通过改变给水泵汽轮机的转速进行流量的调节，其调速范围在3000～6000r/min；电动调速给水泵是由电动机通过液力耦合器驱动，液力耦合器装在电动机与给水泵之间，用改变液力耦合器的转速来改变给水泵的转速，进行流量的调节，调速范围在1450～5990r/min。正常工作时两台半容量的汽动给水泵并联运行，满足机组出力的需要。当一台汽动给水泵故障时，电动给水泵应与另一台汽动给水泵并联运行。

在每台主给水泵前均装有前置泵，以提高主给水泵的抗汽蚀性能。前置给水泵由低速电动机驱动，并与主给水泵作串联运行。

在给水出水管止回阀前接有再循环管，如图4-34所示。因给水泵在小流量时极易发生汽化而致汽蚀，为保证有一足够的流量通过给水泵，以防汽化。当给水流量低于规定的最小流量时，再循环阀自动打开，部分给水在再循环阀中节流后，流回除氧器水箱。

（三）启动前的准备

(1) 充水。由于给水泵是倒灌安装的，可用进口阀门直接充水并排除空气。

(2) 密封冷却水。调整两端轴封水量以滴水为宜。运行密封水泵向给水泵及前置泵送密封冷却水。

(3) 暖泵。电厂锅炉给水泵是高温水泵，必须进行暖泵操作。冷态启动采用正暖方式，暖水从吸入侧进入，然后从末级导叶排出，或折回双层壳体内外壳之间，再从吸入侧排出。热态启动采用倒暖方式，暖水流程与正暖相反。暖水系统布置因机组不同而异，某单元机组锅炉给水泵的暖泵水管路系统如图4-35所示。

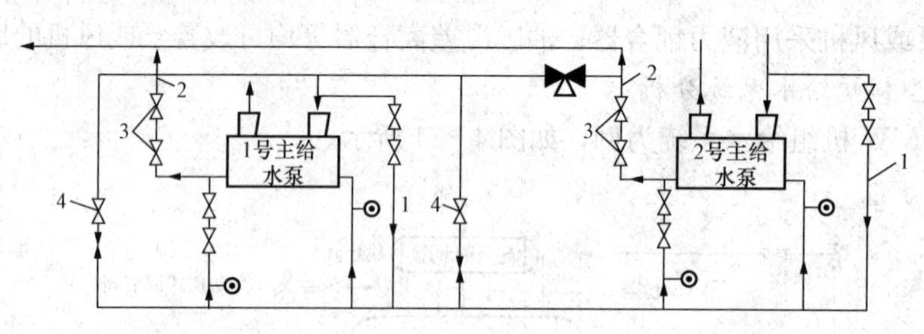

图4-35 某单元机组锅炉给水泵的暖泵水管路系统

1—暖泵水进水管；2—暖泵水排水管；3—放水阀；4—阀门

暖泵按规定程序操作并控制温升率。待泵体上下及螺栓上下、泵壳与螺栓温差以及水温与泵壳温差在规定范围内后，关闭暖泵门。

(4) 泵组各系统及相关阀门所处位置符合运行规程规定，如出口阀及旁路阀关闭，给水泵再循环阀开启，中间抽头阀均关闭。

(5) 润滑油系统。开启油系统管路阀门，投运冷油器油侧或旁路，运行辅助油泵，运转正常，油路畅通。

(6) 给水泵汽轮机按启动程序应进行的启动前准备工作，如汽源切换、暖管、汽轮机各部分的开机前操作等已就绪。

(7) 给水泵前置泵已处于正常备用状态。

(8) 液力联轴器操纵机构正常，勺管置于规定的启动位置。

（四）启动条件

1. 电动给水泵启动条件

（1）前置泵进口电动阀开。

（2）电动给水泵再循环门全开（电动门全开，调节汽门开度大于95%）。

（3）除氧器水位正常（2000～2980mm）。

（4）电动给水泵任一轴承温度不高（小于75℃）。

（5）电动给水泵液力耦合器任一轴承温度不高（小于90℃）。

（6）电动给水泵辅助油泵运行。

（7）电动给水泵润滑油压正常（大于或等于150kPa）。

（8）电动给水泵勺管开度在5%～10%之间。

2. 汽动给水泵允许启动条件

（1）前置泵进口门开。

（2）再循环门全开（电动门全开，调节汽门开度大于95%）。

（3）除氧器水位正常（2000～2980mm）。

（4）润滑油压力正常（大于或等于0.1MPa）。

（5）无跳闸条件。

（6）汽动给水泵出口门关闭。

（五）启动前检查

1. 电动给水泵启动前检查

（1）确认给水系统检修工作已结束，就地清洁无杂物，工作票已终结，检修已下达可运行通知。

（2）按系统检查卡进行系统检查，确认各阀门状态正确。

（3）检查凝结水系统已正常投运。

（4）确认勺管调节在“手动”位置，手动操作无卡涩及跃变现象，并置于低限。

（5）确认电动给水泵的各项连锁保护试验合格，投入各连锁保护和有关表计。

（6）投入冷油器冷却水，检查电动给水泵油箱油位正常，油系统具备投运条件。

（7）投入电动给水泵前置泵冷却水、密封水、主泵冷却水，并投入电动机冷却水。

（8）检查除氧器水位正常、水质合格，水温满足锅炉上水要求，稍开前置泵入口电动阀，向电动给水泵组及管道注水、放气，注水、放气完毕，全开前置泵入口电动阀。

（9）确认电动给水泵出口电动阀关闭。

（10）开启电动给水泵再循环调节阀前、后电动阀及再循环门。

2. 汽动给水泵启动前检查

（1）给水泵汽轮机在下列情况下禁止启动：

1）给水泵汽轮机超速保护系统试验不合格。

2）给水泵汽轮机热工保护试验不正常。

3）高、低压主汽门，调节汽门不能关严或工作不正常。

4）调速系统工作不正常。

5）主要表计失灵，如进汽压力、温度、真空、转速、工作油压力、润滑油压力等。

6）给水泵汽轮机油泵或盘车装置工作不正常。

7）盘车时给水泵汽轮机或泵组有异声。

8）油质不合格或油位低。

（2）确认给水系统检修工作已结束，就地清洁无杂物，工作票已终结，检修已下达可运行通知。

（3）按系统检查卡进行系统检查，确认各阀门状态正确。

（4）检查所有仪表、自动装置、热工保护投入正常。

（5）检查汽动给水泵转速控制在手动位置，手动脱扣手柄在“脱扣”位置，主汽门、调节汽门、排汽蝶阀在关闭位置。

（6）确认汽轮机EH油系统已投运正常，油质合格、油位正常。

（7）投入前置泵冷却水。

（8）投入汽动给水泵密封水。

（六）给水泵组启动

以下为某600MW机组给水泵启动规程。

1. 电动给水泵的启动

（1）启动辅助油泵，检查油泵振动、声音、润滑油压力、温度、各轴承回油、油箱油位应正常，油系统无漏油现象。

（2）确认电动给水泵勺管位置在5%～10%，在MMI上启动电动给水泵。

（3）电动机启动后，注意启动电流及电流返回时间，检查转速稳定（1250r/min），泵组振动、轴承温度正常，确认电动给水泵转速和勺管位置对应关系正确，就地检查泵内声音、进出口压力正常。

（4）当润滑油压力达高高值时，辅助油泵自动停运，复归油泵连锁。

（5）迅速增加勺管开度至30%，提高泵的转速，视情况投入转速控制自动。

（6）进行电动给水泵和汽动给水泵的并泵操作时，应注意两台泵流量的匹配。

2. 汽动给水泵的启动

（1）启动给水泵汽轮机润滑油系统，检查交直流油泵振动、声音、润滑油压力、温度、各轴承回油、油箱油位等参数正常，油系统无漏油，油泵连锁试验正常。

（2）确认系统内所有放水阀关闭，开启前置泵入口电动阀，打开放气阀，注水放气后关闭放气阀。

（3）至少在给水泵汽轮机冲转前2h投入盘车，检查盘车转速37r/min，盘车投入后用听棒检查给水泵汽轮机汽动给水泵内无异声。

（4）供轴封，检查轴封压力正常。

（5）抽真空可与汽轮机同时进行，也可在给水泵汽轮机启动前进行。

（6）给水泵汽轮机启动前抽真空，先稍开给水泵汽轮机排汽蝶阀，给水泵汽轮机真空应逐渐上升，注意汽轮机真空变化。

（7）当给水泵汽轮机真空接近汽轮机真空时，全开排汽蝶阀。

（8）投入给水泵汽轮机本体疏水阀“自动”，开启高低压供汽管道及主汽门、调节汽门前疏水阀，对给水泵汽轮机本体及供汽系统暖管、疏水。

（9）确认汽动给水泵最小流量再循环阀开启后启动前置泵，确认出口流量小于400t/h。电动机启动后，注意启动电流及电流返回时间，检查泵组振动、轴承温度、泵内声音、进出口压力、最小流量均正常。

(10) 给水泵汽轮机冲转前应确认以下条件满足：

1) 给水泵汽轮机真空正常。

2) EH 油压力正常。

3) 润滑油压力、温度正常。

4) 四段抽气蒸汽压力正常，四段抽气温度至少有 50℃的过热度。

5) 盘车运行正常且至少连续运行 2h。

6) 前置泵至少运行 15min。

(11) 冲转蒸汽参数。

1) 冷态启动（停机时间大于或等于 72h）：

低压进汽压力≥0.55MPa。

低压进汽过热度≥50℃。

2) 温态启动（停机时间 72～12h）：

低压进汽压力≥0.55MPa。

低压进汽温度<300℃、过热度≥50℃。

3) 热态启动（停机时间小于 12h）：

低压进汽压力≥0.55MPa。

低压进汽温度≥300℃。

(12) 确认给水泵汽轮机转速指令为最小。

(13) 给水泵汽轮机挂闸，高压安全油压开始建立，压力开关发出信号，判断挂闸成功。

(14) 开启高、低压主汽门。

(15) 设定给水泵汽轮机目标转速为 500r/min，升速率为 $200r/min^2$（冷态为 $200r/min^2$、温态为 $300r/min^2$、热态为 $400r/min^2$）。

(16) 当转速大于盘车转速时，盘车装置应自动脱开，否则应打闸停机。

(17) 当给水泵汽轮机转速达 500r/min，对机组全面检查，停留时间不超过 5min。

(18) “目标”选择 1000r/min。

(19) 当给水泵汽轮机转速达 1000r/min 时，低速暖机 40r/min。

(20) 当给水泵汽轮机转速达 1800r/min 时，中速暖机 10r/min。

(21) 确认所有监视、控制仪表全部投入，各方面均无异常后，方可过临界转速。

(22) 当给水泵汽轮机转速达 2840r/min 时，给水泵汽轮机控制方式可切换到 DCS（分散控制系统）控制，此时升速率被限制在 $1000r/min^2$。

(23) 机组负荷达 240MW，关闭给水泵汽轮机阀门、汽缸及蒸汽管道上的所有疏水门。

（七）启动注意事项

(1) 大、小修或电动机解线后，试转合格后方可启动。

(2) 启动前应与有关岗位联系，并监视和检查启动后的运行情况。

(3) 启动时就地必须有人监视，启动后发现异常情况，应立即汇报并紧急停运。

(4) 启动汽轮机、给水泵汽轮机、密封油直流油泵前应确认直流系统母线电压正常后方可操作。

(5) 启动时应监视母线电压、启动电流及电流返回时间。

（6）离心式泵在出口阀关闭的情况下启动，但启动后应迅速开启出口阀。

（7）启动正常后，应及时投入“自动”或“连锁”位置。

（8）启动时，电流返回时间不得超过制造厂规定，否则应立即停运。

（9）在倒转情况下严禁启动。

（10）启动后如发生跳闸，必须查明原因并消除后方可再次启动。

（11）电动机的连续启动次数应按“厂用电动机运行规程”规定执行。

六、锅炉给水泵运行监控

1. 正常运行监控项目

（1）正常运行时，应按巡回检查项目进行定期检查，发现异常应及时汇报，设备有缺陷时应及时填写缺陷单，并联系检修处理。

（2）按“定期切换与试验”的项目要求进行设备定期切换与试验工作。

（3）经常查看 MMI（人机界面）上各系统画面，检查各系统运行方式、参数、阀门状态是否正确。

（4）保证各项控制参数在允许范围内，发现异常应及时调整和处理。

（5）在制造厂无特殊规定时轴承振动应不超过表 4-5 标准。

表 4-5　主要辅机轴承振动标准

额定转速（r/min）	3000	1500	1000	750 以下
振动幅值（双振幅，mm）	0.05	0.085	0.1	0.12

（6）各轴承润滑油应符合制造厂规定和轴承运行温度及转速的要求，滑动轴承润滑油应定期更换和补充。

（7）轴承的最高允许温度应符合制造厂的规定，无制造厂规定时，可按照表 4-6 标准。

表 4-6　辅机轴承的最高允许温度

轴承类型	滚动轴承		滑动轴承	
	电动机	辅机	电动机	辅机
轴承温度	<80℃	<100℃	<70℃	<80℃

（8）根据季节、气候的变化，做好防雷、防潮、防台风、防汛、防冻措施及相关事故预想。

2. 电动给水泵组运行监控

（1）检查电动给水泵组及给水系统管道、设备应无漏水。

（2）检查电动给水泵电流、轴承振动、轴承及电动机绕组温度、给水流量、进出口压力、前置给水泵及主给水泵进口滤网前后差压应正常。

（3）检查润滑油及工作油压力、油温、各轴承油流、油滤网前后压差应正常。油箱油位、油质正常，油管路无漏油。

（4）确认给水泵密封水压力正常，轴端无漏水。

（5）检查勺管位置及自动调节应正常。

3. 汽动给水泵组运行监控

（1）检查前置泵电流、电动机振动、声音、轴承温度应正常。

(2) 汽动给水泵本体的检查内容与电动给水泵相同。

(3) 检查给水泵汽轮机调速系统工作正常。

(4) 给水泵汽轮机润滑油系统检查项目包括工作油压力、油温、各轴承油流、油滤网前后压差应正常，油箱油位、油质正常，油管路无漏油。

七、给水泵组系统停运

(一) 电动给水泵的停运

(1) 解除辅助油泵连锁，启动辅助油泵，检查运行情况及润滑油压力正常。

(2) 确认汽动给水泵运行正常，将电动给水泵转速控制切至“手动”，逐步降低电动给水泵转速，将电动给水泵负荷全部转移到汽动给水泵。

(3) 当电动给水泵流量达 190t/h 时，确认再循环阀自动开启。

(4) 停运电动给水泵，注意电动给水泵惰走情况及润滑油压力正常。

(5) 电动给水泵停运后，将电动给水泵转速控制切至“自动”，电动给水泵投入备用。

(二) 汽动给水泵组停运

(1) 按电动给水泵启动步骤启动电动给水泵，运行正常。

(2) 将需停的第一台给水泵汽轮机转速控制投到“手动”。

(3) 逐步降低汽动给水泵转速，注意电动给水泵转速应相应提高。

(4) 当汽动给水泵流量达 292t/h 时，再循环阀应自动开启。

(5) 当汽动给水泵负荷全部转移到电动给水泵时，将汽动给水泵转速降至 3000r/min 以下，开启给水泵汽轮机本体疏水阀。

(6) 在控制盘上或就地打闸停给水泵汽轮机，检查高、低压主汽门、调节汽门关闭，给水泵汽轮机转速下降，停 EH 油泵。

(7) 若汽动给水泵作热备用，则轴封、盘车应连续运行，排汽蝶阀开启，保持给水泵汽轮机处于暖机备用状态。

(三) 事故停机

1. 应按紧急故障停泵步骤停泵的情况

(1) 发生人身事故，必须停泵才可以消除。

(2) 泵突然发生强烈振动或泵体内有清晰的金属摩擦声。

(3) 任一轴承冒烟、断油，回油温度急剧升高超过规定值。

(4) 电动机冒烟、着火。

(5) 轴向位移指示超过规定值，且平衡室压力失常。

(6) 油系统着火，不能迅速扑灭，且威胁安全运行。

(7) 高压管道破裂、无法隔离。

2. 应立即启动备用泵，然后停运故障泵的情况

(1) 水泵发生严重汽化或流量减小、不出水。

(2) 轴承回油温度缓慢升高达到规定极限。

(3) 轴密封温度超过规定极限或压盖发热、轴封冒烟或有大量甩水等情况。

(4) 润滑油压降至低位极限，启动辅助油泵仍不能恢复。

(5) 轴承振动异常，原因不明或确无其他明显故障。

(6) 油箱油位至低位极限且补油无效、油中进水致使油质严重乳化。

(7) 电动机电流、温度、温升超过额定值。

3. 汽动给水泵组紧急停运

(1) 给水泵汽轮机关闭真空蝶阀，紧急停机的条件。

1) 汽动给水泵组发生强烈振动或清楚听到给水泵汽轮机内或泵内有金属摩擦声或撞击声。

2) 给水泵汽轮机转速上升至6300r/min，危急保安器不动作。

3) 给水泵汽轮机发生水冲击。

4) 给水泵汽轮机油系统着火不能及时扑灭，严重威胁机组安全运行。

5) 汽动给水泵组任何一道轴承金属温度上升至115℃或回油温度升至75℃，或轴承断油冒烟。

6) 轴封或挡油环严重摩擦、冒火花。

7) 给水泵汽轮机油箱油位降至低限，采取措施仍不能维持时。

8) 润滑油压力下降至0.07MPa，启动备用泵无效。

9) 轴向位移超限，而保护装置未动作。

10) 给水泵汽轮机转速升至跳闸值，而机组未遮断。

(2) 给水泵汽轮机不破坏真空，紧急停机的条件。

1) 给水泵汽轮机调速系统大幅度晃动，无法维持运行时。

2) 供汽管道或给水管道破裂，无法隔离时。

3) 给水泵汽轮机排汽压力上升至33.6kPa。

4) 汽动给水泵发生严重汽化。

5) 油系统漏油，无法维持运行。

6) 汽动给水泵本体部位泄漏严重，汽水大量喷出，威胁泵组安全运行时。

7) 前置泵电动机电流超限又无法降低时。

8) 汽动给水泵保护拒动。

4. 电动给水泵组紧急停运

(1) 电动给水泵紧急停运的条件。

1) 电动给水泵电动机或耦合器冒烟、着火。

2) 电动给水泵组任何一道轴承金属温度或回油温度超限，或轴承断油冒烟。

3) 供汽管道或给水管道破裂，无法隔离时。

4) 电动给水泵发生严重汽化。

5) 电动给水泵电动机电流超限又无法降低时。

6) 电动给水泵本体部位泄漏严重，汽水大量喷出，威胁泵组安全运行时。

7) 达电动给水泵组保护动作值而保护拒动时。

8) 电动给水泵组发生强烈振动或清晰听到泵内有金属摩擦声或撞击声。

9) 电动给水泵油系统严重漏油，油位降至低限，采取措施仍不能维持时。

(2) 电动给水泵紧急停运，应在集控室或就地拍事故按钮。

(3) 检查辅助油泵应自动投入。

(4) 将勺管打至“0”位，立即关闭电动给水泵出口电动阀。

(5) 完成电动给水泵停机的其他正常操作。

（四）停机注意事项

（1）停运前，应退出备用泵“自动”或解除自启“连锁”。

（2）停运后，转速应能降至零，无倒转现象。如有倒转现象，应关闭出口阀以消除倒转，严禁采用关闭进口阀的方法消除倒转。

（3）冬季辅助设备停用应做好防冻措施。

任务三　给水泵的汽蚀判断及其处理

【教学目标】

一、知识目标

完成本学习任务后，应该知道：

（1）水泵汽蚀现象、产生汽蚀的原因及其对泵运行的危害。

（2）泵的汽蚀性能参数。

（3）影响泵的汽蚀性能的因素。

（4）泵的安装高度的确定方法。

（5）泵不发生汽蚀的条件及防止汽蚀发生的措施。

二、能力目标

完成本学习任务后，应该能：

（1）判定汽蚀现象。

（2）分析汽蚀发生的原因并进行相应的处理。

【任务描述】

汽蚀是流体机械运行中常见的现象。汽蚀不仅使水泵性能下降，还会产生噪声，破坏泵的材料，使泵的寿命下降。

本任务通过仿真运行，让学生掌握如何判定汽蚀现象的发生，学会分析产生汽蚀的原因，并会进行相应的处理。

【任务准备】

（1）泵的汽蚀是如何形成的？

（2）汽蚀对泵的运行有何危害？

（3）什么是吸上真空高度？

（4）吸上真空高度与汽蚀关系如何？

（5）如何根据泵样本中所给出的允许吸上真空高度值确定实际安装条件下的允许吸上真空高度？

（6）什么是有效汽蚀余量？它与流量的关系如何？

（7）什么是必需汽蚀余量？它与流量的关系如何？

（8）泵不发生汽蚀的条件是什么？

（9）什么是泵的几何安装高度？如何确定泵的几何安装高度？

(10) 叶轮进口几何尺寸对泵的汽蚀性能有何影响?

(11) 为什么主给水泵前往往要串联一低速前置泵?

(12) 如何根据给水泵的运行状态判定它是否发生了汽蚀?

【任务实施】

本任务在火力发电机组仿真实训室中进行，要求学生爱护实训室中的设备，遵守仿真实训室规章制度。

任务实施建议分以下几个阶段进行：

一、准备阶段

(1) 学生在任务实施前，应学习相关知识。

(2) 教师介绍本任务的学习目标、学习任务。

(3) 教师给同学讲解相关知识：

1) 汽蚀现象及其产生的原因。

2) 汽蚀的危害。

3) 汽蚀性能参数。

4) 不发生汽蚀的条件及提高泵汽蚀性能的措施。

5) 泵的几何安装高度的确定。

二、教师示范

(1) 在给水泵正常运行过程中，教师通过工程师站进行汽蚀故障的设定，指导通过运行参数的变化，观察汽蚀现象。

(2) 分析汽蚀发生原因并进行相应的处理。

(3) 在教师的示范过程中，要求学生认真听、认真看，并做好笔记。

三、学生单独操作

(1) 教师通过工作站给学生设置汽蚀故障，让学生独立分析判断，并进行相应的处理操作，教师在场巡查指导。

(2) 任务完成后要求学生关闭计算机，并清理工作台。

四、学习总结

(1) 学生总结操作过程，撰写实训报告。

(2) 教师根据学生的学习过程和实训报告进行考评。

【相关知识】

一、汽蚀现象

流体在流动过程中，若某一局部地区的压力等于或低于水温相对应的汽化压力时，水就会在该处发生汽化。汽化发生后，大量的蒸汽及溶解在水中的气体逸出，形成许多蒸汽与气体混合的小汽泡。当汽泡随同水流从低压区流向高压区时，汽泡在高压的作用下，迅速凝结而破裂。在汽泡破裂的瞬间，产生局部空穴，高压水以极高的速度流向这些原来被汽泡所占据的空间，形成一个冲击力，如此多次反复形成高频冲击力。如果气泡的破裂发生在流道附近，就会在流道表面形成某种强度的高频冲蚀。冲蚀形成的水击压力可高达几百甚至上千兆帕，冲击频率可达每秒几万次。流道材料表面在水击压力的反复作用下，产生疲劳而遭到破坏，从开始的点蚀到严重的蜂窝状空洞，最后甚至把材料壁面蚀穿。通常把这种破坏现象称为剥蚀。

由液体逸出的氧气等活性气体，借助汽泡凝结时放出的热量，对金属起化学腐蚀作用，它与剥蚀一起加速了材料的破坏。通常把汽泡的形成、发展和破裂以致材料受到破坏的全过程称为汽蚀现象。

汽蚀对泵的运行危害主要有：

（1）使泵的性能下降、流量减少、扬程降低，出现断裂工况，如图 4-36 所示。

（2）出现噪声和振动。

（3）使材料遭到破坏，受汽蚀破坏的叶轮如图 4-37 所示。所以必须设法避免。

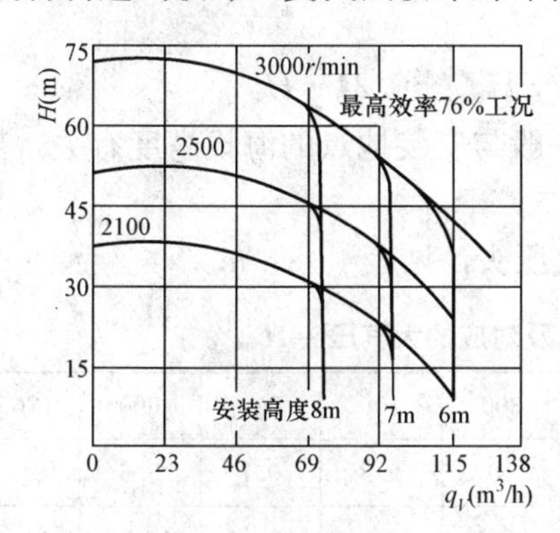

图 4-36　汽蚀使泵的性能下降

图 4-37　受汽蚀破坏的叶轮

二、汽蚀性能参数

（一）吸上真空高度 H_s

吸上真空高度如图 4-38 所示。

若泵中心到液面 o—o 距离为 H_g（泵的几何安装高度），建立吸水池面 o—o 和泵入口 s—s 之间的能量方程为

$$\frac{p_o}{\rho g}+\frac{v_o^2}{2g}=\frac{p_s}{\rho g}+\frac{v_s^2}{2g}+H_g+h_w \qquad (4-37)$$

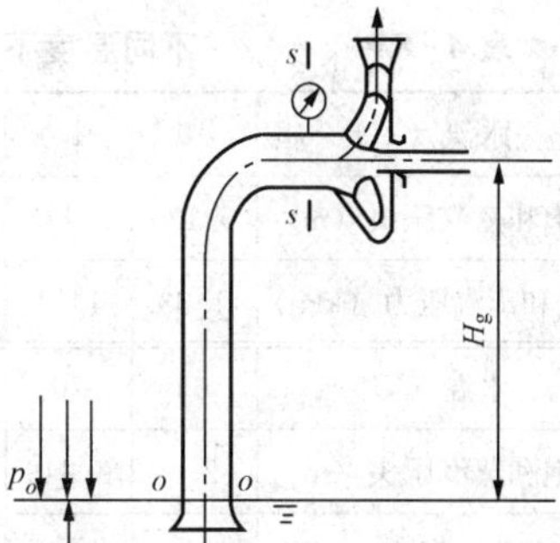

式中　p_o——吸水池液面压力，Pa；

p_s——泵吸入口压力，Pa；

v_o——吸水池液面处的平均流速，通常认为 $v_o=0$；

v_s——泵吸入口前断面 s—s 处平均流速，m/s；

h_w——吸入管路的能头损失，m。

图 4-38　吸上真空高度

因此有

$$H_g=\frac{p_o}{\rho g}-\frac{p_s}{\rho g}-\frac{v_s^2}{2g}-h_w \qquad (4-38)$$

定义

$$H_s=\frac{p_o}{\rho g}-\frac{p_s}{\rho g} \qquad (4-39)$$

式中　H_s——吸上真空高度。

所以，式（4-38）可以写成

$$H_g=H_s-\frac{v_s^2}{2g}-h_w \tag{4-40}$$

显然，p_s 越小，H_s 越大。当 p_s 小到对应温度下的汽化压力 p_V 时，在泵内就会发生汽蚀，这时 H_s 达到最大值 H_{smax}，称之为最大吸上真空高度。为了不让泵内不发生汽蚀，就应该使泵的入口处压力 p_s 大于对应温度下的汽化压力 p_V，让 $H_s<H_{smax}$。为保证泵不发生汽蚀，考虑水温变化及压力波动等因素影响，标准规定一般留 0.3m 的安全量。因此，定义

$$[H_s]=H_{smax}-0.3 \tag{4-41}$$

$[H_s]$即允许吸上真空高度。通常，在泵样本中所给出的$[H_s]$值是已换算成大气压力为 101 325Pa、水温为 20℃状态下的数值，实际安装条件下的允许吸上真空高度$[H_s]'$应用式(4-42)进行换算，即

$$[H_s]'=[H_s]-10.33+H_{amb}+0.24-H_V \tag{4-42}$$

式中 H_{amb}——泵使用条件下的大气压头，它一般与安装地点的海拔高度有关，见表 4-7，m；

H_V——泵所输送液体温度下的饱和蒸汽压头，见表 4-8，m。

表 4-7 不同海拔时的大气压力 p_{amb} 及对应的大气压头 H_{amb}

海拔高度（m）	−600	0	100	200	300	400	500	600	700	−600
大气压头（m）	11.3	10.3	10.2	10.1	10	9.8	9.7	9.6	9.5	11.3
大气压力（kPa）	110.85	101.32	100.6	99.08	98.1	96.13	95.16	94.17	93.19	110.85
海拔高度（m）	800	900	1000	1500	2000	3000	4000	5000	800	
大气压头（m）	9.4	9.3	9.2	8.6	8.1	7.2	6.3	5.5	9.4	
大气压力（kPa）	92.21	91.23	90.25	84.36	79.46	70.63	61.8	53.95	92.21	

表 4-8 不同温度下水的饱和蒸汽压力 p_V 及对应的饱和蒸汽压头 H_V

水温（℃）	10	15	20	25	30	35	40	45	50	55	60	10
饱和蒸汽压头（m）	0.125	0.175	0.238	0.324	0.433	0.58	0.752	0.986	1.272	1.628	2.066	0.125
饱和蒸汽压力（kPa）	1.23	1.71	2.34	3.17	4.24	5.62	7.37	9.58	12.33	15.74	19.92	1.23
水温（℃）	65	70	80	90	100	110	120	130	140	150	65	
饱和蒸汽压头（m）	2.6	3.249	4.97	7.406	10.786	15.369	21.47	29.183	39.797	52.937	2.6	
饱和蒸汽压力（kPa）	25	31.16	47.36	70.1	101.32	143.26	198.55	270.09	361.37	475.96	25	

（二）有效汽蚀余量和必需汽蚀余量

1. 有效汽蚀余量

有效汽蚀余量用 $NPSH_a$ 或 Δh_a 表示，它表示泵在吸入口处，液体所具有的超过汽化压力的富余能量。即是进入泵体的液体所具有的避免在泵内发生汽化的能量，表示为

$$NPSH_a=\left(\frac{p_s}{\rho g}+\frac{v_s^2}{2g}\right)-\frac{p_V}{\rho g} \tag{4-43}$$

从有效汽蚀余量的定义可知：有效汽蚀余量越大，泵越不易发生汽蚀。

有效汽蚀余量由吸入系统的装置特性确定，与泵本身性能无关。可以通过减小吸入系统的能量损失等措施来提高有效汽蚀余量，如选用直径稍大的吸入管道，以减小吸入管路中的流体流速；尽量使吸入管道的长度缩短以减小沿程阻力损失；吸入管道上尽量不用或少用弯管、阀门等产生局部阻力损失的管件。

2. 必需汽蚀余量

必需汽蚀余量用 $NPSH_r$ 或 Δh_r 表示，它是液体在泵入口能量与泵内最低压力能之差，即

$$NPSH_r=\left(\frac{p_s}{\rho g}+\frac{v_s^2}{2g}\right)-\frac{p_k}{\rho g} \tag{4-44}$$

p_k 是泵内最低压力点 k 的压力，泵内最低压力点 k 的位置在叶片进口边稍后处，如图 4-39 所示。

必需汽蚀余量是泵本身的性能，它与泵的吸入口的结构特点有关。

必需汽蚀余量越小，泵越不易发生汽蚀。减小必需汽蚀余量，要从泵的设计制造着手。

（三）泵不发生汽蚀的条件

泵不发生汽蚀的条件是：$NPSH_a>NPSH_r$。

将有效汽蚀余量与流量的关系曲线和必需汽蚀余量与流量的关系曲线画在同一坐标系内，如图 4-40 所示。这两条曲线的交点为 C，在 C 点的左边为安全区，而在 C 点的右边则为汽蚀区，C 点为不发生汽蚀的临界点。定义 $NPSH_C$ 为临界汽蚀余量。取

$$[NPSH]=(1.1\sim1.3)NPSH_C \tag{4-45}$$

或

$$[NPSH]=NPSH_C+0.3 \tag{4-46}$$

[NPSH] 为允许汽蚀余量。

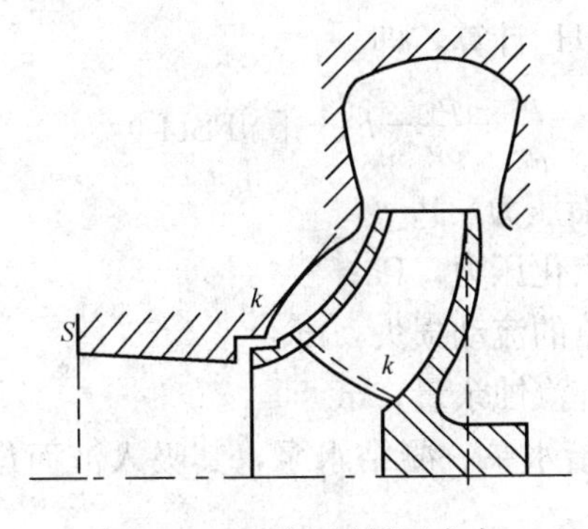

图 4-39　泵内最低压力点

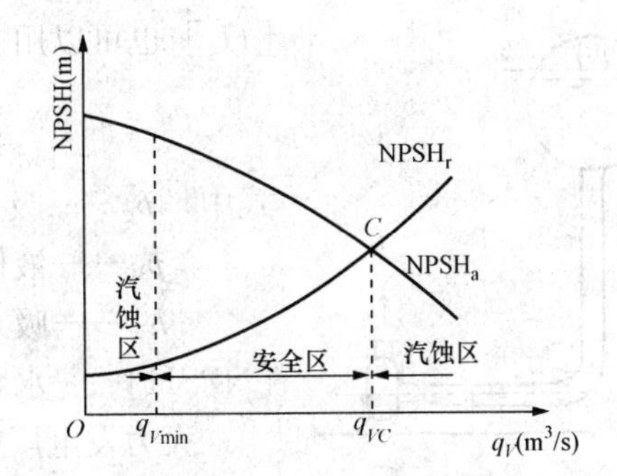

图 4-40　泵的安全工作区

给水泵在小流量下运行时，扬程较大，效率较低，泵的耗散功除了部分传递给泵内给水外、很大一部分转化为热能。而给水泵散热很少，这些热能的绝大部分使泵内水温升高。另外，经过首级叶轮密封环的泄漏水和经过末级叶轮后的平衡装置的泄漏水，都将返回到泵的进口，这些泄漏水都经摩擦升温，从而加大给水泵内的水温升高。当水温升高到相应的汽化压力时，使泵易于发生汽蚀，影响泵的安全。因此，规定给水泵最小流量为设计流量的15%～30%，不允许低于最小流量运行。如泵的流量等于或小于其最小流量时，须打开再循环门，使多余的水通过再循环管回到除氧器内，以保证给水泵的正常工作。如国产 200MW

机组配套的主给水泵出口就装有止回阀和自动最小流量装置（再循环装置），当给水泵流量低于 $180m^3/h$ 时，再循环门自动开启，始终保证给水泵在不低于最小允许流量的工况下运行。

（四）泵的几何安装高度

几何安装高度是泵的入口与液面的垂直高度，用 H_g 表示。不同形式泵的几何安装高度如图 4 - 41 所示。

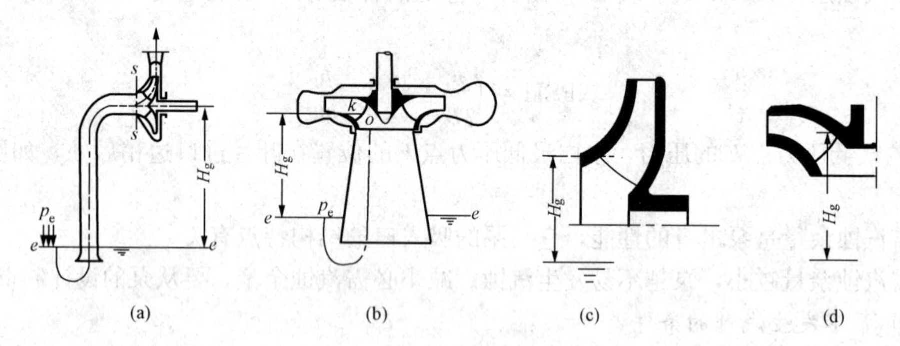

图 4 - 41　不同形式泵的几何安装高度

（a）卧式离心式泵；（b）立式离心式泵；（c）大型卧式离心式泵；（d）大型立式离心式泵

几何安装高度的大小对泵的汽蚀有很大的影响，如图 4 - 36 所示。H_g 越大，泵越易发生汽蚀。因此，在安装泵时，要确定一个保证泵不发生汽蚀的几何安装高度，用 $[H_g]$ 表示。

式（4 - 40）中 H_s 用 $[H_s]$ 代入，则：

$$[H_g]=[H_s]-\frac{V_s^2}{2g}-h_w \tag{4-47}$$

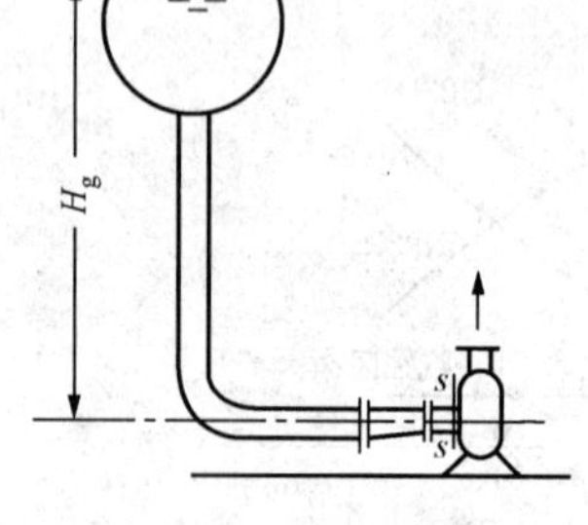

图 4 - 42　泵的倒灌高度

$[H_g]$ 也可以用[NPSH]计算，即

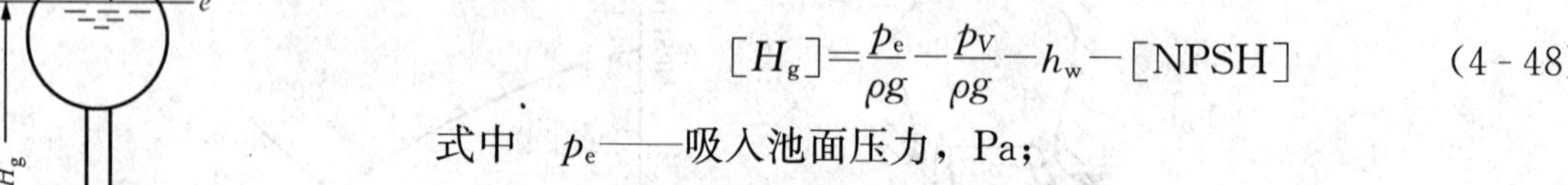

$$[H_g]=\frac{p_e}{\rho g}-\frac{p_V}{\rho g}-h_w-[\mathrm{NPSH}] \tag{4-48}$$

式中　p_e——吸入池面压力，Pa；

p_V——液体的汽化压力，Pa；

h_w——吸入管路的流动损失，m；

[NPSH]——水泵允许汽蚀余量，m。

火力发电厂中的给水泵、凝结水泵，其吸入液面位置高于泵，如图 4 - 42 所示。

三、汽蚀相似定律和汽蚀比转数

1. 汽蚀相似定律

由相似理论可以导出汽蚀相似定律，即

$$\frac{\mathrm{NPSH}_{rp}}{\mathrm{NPSH}_{rm}}=\left(\frac{D_{1p}n_p}{D_{1m}n_m}\right)^2 \tag{4-49}$$

式中　下标“p”——表示原型参数；

下标“m”——表示模型参数；

D_1——表示叶轮的进口直径。

汽蚀相似定律指出：泵必需汽蚀余量 $NPSH_r$ 与叶轮进口几何尺寸的平方成正比，也与转速的平方成正比。也就说，泵的转速越小，$NPSH_r$ 越小，泵越不容易发生汽蚀。因此，在火力发电厂中，常在主给水泵前串联一低速前置给水泵，以防止主给水泵发生汽蚀。

2. 汽蚀比转数

汽蚀比转数是由相似定律导出的综合汽蚀性能参数，常用 c 表示。我国的汽蚀比转数习惯上采用式（4-50）计算，即

$$c=\frac{5.62n\sqrt{q_V}}{NPSH_r^{3/4}} \tag{4-50}$$

汽蚀比转数的值能反映泵的抗汽蚀性能的好坏。$NPSH_r$ 小，c 值大，泵的抗汽蚀性能好。

四、提高泵抗汽蚀性能的措施

由于泵不发生汽蚀的条件为 $NPSH_e>NPSH_r$，因此，要提高泵抗汽蚀性能，主要从提高有效汽蚀余量 $NPSH_e$ 和降低必需汽蚀余量 $NPSH_r$ 两个方面进行。

1. 提高有效汽蚀余量 $NPSH_e$ 的措施

（1）减小吸入管路的阻力损失。为了避免汽蚀，在水泵安装时，应该尽可能地减小吸入管道上各种类型的阻力损失，如增大吸水管径、缩短吸水管道长度、尽可能去掉不必要的管路附件。

（2）减小几何安装高度或增加倒灌高度。在可能的条件下，应尽可能地降低泵的安装高度，吸入饱和水要采取负的安装高度，以改善泵的吸入性能。

（3）设置前置泵。大容量锅炉的给水泵，由于其水温和转速都非常高，若仍采用增大倒灌高度的方法已不能满足消除汽蚀的要求。因此，在高速运行的主给水泵前串联一台抗汽蚀性能较好的低速前置泵（如图4-43所示），以提高主给水泵的入口压力，相当于提高了 p_0，因而提高了有效汽蚀余量 $NPSH_e$，改善了给水泵的抗汽蚀性能。前置泵一般由双吸的一级叶轮组成，它的转速较低，抗汽蚀性好。前置泵的出水扬程可满足高速泵的必需汽蚀余量和在小流量工况下的附加汽化压头。

（4）装设诱导轮。在离心式泵首级叶轮前装设一个抗汽蚀性能较好的轴流式螺旋形的诱导轮（如图4-44所示），使液体通过诱导轮后压力升高，提高了泵的有效汽蚀余量，改善了泵的抗汽蚀性能。目前，我国NB、NL系列凝结水泵都是采用了带前置诱导轮的离心式泵。

对不配置前置泵的给水泵，也有装设诱导轮的，如200MW机组配套的TDG750-180型定速给水泵上就装有诱导轮。

（5）采用双重翼叶轮。双重翼叶离心式泵有两个叶轮：一个是前置叶轮，另一个是后置离心型主叶轮，如图4-45所示。前置叶轮有2～3个叶片，呈斜流形。与诱导轮相比，其主要优点是轴向尺寸小，结构简单，不存在诱导轮与主叶轮配合不好而导致效率下降的问题。它既可提高泵的抗汽蚀性能，同时又不会降低泵原来的性能。

2. 降低必需汽蚀余量的措施

（1）增大首级叶轮入口直径及叶片入口边宽度。目的是降低叶轮入口部分液体流速，降低必需汽蚀余量，提高泵的抗汽蚀性能。

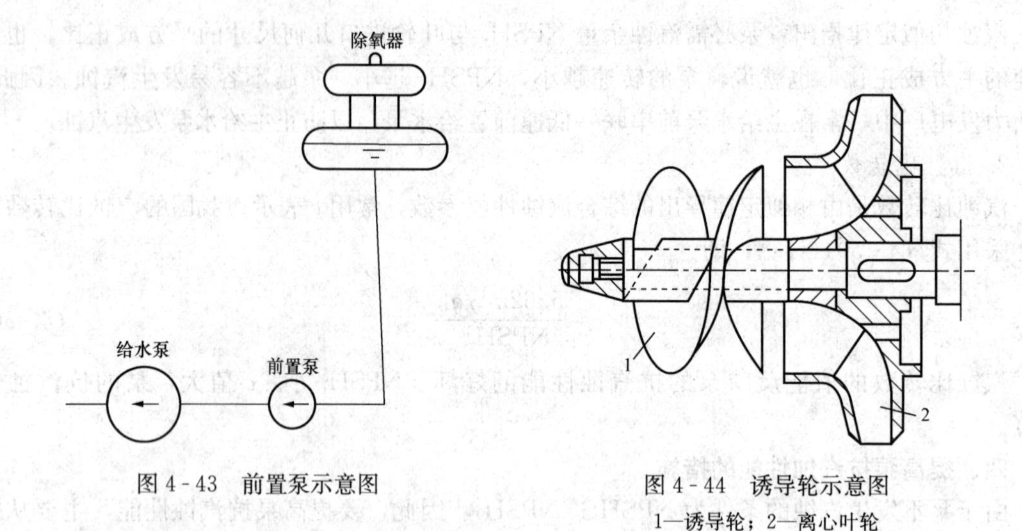

图 4-43 前置泵示意图

图 4-44 诱导轮示意图

1—诱导轮；2—离心叶轮

（2）选择适当的叶片数和冲角。叶片数增多可改善液体的流动，提高泵的扬程；但叶片数增加后，将加大叶片摩擦损失，减小流道过流面积，造成流速增加、压力下降，使泵的抗汽蚀性能降低。

（3）适当放大叶轮前盖板处的曲率半径，避免液体急转弯时形成的局部阻力损失。

（4）采用较小的轮毂或缩小转轴直径。在转轴强度允许时，缩小转轴直径和采用较小的轮毂，同样可得到上述效果。

（5）采用叶片在叶轮进口处延伸布置。叶轮进口的叶片有平行及延伸两种布置，如图 4-46所示。

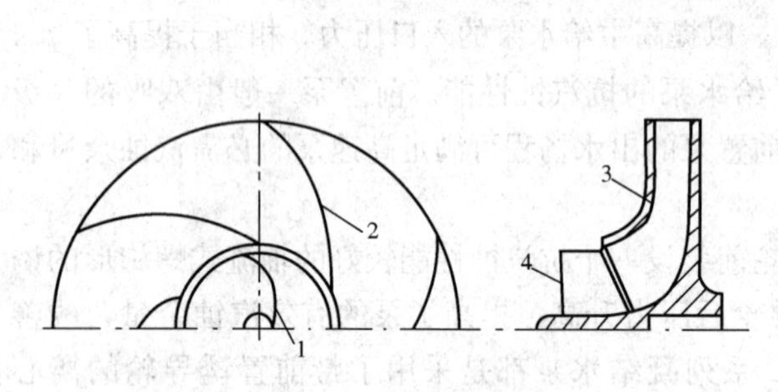

图 4-45 双重翼叶轮示意图

1—前置叶片；2—主叶片；3—主叶轮；4—前置叶轮

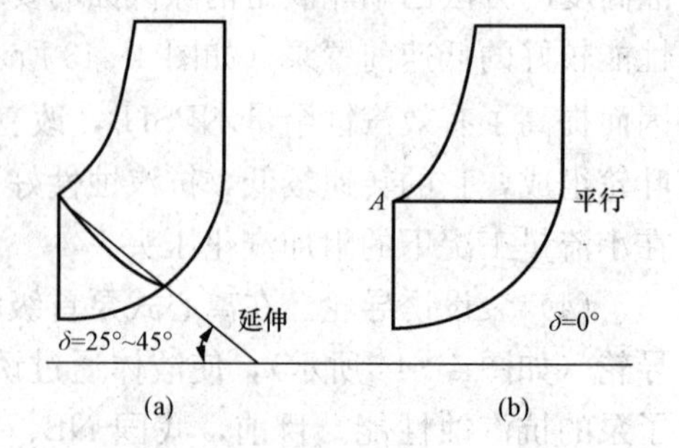

图 4-46 叶片在进口处的布置方式

（a）延伸布置；（b）平行布置

延伸布置可以加大叶片的工作面积，减小进口相对速度，从而提高泵的抗汽蚀性能。若叶片进口延伸太多，则进口边叶片上、下两端直径相差太大，形成圆周速度差，此时需将叶片进口边做成扭曲形。但对低比转速泵，叶片扭曲后液流流道堵塞更严重，吸入性能反而恶化，所以叶片延伸量不能过大，一般延伸 25°～45°为好。

对于平行布置的情况，液体进入叶片需要转弯，局部区域形成旋涡，产生能量损失，且叶片上每点圆周速度增大，因此，叶片平行布置时抗汽蚀性能较差。

（6）首级叶轮采用双吸叶轮。双吸叶轮比单吸叶轮的进水断面几乎增大一倍，在相等的流量下，能使吸入口的液体流速降低一半，减少了必需汽蚀余量，泵的抗汽蚀性能得到提高。

(7) 适当减薄叶片进口厚度。叶片进口边越薄，越接近流线型，泵的抗汽蚀性能越好。

(8) 加装诱导轮式双翼叶轮，可使离心式泵的汽蚀比转速提高到3500～4000。

(9) 适当降低泵的转速，可降低必需汽蚀余量。

此外，采用抗汽蚀性能较好的材料制成叶轮或喷涂在泵壳、叶轮的流道表面上，也可以延长叶轮的使用寿命。从制造角度来看，使通流部分表面粗糙度降低，减少毛刺，同样可延长叶轮的使用寿命。超汽蚀泵的运用，目前还处于初始阶段，还有待于进一步研究开发。

3. 运行中防止或消除泵汽蚀的措施

(1) 泵应在规定的转速下运行。因为随着泵转速的增加，其必需汽蚀余量成平方关系增加，超过规定时，就容易产生汽蚀。

(2) 在小流量下运行时，打开再循环门，保证泵入口的最小流量，并限制最大流量，从而保证泵在安全工况区运行。

(3) 运行中避免用泵吸入系统上的阀门调节流量。因为这样会增加水头损失，降低泵的有效汽蚀余量。

(4) 按首级叶轮汽蚀寿命定期更换新叶轮。

(5) 当汽轮机组甩负荷时，应及时投入除氧器备用汽源，向除氧器供汽从而阻止暂态过程中除氧器内压力的继续下降，以防止给水泵入口汽蚀。

(6) 适当增加除氧器水箱容积。因为当机组甩负荷时，可减缓除氧器压力突然下降，防止水箱存水“闪蒸”。

(7) 当汽轮机组甩负荷时，在给水泵吸入口处注入主凝结水。目的是加速给水泵入口处水温的降低，缩短暂态过程中水温下降的滞后时间，防止给水泵入口汽蚀。

(8) 对于入口为真空状态的水泵进口可采用适当放入少量空气的方法。但仅在个别情况下使用，以减轻汽蚀引起的噪声和振动，减轻汽蚀对材料的侵蚀。使用时，要控制空气流量不超过泵流量的1%～2%。

五、给水泵汽蚀的判断与处理

1. 给水泵汽蚀的判断

当给水泵在运行过程中，出现以下现象，即可判定给水泵发生了汽蚀。

(1) 电动给水泵电流摆动且下降，汽动给水泵转速波动、前置泵电流晃动。

(2) 给水泵出口压力摆动且下降。

(3) 给水流量晃动且下降。

(4) 泵的结合面和两侧机械密封处冒出蒸汽。

(5) 泵内部产生噪声或冲击声，泵组振动增加，转子窜动。

2. 给水泵汽蚀原因

(1) 除氧器压力下降太快。

(2) 泵进口滤网堵塞造成泵进口压力过低。

(3) 流量低时，再循环阀未开。

(4) 汽动给水泵长时间在低转速下长时间运行。

(5) 除氧器水位过低。

3. 给水泵汽蚀处理

(1) 电动给水泵汽蚀时，在锅炉点火阶段，应紧急停泵，待汽化原因排除后重新启动；若在带负荷过程中除因除氧器水位低引起电动给水泵汽化外，应将负荷转移至汽动给水泵后再立即停电动给水泵。

(2) 汽动给水泵汽蚀时立即启动电动给水泵，同时停止汽化的汽动给水泵，并根据给水流量适当降低负荷。

(3) 稍开汽蚀泵主泵本体放空气阀放出蒸汽，汽动给水泵盘车灵活、正常后方可再启动，并严密监视启动过程中给水泵汽轮机及泵体的内部声音和振动情况。

任务四 风机的运行

【教学目标】

一、知识目标

完成本学习任务后，应该知道：

(1) 火力发电厂中大型风机如送风机、引风机和一次风机的工作条件。

(2) 离心式风机与轴流式风机的运行特点。

(3) 介质密度对风机运行的影响。

(4) 风机运行的常用调节方式。

二、能力目标

完成本学习任务后，应该能：

(1) 完成风机的启动前检查。

(2) 完成风机的启动。

(3) 会监控风机的运行。

(4) 完成风机的正常停运和事故停运。

【任务描述】

在火力发电厂中，有送风机、引风机和一次风机等不同作用和不同形式的风机，这些风机对电厂的安全经济运行非常重要。

本任务主要通过仿真运行，让同学掌握电厂大型风机的启停及运行监控操作方法。

【任务准备】

(1) 比较送风机、引风机和一次风机的工作条件?

(2) 离心式风机与轴流式风机的运行特性有何异同?

(3) 介质密度对风机运行有何影响?

(4) 风机启动前主要检查哪些项目?

(5) 风机启动前一般应具备哪些条件?

(6) 一次风机或排粉风机试转启动时，为什么要确认系统内无积粉或积煤?

(7) 轴流式风机应在什么情况下启动?

(8) 风机启动正常后应对风机的运行工况进行全面检查的内容有哪些？

(9) 离心式风机停用和轴流式风机停用有何不同？

(10) 引风机启动应注意哪些事项？

【任务实施】

本任务在火力发电机组仿真实训室中进行，要求学生爱护实训室中的设备，遵守仿真实训室规章制度。

任务实施建议分以下几个阶段进行：

一、准备阶段

(1) 学生在任务实施前，应学习相关知识，还要学习各校仿真机组实训指导书，并初步制订任务实施方案。

(2) 教师介绍本任务的学习目标、学习任务。

(3) 教师给同学讲解相关知识。

二、教师示范与学生模仿操作

教师先介绍所用仿真机组的风烟及制粉系统的特点，重点介绍所用仿真机组的送风机、引风机及一次风机等。然后，选择某一风机进行启、停和运行监控操作。

建议在教师示范操作过程，学生跟着老师操作。教师边操作边讲解：

(1) 讲解每个步骤的注意事项。

(2) 讲解每一步操作“怎么做”和“为什么”。

(3) 难度较大的操作重复示范1～2次。

(4) 在教师的示范过程中，要求学生认真听、认真看，并做好笔记。

三、学生单独操作

(1) 学生在模仿老师操作完成后，开始单独完成整个过程的操作，教师在场巡查指导。

(2) 任务完成后要求学生关闭计算机，并清理工作台。

四、学习总结

(1) 学生总结操作过程，撰写实训报告。

(2) 教师根据学生的学习过程和实训报告进行考评。

【相关知识】

一、概述

(一) 风机的工作点

1. 风机管路特性曲线

由于风机所输送的气体密度ρ很小，且风机的进出口压差也较小，故风机的管路特性曲线方程一般近似表达为

$$p_c \approx \varphi' q_V^2 \tag{4-51}$$

式中　p_c——系统所需要的能量（全压），Pa；

q_V——流量，m^3/s；

φ'——比例系数。

故风机的管路特性曲线为过原点的抛物线。

2. 风机的工作点

如果将某一转速下的风机性能曲线 q_V-p 和它所在的管路系统的管路特性曲线 q_V-p_{xu} 按相同比例绘于同一个坐标系中，如图 4-46 所示；其中两条曲线的交点 M 就是该风机在这条管路系统中工作的实际运行工况点，称为风机的工作点。

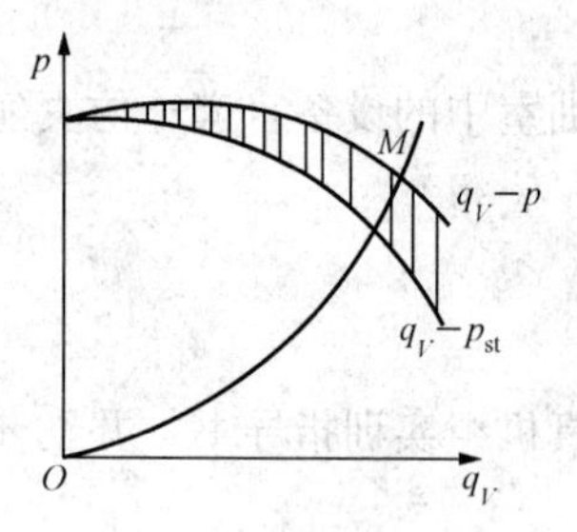

图 4-47 风机的工作点

此外，由于流体在管路中流动时，都是依靠静压来克服管路阻力的，制造厂为便于用户对风机的使用，还绘出静压与流量的关系曲线 q_V-p_{st}，称为静压性能曲线，并将它与管路特性曲线的交点称为静压工作点，如图 4-47 所示。

(二) 风机运行调节

风机的运行调节实际上也是改变风机的运行工作点的位置，从而达到改变风机的流量的目的。

从工作点定义可知，改变风机的运行工作点的位置可以通过改变管路特性曲线实现，也可以通过改变风机的性能曲线实现，还可以通过同时改变管路特性曲线和风机的性能曲线实现。

风机的运行调节的方法主要有以下几种：

1. 节流调节

由于风机不存在汽蚀问题，对于小型风机，可以采用进口节流调节，通过改变入口挡板开度来调节风机的运行流量。当入口挡板关小时，不仅管路曲线变陡，而且风机性能曲线也变陡。这是因为入口节流后，风机入口前的气流压力降低，风机性能曲线形状当然也要发生变化。如图 4-48 所示，显然入口挡板调节比出口节流调节损失小，运行经济性要好。

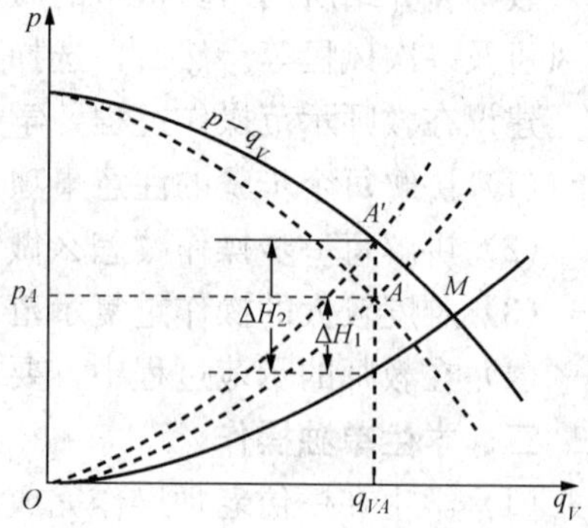

图 4-48 风机入口端节流调节

2. 入口导流器调节

离心式风机通常采用入口导流器调节。常用的导流器有轴向导流器、简易导流器及径向导流器，如图 4-49 所示。其调节原理改变风机的性能曲线，如图 4-50 所示。

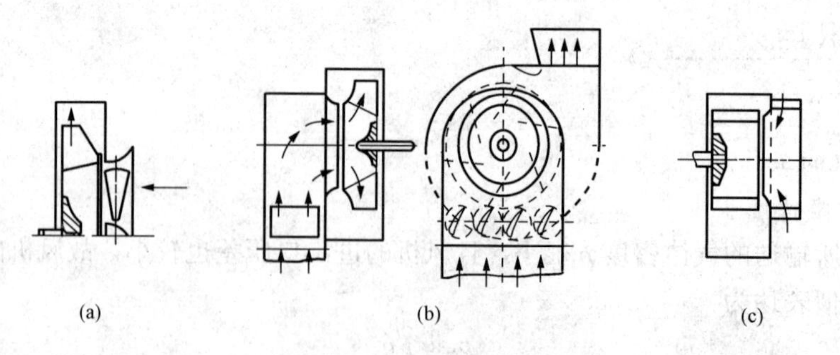

图 4-49 入口导流器形式

(a) 轴向导流器；(b) 简易导流器；(c) 径向导流器

3. 变速调节

风机变速调节常采用定速电动机加液力耦合器驱动、交流变速电动机驱动（变频调节）。

4. 改变动叶安装角调节

对于大型轴流式风机，也都采用动叶可调的调节方式来调节运行工况。如图 4 - 51 所示为风机动叶调节曲线。

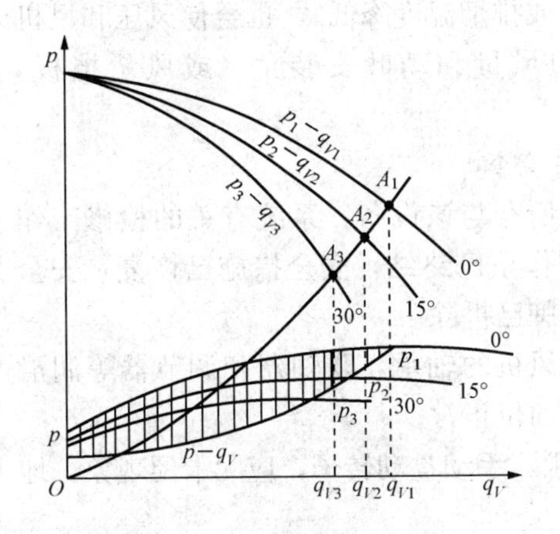

图 4 - 50 入口导流器调节曲线

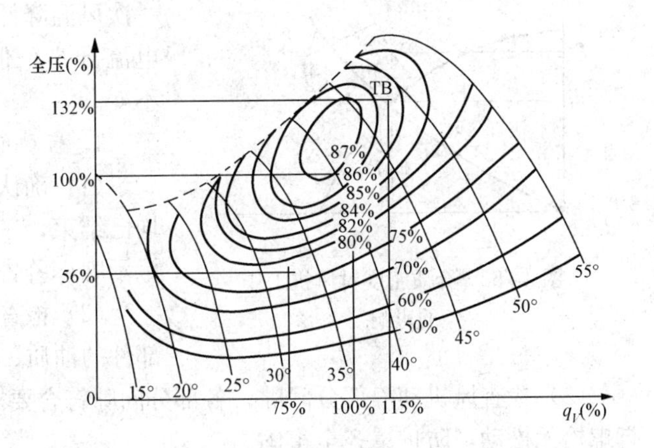

图 4 - 51 风机动叶调节曲线

二、风机运行的基本操作

风机运行的基本内容主要有启动前检查→风机启动（有辅助系统的风机，还应先按程序启动辅助系统）→风机运行调整→风机停运。

在火力发电厂中，主要的大型风机有锅炉引风机、锅炉送风机以及一次风机、排粉风机等，它们的运行环境各不相同，引风机输送的是带有粉尘的高温烟气，工作环境恶劣，排粉风机输送的是含有较高浓度煤粉的热风，其工作条件也很恶劣。一次风机分热一次风机和冷一次风机，热一次风机输送的是经空气预热器加热的具有较高温度的热风，但没有煤粉，相对引风机和排粉风机的工作条件好些，冷一次风机和送风机输送的是冷空气，其工作条件是比较好的。因此，由于运行条件不同，它们的运行操作内容也自然有所不同。

另外，离心式风机与轴流式风机的结构不同，运行特性不同，它们的运行操作内容也不尽相同。

离心式风机必须在关闭调节挡板后进行启动，以免启动过载。待达到额定转速、电流回到空载值后，逐渐开大调节挡板，直到满足规定的负荷为止。

动叶可调式轴流式风机应在关闭动叶及出口挡板的情况下启动。风机达到额定转速后，打开出口挡板，并逐渐开大动叶安装角度。若在较小动叶角度下打开出口挡板，则可能会遇到不稳定区。当一台风机已在运行，需并列另一台风机时，应先降低运行侧风机的压头至最低喘振压力以下，然后启动风机。待风机挡板打开后，逐渐增加启动风机的动叶开度，相应减小已运行风机的动叶开度，保持总风量相等，直至两风机流量相等。

风机在正常启停和运行中，首先要监视好风机电流值。因为电流的大小不仅标志风机负荷的大小，也是发生异常事故的预报器。此外，运行人员还应经常监视风机的进、出口风压。根据 p—q 曲线，正常情况下流量下降，压头上升。因此监视好风压，有助于更好地监视风机的安全稳定运行。例如，若运行中动叶开度、风机电流和风压同时增大，说明锅炉管路的阻力特性发生改变，可判断是烟、风道发生了积灰堵塞。

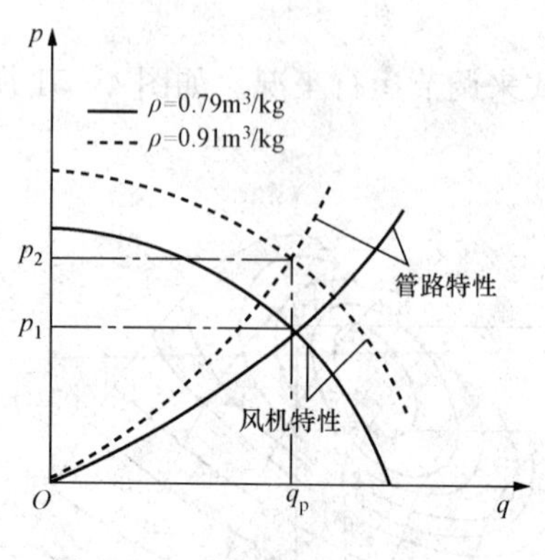

图 4-52 介质密度对风机工作的影响

风机的通流介质密度按一次方关系对风机特性和管路特性同时发生影响，如图 4-52 所示。因此对于一次风机和引风机，若运行中介质密度升高（如一次风温降低或排烟温度降低），也会使风压和风机电流升高，但风量和动叶安装角（或风量挡板）不变。

1. 启动前检查

(1) 确认所有与该设备、系统有关的检修工作均已结束，工作票已终结，安全措施已恢复，安全标示牌、警告牌已拆除。

(2) 检查风机的轴承，联轴器和调节器等润滑部件的油质、油位正常。

(3) 检查风机动静部分间隙，各部分间隙符合要求，手动盘动转子，应无卡涩现象，地脚螺栓无松动，防护罩齐全牢固。

(4) 轴流式风机的动叶调节机构能在调节范围内灵活调节，调节机构开度应在启动位置。检查风机主机密封装置的严密性，以免外部杂质进入调节机构，防止轴承内润滑油被吸出。

(5) 检查风机及系统有关表计应齐全，并投入，表计指示正确。

(6) 有关的润滑油系统、冷却系统、液压油系统、电气连锁、自动装置、热工保护以及机械调整装置应按规定校验完毕并送上控制电源。

(7) 检查各电动机外壳接地良好，测量绝缘合格后送电。

(8) 检查集控操作界面上有关设备及阀门状态指示正确，所有报警信号正确。

2. 风机启动

(1) 风机启动前与有关岗位联系，并监视和检查启动后的运行情况。

(2) 风机启动时，就地必须有人监视，启动后发现异常情况，应立即汇报并紧急停运。

(3) 为保证设备的安全，风机应在最小负载下启动。为此，离心式风机启动前应先关闭该风机的进口或出口隔绝风门和调节风门。待风机启动正常，电流降至空载值时立即开启进、出口隔绝风门，并操作调节风门，保持炉膛负压正常和风量符合要求。

(4) 一次风机或排粉风机试转启动时，应确认系统内无积粉或积煤，以免大量可燃物进入锅炉，给炉膛爆炸或烟道内可燃物再燃烧埋下祸根。

(5) 风机启动后应监视启动电流，检查轴承润滑油流、轴承温度、振动和噪声，一切正常后，即可全开风机出口风门，用进口挡板、导流器或动叶调节机构调节风量，如启动后发现上述参数不正常，必须立即停机。

(6) 风机启动后如发生跳闸，必须查明原因并消除后方可再次启动。

3. 风机运行检查

(1) 运行中随时注意风机的振动、振幅和噪声，应无异常现象。

(2) 轴承油位、油流正常，各道轴承润滑良好，冷却水畅通，水压正常，轴承温度和温升在规定值内。

(3) 定期检查风机和电动机润滑油系统的油压、油温和油量。

（4）监视电动机启动电流返回正常，电动机电流正常，运行电流不超限，电动机温升正常，风机转速正常。

（5）用进口挡板或导流器调节风量，风机转速不正常时不能进行调节。

轴流式风机的出力是否在高效区域，有无异常噪声，不能在喘振区域或其附近工作。

4. 风机的停运

（1）关闭风机进口挡板或导流器，关小出口风门。

（2）拉闸断电，使风机停止运行，注意惰走情况。

（3）转速为零后，关闭轴承冷却水，但连锁备用的风机冷却水不能中断。

（4）停运检修的风机，应切断电源、水源并挂标示牌。

5. 风机的维护

（1）定期对停运或备用风机进行手动盘车，将转子旋转120°或180°，避免主轴弯曲。

（2）风机每运行3～6个月后，对滚动轴承进行一次检查，滚动元件与滚道表面结合间隙，必须在规定值内，否则需进行更换。

（3）定期清洗轴承油池，更换润滑油。

（4）定期对风机进行全面检查，并清理风机内部的积灰、积水。

三、某600MW机组引风机的运行规程

（一）引风机启动前的检查

（1）按照辅机通则对引风机进行详细检查，系统已经具备投运条件。

（2）检查引风机电动机轴承油位正常，油质合格。

（3）如果风机在低温下长时间未启动，则应在启动该风机前2h启动油系统，并在动叶调节全范围内进行数次调节操作。

（二）引风机油系统启动

（1）润滑油系统完整，无漏油现象，阀门位置正确。

（2）油箱油位正常，油质良好，油温为30～40℃。

（3）冷油器冷却水投用，水流畅通。

（4）电加热装置电源已送上，油温控制回路定值已按规定设定好，投入正常。

（5）启动油泵。

1）启动油泵A，油泵出口油压小于或等于3.5MPa，液压油压大于2.5MPa，轴承润滑油压为0.4～0.6MPa。

2）将油泵B置备用联动位，停止油泵A运行，确认油泵B联动，检查油泵出口油压小于或等于3.5MPa，液压油压在大于2.5MPa，轴承润滑油压为0.4～0.6MPa。

3）将油泵A置备用联动位，停止油泵B运行，确认油泵A联动。

4）将油泵B置备用联动位。

（三）引风机冷却风机启动

（1）按照辅机通则检查引风机轴承箱冷却风机、液压缸冷却风机具备投运条件。

（2）启动引风机轴承箱冷却风机A，将轴承箱冷却风机B置备用联动位。

（3）启动引风机液压缸冷却风机A，将液压缸冷却风机B置备用联动位。

（4）检查确认引风机轴承箱冷却风机A/B，液压缸冷却风机A/B联动正常。

（四）引风机的启动

1. 第一台引风机启动许可条件（任一条件不满足不能启动）

（1）引风机无跳闸条件。

（2）引风机液压油压力大于2.5MPa，且润滑油流量正常，大于3L/min。

（3）引风机进、出口挡板已关闭。

（4）引风机动叶关闭。

（5）轴承箱冷却风机和液压缸冷却风机分别有一台运行。

（6）两台空气预热器运行且入口烟气挡板开启。

（7）电除尘出口烟气联络挡板开启。

（8）送风机A、B动叶及出口挡板全开。

（9）另一台引风机进、出口挡板全开。

2. 第二台引风机启动许可条件（任一条件不满足不能启动）

（1）引风机无跳闸条件。

（2）引风机进出口挡板已关闭。

（3）引风机动叶关闭。

（4）引风机液压油压力大于2.5MPa，且润滑油流量正常，大于3L/min。

（5）轴承箱冷却风机和液压缸冷却风机分别有一台运行。

（6）两台空气预热器运行且入口烟气挡板开启。

（7）至少一台送风机已运行。

（8）运行的引风机其进出口挡板已开启。

3. 引风机手动启动

（1）检查引风机启动许可条件满足。

（2）关闭引风机进、出口挡板。

（3）确认燃烧器辅助风挡板开启位置。

（4）将引风机动叶关至0%。

（5）启动引风机，检查引风机进、出口挡板自动开启。

（6）引风机启动后，检查启动时间和启动电流。

（7）检查引风机振动、轴承温度、电动机绕组温度变化情况，不能超过正常运行限额。

4. 引风机程序启动

检查引风机启动许可满足，在OM画面投入引风机启动子组，引风机系统各设备自动按预先设定的顺序启动。启动后对风机运行情况进行详细检查。

5. 引风机启动注意事项

第一台引风机启动后，可能会引起其他风机转动。为防止停用状态的风机轴承损坏，规定在第一台引风机启动前，必须确认两台送风机及其电动机、两台引风机及其电动机各轴承的润滑、液压油系统和冷却系统投运正常，或者采取可靠的防止风机转动的措施。

6. 风机正常运行调整

（1）风机正常运行主要控制指标见表4-9。

表 4-9　**风机正常运行主要控制指标**

项目＼指标	报　警	跳　闸
电动机绕组温度	≥110℃	
电动机轴承温度	≥85℃	>95℃
风机轴承温度	≥80℃	>90℃
风机液压油压	<0.8MPa，且启动备用泵	<0.8MPa，且润滑油流量也低，延时 5s
油滤网压差	≥0.05MPa	
油箱油位	<75%	
润滑油流量	<3L/min	
振动	≥6.3mm/s	≥10mm/s

(2) 风机正常运行时，应定期就地检查电动机和风机的声音、温度、振动正常，发现异常情况应采取必需的措施。

(3) 风机在喘振报警时，应立即调整动叶，使其脱离不稳定工作区，直至喘振消失为止。

(4) 检查风机各润滑油系统的冷却水畅通，油温正常。

(5) 风机油系统。

1) 风机液压油压力正常，润滑油压力正常，油箱油位正常。

2) 风机润滑油流量正常 (≥4L/min)。

3) 风机油系统滤网压差高报警时 (>0.05MPa)，切换至备用滤网运行。

4) 风机油站油箱油温大于 25℃，油箱电加热自动投入；油温大于 35℃，油箱电加热自动停止。

5) 定期进行运行与备用油泵的切换。

6) 风机并列运行时，应尽量保持两台风机的电流及动叶开度基本接近。

7) 风机动叶开度就地和 OM 指示应保持一致。

8) 轴承冷却风机和液压冷却风机运行就地声音正常，入口滤网无堵塞。

7. 引风机的停运

(1) 引风机手动停止步骤

1) 逐渐关小风机动叶，注意炉膛负压变化，直至动叶关至 0%。

2) 停运引风机。

3) 引风机停运后，检查进、出口挡板自动关闭。

(2) 引风机程序停运

在 OM 画面投入引风机停止子组。引风机系统设备自动顺序进行。

(3) 油系统的停止

1) 油系统的停止条件：风机停止 10min 以上且风机轴承温度小于或等于 50℃、油温小于或等于 40℃。

2) 将备用油泵联动解除。

3) 停止风机油泵运行。

4）根据需要停止油冷却器冷却水。

（4）冷却风机的停运

1）引风机停运后，维持轴承冷却风机、液压冷却风机运行。

2）根据锅炉排烟温度和引风机轴承温度停运冷却风机。

四、某600MW机组送风机运行规程

（一）送风机启动前的检查

（1）按照辅机通则对送风机进行详细检查，系统已经具备投运条件。

（2）检查送风机电动机轴承油位正常，油质合格。

（3）如果风机在低温下长时间未启动，则应在启动该风机前2h启动供油装置，并在动叶调节全范围内进行数次调节操作。

（二）送风机油系统启动

（1）润滑油系统完整，无漏油现象，阀门位置正确。

（2）油箱油位正常，油质良好，油温为30～40℃。

（3）冷油器冷却水投用，水流畅通。

（4）电加热装置电源送上，油温控制回路定值已按规定设定好，投入正常。

（5）启动油泵。

1）启动油泵A，油泵出口油压小于或等于3.5MPa，液压油压大于2.5MPa，轴承润滑油压为0.4～0.6MPa。

2）将油泵B置备用联动位，停止油泵A运行，确认油泵B联动，检查油泵出口油压小于或等于3.5MPa，液压油压大于2.5MPa，轴承润滑油压为0.4～0.6MPa。

3）将油泵A置备用联动位，停止油泵B运行，确认油泵A联动。

4）将油泵B置备用联动位。

（三）送风机启动

1. 第一台送风机启动许可条件（任一条件不满足不能启动）

（1）无风机跳闸条件。

（2）风机出口挡板已关闭。

（3）风机动叶关闭。

（4）润滑油油压大于2.5MPa，且润滑油流量正常，大于3L/min。

（5）任一台引风机运行。

（6）两台空气预热器运行。

（7）另一台送风机动叶和出口挡板全开，且二次风联络挡板开启。

2. 第二台送风机启动许可条件（任一条件不满足不能启动）

（1）无风机跳闸条件。

（2）送风机出口挡板已关闭。

（3）送风机动叶关闭。

（4）润滑油流量正常且油压大于2.5MPa。

（5）任一台引风机运行。

（6）两台空气预热器运行。

（7）另一台送风机已运行。

3. 送风机手动启动

（1）关闭送风机出口挡板，关闭送风机二次风再循环挡板。

（2）将送风机动叶关至0%。

（3）启动送风机，检查送风机出口挡板自动开启。

（4）送风机启动后，检查启动时间和启动电流。

（5）检查送风机振动、轴承温度、电动机绕组温度变化情况，不能超过正常运行限额。

（6）根据空气预热器冷端温度调整送风机二次风再循环挡板开度。

4. 送风机程序启动

检查送风机启动许可满足，任一引风机运行，在OM画面投入送风机启动子组，送风机系统各设备自动按预先设定的顺序启动。

（四）送风机正常运行调整

（1）送风机运行主要控制参数见表4-10。

表4-10　送风机运行主要控制参数

指标 项目	报　警	跳　闸
电动机绕组温度	≥110℃	
电动机轴承温度	≥85℃	>95℃
风机轴承温度	≥80℃	>90℃
风机液压油压	<0.8MPa且启动备用泵	<0.8MPa且润滑油流量也低，延时5s
油滤网压差	≥0.05MPa	
油箱油位	<75%	
润滑油流量	<3L/min	
振动	≥6.3mm/s	≥10mm/s

（2）风机正常运行时，应定期就地检查电动机和风机的声音、温度、振动正常，发现异常情况应采取必需的措施。

（3）风机在喘振报警时，应立即调整动叶，使其脱离不稳定工作区，直至喘振消失为止。

（4）检查风机各润滑油系统的冷却水畅通，油温正常。

（5）风机油系统。

1）风机液压油压力正常，润滑油压力正常，油箱油位正常。

2）风机润滑油流量正常，大于或等于4L/min。

3）风机油系统滤网压差高报警时（>0.05MPa）切换至备用滤网运行。

4）风机油站油箱油温小于25℃，油箱电加热自动投入；油温大于35℃，油箱电加热自动停止。

5）定期进行运行与备用油泵的切换。

（6）风机并列运行时，应尽量保持二次风再循环挡板开度一致，应尽量保持两台风机的电流及动叶开度基本接近。

（7）风机动叶开度就地和OM指示应保持一致。

（8）在环境温度较低时，为控制空气预热器冷端温度，二次风再循环挡板开度比较大，必须密切注意送风机动叶开度、电流。正常运行时，必须保证送风机动叶有调整的余地，电流不超限。

（9）在送风机、引风机跳闸时，及时将跳闸送风机二次风再循环挡板关闭，可以将运行送风机二次风再循环挡板关闭，以保证二次风量，保证锅炉燃烧的安全。

（五）送风机的停运

1. 送风机的手动停止

（1）逐渐关小送风机动叶，注意锅炉风量变化，直至送风机动叶关至0%。

（2）关闭送风机二次风再循环挡板。

（3）停运送风机，检查送风机出口挡板已关闭。

2. 送风机程序停止

关闭送风机二次风再循环挡板，在OM画面投入送风机停止子组。送风机系统设备自动顺序进行。

3. 油系统的停止

（1）油系统的停止条件：风机停止10min以上且风机轴承温度小于或等于50℃、油温小于或等于40℃。

（2）将备用油泵联动解除。

（3）停止风机油泵运行。

（4）根据需要停止油冷却器冷却水。

五、某600MW机组一次风机和密封风机的运行规程

（一）一次风机和密封风机的启动

1. 启动前的检查

（1）检查一次风机电动机轴承油位正常，油质合格。

（2）备用磨煤机热风闸门关闭，冷风闸门开启，冷风调节挡板开5%；磨煤机及其热风闸门的各密封风手动阀门已打开。

（3）如果风机在低温下长时间未启动，则应在启动该风机前2h启动供油装置，并在动叶调节全范围内进行数次调节操作。

（4）确认密封风机入口滤网排污阀关闭，电源送上。

（5）确认风机事故按钮在释放位置。

2. 一次风机油系统启动

（1）润滑油系统完整，无漏油现象。

（2）油箱油位正常，油质良好，油温为30～40℃。

（3）冷油器冷却水投用，水流畅通。

（4）电加热装置电源送上，油温控制回路定值已按规定设定好，投入正常。

（5）启动油泵。

1）启动油泵A，油泵出口油压小于或等于3.5MPa，液压油压大于2.5MPa，轴承润滑油压为0.4～0.6MPa。

2）将油泵B置备用联动位，停止油泵A运行，确认油泵B联动，检查油泵出口油压小于或等于 3.5MPa，液压油压大于 2.5MPa，轴承润滑油压为 0.4～0.6MPa。

3）将油泵 A 置备用联动位，停止油泵 B 运行，确认油泵 A 联动。

4）将油泵 B 置备用联动位。

3. 一次风机启动

（1）一次风机启动条件。

1）无风机跳闸条件。

2）同侧送风机已启动。

3）风机液压油压小于或等于 2.5MPa 且润滑油流量正常，大于 3L/min。

4）风机动叶关闭。

5）风机出口挡板关闭。

（2）一次风机手动启动。

1）确认一次风机启动条件满足。

2）开启风机出口至冷一次风母管挡板。

3）开启同侧空气预热器出口热一次风挡板。

4）确认备用磨煤机热风闸门、调节挡板关闭，冷风闸门开启，冷风调节挡板开 5%，备用磨煤机出口挡板开启。

5）启动风机。

6）风机启动后其出口挡板自动开启。

7）根据炉膛压力和系统情况，调整一次风机出力或投入自动。

（3）一次风机程序启动。

1）程序投运条件：一次风机启动许可满足且对应送风机运行；或一次风机已运行。

2）一次风机程序启动：在 OM 画面启动一次风机子组，一次风机系统各设备将按预先设定的顺序启动。

4. 密封风机启动

（1）一次风机启动后确认被选择的密封风机连锁启动，开启该风机入口门。

（2）检查密封风机出口挡板切换到位，备用密封风机不倒转。

（3）待密封风与一次风差压大于或等于 3.5kPa 后，将另一台密封风机投入备用。

（二）一次风机和密封风机运行中操作

1. 一次风机运行中操作

（1）一次风机运行主要控制参数见表 4-11。

表 4-11　一次风机运行主要控制参数

项目＼指标	报　警	跳　闸
电动机绕组温度	≥110℃	
电动机轴承温度	≥85℃	＞95℃
风机轴承温度	≥80℃	＞90℃
风机液压油压	＜0.8MPa 且启动备用泵	＜0.8MPa 且润滑油流量也低，延时 5s

续表

项目＼指标	报警	跳闸
油滤网压差	≥0.05MPa	
油箱油位	＜75%	
润滑油流量	＜3L/min	
振动	≥6.3mm/s	≥10mm/s

（2）风机正常运行时，应定期就地检查电动机和风机的声音、温度、振动正常，发现异常情况应采取必需的措施。

（3）风机在喘振报警时，应立即调整动叶，使其脱离不稳定工作区，直至喘振消失为止。

（4）风机油系统。

1）风机液压油压力正常运行范围为2.5～3.5MPa；压力低报警定值为2.5MPa，压力低连锁启动备用油泵定值为0.8MPa；油泵出口压力安全阀定值为3.5MPa。

2）风机润滑油压力正常运行范围为0.4～0.6MPa。润滑油压力安全阀定值为0.6MPa。

3）风机润滑油流量正常（≥4L/min）。

4）风机油系统滤网压差高报警时（＞0.05MPa）切换至备用滤网运行。

5）风机润滑油系统的冷却水畅通，油温正常。

6）风机油站油箱油温小于25℃油箱电加热自动投入，油温大于35℃油箱电加热自动停止。

7）定期进行运行与备用油泵的切换。

（5）风机并列运行时，应尽量保持两台风机的电流及动叶开度基本接近。

（6）风机动叶开度就地和OM指示应保持一致。

2. 密封风机运行中操作

（1）正常运行时密封风机一台运行，一台备用，密封风母管与冷一次风母管压差应大于3.5kPa，当差压小于2.6kPa时，压力低报警并连锁启动备用密封风机。

（2）检查密封风机出口换向挡板切换灵活、严密，备用密封风机不倒转。

（3）当密封风机入口滤网前、后差压大于或等于1.2kPa，滤网差压高报警，逐渐开启进口滤网至二次风箱排污阀，排污时注意监视密封风母管压力。

（三）一次风机和密封风机停止

1. 一次风机停止

（1）一次风机手动停止。

1）接到停止一次风机运行的指令后，应核对磨煤机运行台数及机组负荷，正常运行时停用第一台一次风机应确认磨煤机运行不超过3台，机组负荷不大于40%MCR，另一侧风组运行正常。停用最后一台一次风机时，应确认所有磨煤机均已停运。

2）逐渐将要停用的一次风机动叶关至零，并注意总风量及炉膛负压，防止发生MFT，若另一台一次风机需正常运行时，必须维持一次风压不低于8.0kPa。

3）停止一次风机运行，关闭一次风机出口挡板，停单侧风组时停运侧空气预热器应保持正常运行。

（2）一次风机程序停止。

1）程序停止条件：两台一次风机运行、负荷小于50%且运行磨煤机不超过3台；或磨煤机全停。

2）一次风机程序停止：在OM画面启动一次风机停止子组，一次风机系统各设备将按预先设定的顺序停止。

（3）油系统的停止。

1）油系统的停止条件：一次风机停止10min以上且风机轴承温度小于或等于50℃、油温小于或等于40℃。

2）将备用油泵联动解除。

3）停止一次风机油泵运行。

4）根据需要停止油冷却器冷却水。

2. 密封风机停止

两台一次风机停用后，确认密封风机应自动停止，否则手动停用。

任务五　泵与风机异常振动及处理

【教学目标】

一、知识目标

完成本学习任务后，应该知道：

（1）泵与风机振动对泵与风机运行的影响；

（2）引起泵与风机的主要因素；

（3）喘振现象及其产生的原因、危害，防止喘振发生的措施；

（4）失速现象及其产生的原因、危害，防止失速发生的措施；

（5）抢风/抢水现象及其产生的原因、危害，防止抢风/抢水发生的措施。

二、能力目标

完成本学习任务后，应该能：

（1）判定喘振现象、分析喘振发生的原因并进行相应的处理；

（2）判定失速现象、分析失速发生的原因并进行相应的处理；

（3）判定抢风/抢水现象、分析抢风/抢水发生的原因并进行相应的处理。

【任务描述】

振动是泵与风机运行中常见的故障现象，本任务主旨是在仿真运行过程中，教师在工程师工作站上设置不同的振动故障，让同学们学会判定故障现象，并分析故障产生的原因，在仿真机上做相应的处理操作。

【任务准备】

（1）引起泵与风机振动的原因有哪三类？

(2) 引起泵与风机振动的机械原因主要有哪些？

(3) 什么是临界转速？它对泵与风机运行有何指导意义？

(4) 什么是刚性轴？什么是柔性轴？泵与风机的轴多采用刚性轴还是柔性轴？

(5) 什么是半速涡动？什么是油膜振荡？如何消除油膜振荡？

(6) 哪些流体流动现象会引起泵与风机振动？

(7) 喘振现象是怎样产生的？主要的防止措施有哪些？

(8) 送风机发生喘振的主要表现有哪些？引起送风机发生喘振的原因有哪些？如何处理？

(9) 旋转失速现象是怎样产生的？它有什么危害？如何防止？

(10) 引风机失速的主要表现有哪些？产生的原因有哪些？如何处理？

(11) 一次风机失速的主要表现有哪些？产生的原因有哪些？如何处理？

(12) 何谓泵与风机的抢风/抢水现象？为什么产生抢风/抢水现象？

(13) 用电动机驱动的泵与风机，产生振动的原因主要有哪些？

(14) 试述引起引风机、送风机及一次风机轴承振动大的原因及处理方法。

【任务实施】

本任务在火力发电机组仿真实训室中进行，要求学生爱护实训室中的设备，遵守仿真实训室规章制度。

任务实施建议分以下几个阶段进行：

一、准备阶段

(1) 学生在任务实施前，应学习相关知识。

(2) 教师介绍本任务的学习目标、学习任务。

(3) 教师给同学讲解相关知识：

1) 异常振动现象及其产生的原因。

2) 异常振动的危害。

3) 分析各种引起泵与风机振动的机械原因。

4) 介绍喘振现象及其产生的原因、防止喘振的措施。

5) 介绍失速现象及其产生的原因、危害，防止失速的措施。

6) 抢风现象及其产生的原因、危害，防止失速的措施。

7) 介绍原动机引起振动的原因。

二、教师示范

(1) 主要示范由于流体流动引起的泵与风机的振动。教师可以任意选择某一泵或风机进行喘振、失速和抢风/抢水故障示范，指导学生通过运行参数的变化，观察故障现象。

(2) 分析产生故障的原因并进行相应的处理。

(3) 在教师的示范过程中，要求学生认真听、认真看，并做好笔记。

三、学生单独操作

(1) 教师通过工作站给学生设置某一故障，让学生独立分析判断，并进行相应的处理操作，教师在场巡查指导。

(2) 任务完成后要求学生关闭计算机，并清理工作台。

四、学习总结

（1）学生总结操作过程，撰写实训报告。

（2）教师根据学生的学习过程和实训报告进行考评。

【相关知识】

一、概述

振动是泵与风机运行中常见的现象，但异常振动将危及泵与风机的安全运行，甚至会影响到整个机组的正常运行。随着机组容量的日趋大型化，其振动问题也变得尤为突出。鉴于引起泵与风机振动原因的复杂性及易于察觉的特点，通常将泵与风机的振动分为机械原因引起的振动、流体流动引起的振动及由原动机引起的振动三类，具体分析如下。

二、机械原因引起的振动

引起泵与风机振动的机械原因主要有：

1. 转子质量不平衡引起的振动

振动的主要特征是振幅不随机组负荷大小及吸水压头的高低而变化，而是与该泵与风机转速的高低有关，振动频率和转速一致。

2. 转子中心不正引起的振动

振动特征是作周期性强迫振动，振动频率和转速成倍数关系，振幅随泵与风机轴与电动机轴的偏心距大小而变。

3. 转子的临界转速引起的振动

当转子的转速逐渐增加并接近泵与风机转子的固有振动频率时，泵与风机就会猛烈地振动起来，转速低于或高于这一转速时，就能平稳地工作。通常把泵与风机发生这种振动时的转速称为临界转速。

泵与风机的工作转速不能与临界转速相重合、相接近或成倍数，否则将发生共振现象而使泵与风机遭到破坏。

泵与风机的工作转速低于第一临界转速的轴称为刚性轴，高于第一临界转速的轴称为柔性轴，泵与风机的轴多采用刚性轴，以利扩大调速范围；但随着泵的尺寸的增加或为多级泵时，泵的工作转速则经常高于第一临界转速，一般是柔性轴。

4. 油膜振荡引起的振动

滑动轴承里的润滑油膜在一定的条件下也能迫使转轴作自激振动，称为油膜振荡。

高速给水泵的滑动轴承在运行中有一个偏心度，当轴颈在运转中失去稳定后，轴颈不仅围绕自己的中心高度旋转，而且轴颈中心本身还将绕一个平衡点涡动，涡动的方向与转子的旋转方向相同，轴颈中心的涡动频率约等于转子转速的一半，所以称为半速涡动。

如果在运行中半速涡动的频率恰好等于转子的临界转速，则半速涡动的振幅因共振而急剧增大，这时转子除半速涡动外，还发生忽大忽小的频发性瞬时抖动，这种现象就是油膜振荡。

柔性转子在运行时才可能产生油膜振荡。消除的方法是使轴的临界转速大于工作转速的一半，现场中常常是改轴瓦，如选择适当的轴承长径比，合理的油楔和油膜刚度以及降低润滑油黏度等。

5. 动静部件之间的摩擦引起的振动

因某种原因使转动部分与静止部分接触、发生摩擦而产生的振动为动静部件之间的摩擦引起的振动。这种振动是自激振动，其频率等于转子的临界速度。

6. 基础不良或地脚螺钉松动而引起的振动

基础下沉、基础或机座（泵座）的刚度不够或安装不牢固等均会引起振动。例如，泵或风机基础混凝土底座打得不够坚实，泵或风机地脚螺栓安装不牢固，当其基础的固有频率与某些不平衡激振力频率相重合时，就有可能产生共振。遇到这种情况就应当加固基础，紧固地脚螺栓。

7. 平衡盘设计不良引起的振动

多级离心式泵的平衡盘设计不良也会引起泵组的振动。例如，平衡盘本身的稳定性差，当工况变动后，平衡盘失去稳定，将产生较大的轴向窜动，造成泵轴有规则的振动，同时动盘与静盘产生碰磨。

三、流体流动引起的振动

除了前已述及的泵的汽蚀外，由于流体流动而引起的振动还有喘振、旋转失速。对于并联运行的泵与风机，还可能发生抢风/抢水现象。

（一）喘振现象

1. 喘振现象的形成

具有驼峰形扬程—流量性能曲线的泵与风机，在容量较大或输水管内存有积水的管路系统工作时，可能会出现喘振现象（或称飞动现象）。

现以具有如图 4 - 53 所示驼峰曲线的某风机在大容量的管路中进行工作为例进行讨论。如图 4 - 53 所示，如果外界需要的流量为 q_{VA}，此时管路特性曲线和风机的性能曲线相交于 A 点，风机产生的能量克服管路阻力达到平衡运行，因此，工作点是稳定的。大容量管路系统如图 4 - 54 所示。

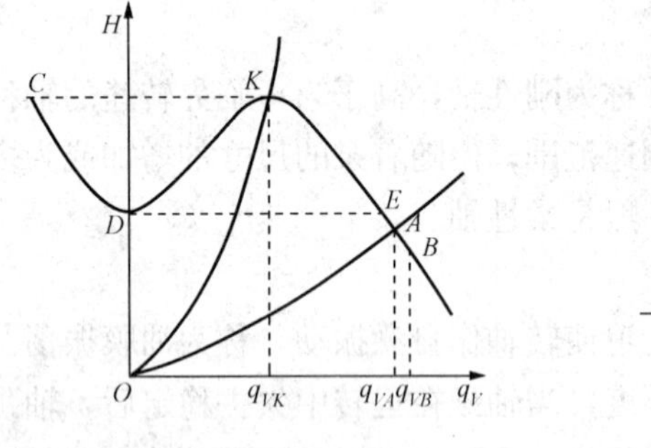

图 4 - 53 喘振现象

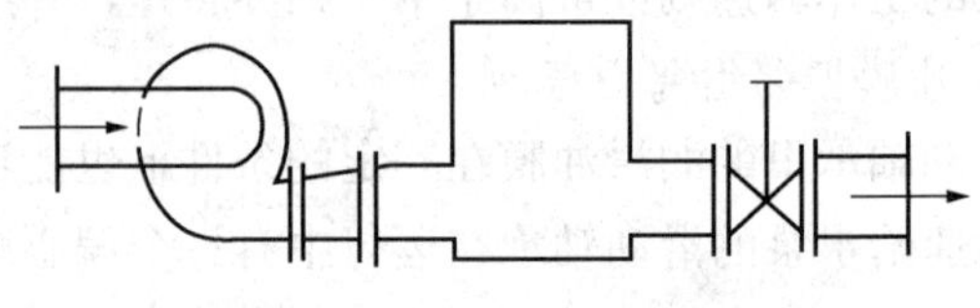

图 4 - 54 大容量管路系统

当外界需要的流量增加至 q_{VB} 时，只要阀门开大，阻力减小些，则工作点向 A 的右方移动至 B 点，此时工作仍然是稳定的。

当外界需要的流量减少至 q_{VK} 时，此时阀门关小，阻力增大，对应的工作点为 K 点。K 点为临界点，如继续关小阀门，K 点的左方即为不稳定工作区。

当外界需要的流量继续减小到 $q_V < q_{VK}$，这时风机所产生的最大扬程将小于管路中的阻力，然而由于管路容量较大（相当于一大容器），在这一瞬间管路中的阻力仍为 H_K，因此，

出现管路中的阻力大于风机所产生的扬程，流体开始反向倒流，由管路倒流入风机中（出现负流量），工作点则迅速由 K 点跳向 C 点。此时，管路压力开始迅速下降，倒流流量快速减少，工作点又很快由 C 点跳到 D 点。此时，风机输出流量为零。由于风机在继续运行，只要管路中压力降低到 D 点压力以下，泵或风机又将重新开始输出流量，对应该压力下的流量可以输出达 q_{VE}，即工作点由 D 点又跳到 E 点。只要外界所需的流量保持小于 q_{VK}，上述过程会重复出现，这种风机全压忽高忽低、流量时正时负的剧烈波动，使风机受到气流的猛烈撞击，产生强烈振动和很大噪声的现象称为喘振。如果这种循环的频率与系统的振动频率合拍，还会引起共振，从而造成泵或风机更大的损坏。

2. 防止喘振的措施

（1）大容量管路系统中尽量避免采用具有驼峰形扬程（全压）性能曲线。

（2）保持泵与风机流量大于 q_{VK}。如果装置系统中所需要的流量小于 q_{VK} 时，可装设再循环管（如图 4 - 55 所示），使部分流体返回吸入口或由自动排放阀门向空排放，使泵或风机的出口流量始终大于 q_{VK}。

（3）采用变速调节或入口导流器调节等。当降低转速或入口导流器开度时，扬程/全压性能曲线将向左下方移动，性能曲线不稳定区的变化如图 4 - 56 所示，使临界点 K 随之向小流量方向移动，从而缩小性能曲线上的不稳定区。

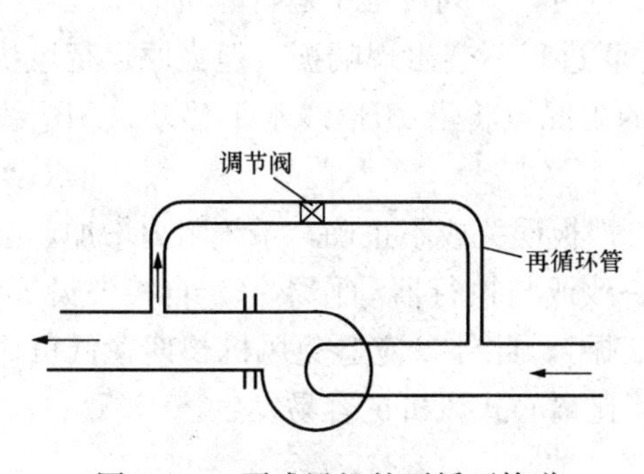

图 4 - 55　泵或风机的再循环管道

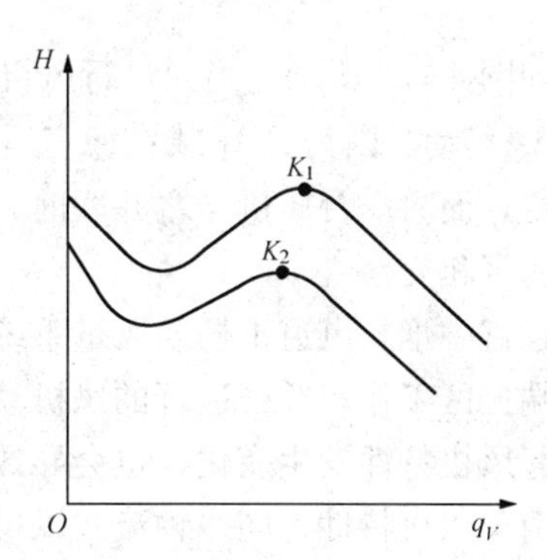

图 4 - 56　性能曲线不稳定区的变化

（4）采用可动叶片调节。当外界需要的流量减小时，减小动叶安装角，性能曲线下移，临界点随着向左下方移动，最小输出流量相应变小。

（5）在管路布置方面，水泵应尽量避免压出管路内积存空气，如不让管路有起伏，则要有一定的向上倾斜度，以利排气。另外，调节阀门及节流装置等尽量靠近泵出口安装。

（6）大型机组一般设计了风机的喘振报警装置。

风机喘振报警装置原理是将动叶（或静叶）各角度对应的性能曲线峰值点平滑连接，形成该风机的喘振边界线（如图 4 - 57 中的实线所示），再将该喘振边界线向右下方移动一定距离，得到喘振报警线。为保证风机的可靠运行，其工作点必须在此边界线的右下方。一旦在某一角度下的工作点由于管路特性的改变或其他原因，沿曲线向左上方移动到喘振报警线时，即发出报警信号，提醒运行人员进行处理，将风机工作点移回稳定区。

（7）两台并列风机的负荷不宜偏差过大。并联运行的风机的风压都相等，因此负荷低的风机的动叶开度小，其性能曲线峰值点（K 点）要低于另一台风机，负荷越低，K 点也越低。这时，负荷低的风机的工作点就容易落在喘振区以内。所以，调节风机负荷时，两台并列风机的负荷不宜偏差过大，以防止负荷低的风机进入不稳定的喘振区（但发生“抢风”时例外）。

（8）当一台风机运行、另一台风机启动时，要求运行风机工况点压力比风机最低喘振压力（见图4-58中C点）低10%，否则不能正常启动。

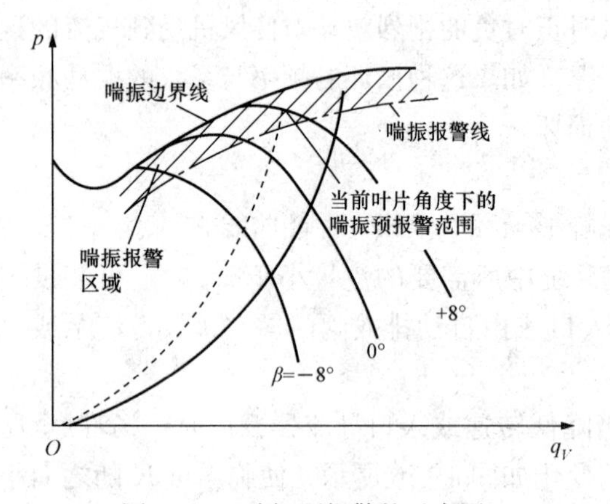

图4-57　喘振预报警的示意图

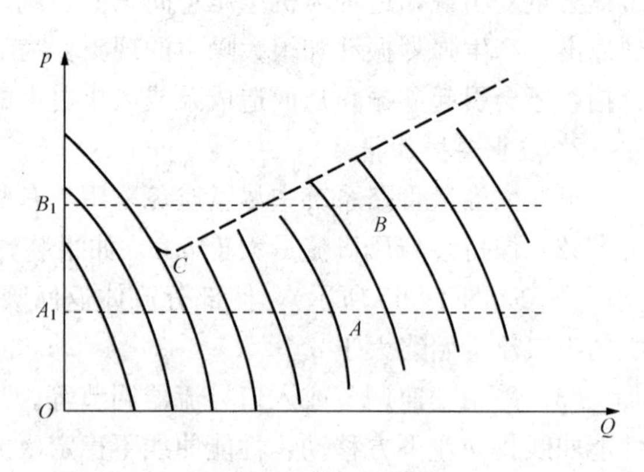

图4-58　静压性能曲线

如图4-58所示，当原运行风机工况点在A点时，并列过程中运行风机的工况点将沿直线AA_1移动。因为AA_1线在稳定运行区，故并联过程不会出现喘振。但当原运行风机在B点运行，而另一台风机与之并联时，则原风机的工况点将沿BB_1线水平移动，BB_1线和喘振失速区相交。

运行中烟、风道不畅或风量系统的进、出口挡板误关或不正确，系统阻力增加，会使风机在喘振区工作；并列运行的风机动叶开度不一致或与执行器动作不符、自控失灵等情况，将引起风机特性发生变化，也会导致风机的“喘振”。此外，应避免风机长期在低负荷下运行。由于风机特性不同，轴流式风机的喘振故障比离心式风机更容易发生。

3. 某600MW机组送风机喘振的判断与处理

（1）送风机喘振的判断。

1）DCS上有“送风机喘振”报警信号。

2）炉膛压力、风量大幅波动，锅炉燃烧不稳。

3）喘振风机电流大幅度晃动，就地有异音。

4）喘振风机振动上升。

5）喘振风机壳体温度上升。

（2）送风机喘振的原因。

1）受热面、空气预热器严重积灰或烟气系统挡板误关，引起系统阻力增大，造成风机动叶开度与进入的风量不相适应，使风机进入喘振区。

2）操作风机动叶时，幅度过大使风机进入喘振区。

3）动叶调节特性变差，使并列运行的两台风机发生“抢风”或自动控制失灵，使其中一台风机进入喘振区。

4）风机安装有问题，导致风机动叶角度存在较大偏差或叶顶间隙超标。

5）机组在高负荷时送风量过大。

（3）送风机喘振的处理。

1）立即将喘振风机动叶控制置于手动，适当关小喘振风机的动叶，注意监视二次风压及炉膛压力变化。

2）若风机并列操作中发生喘振，应停止并列，尽快关小喘振风机动叶，查明原因消除后，再进行并列操作。

3）若因风烟系统的风门、挡板被误关引起风机喘振，应立即打开，同时调整动叶开度。若风门、挡板故障，立即降低锅炉负荷，联系检修处理。

4）经上述处理喘振消失，则稳定运行工况，进一步查找原因并采取相应的措施后，方可逐步增加风机的负荷；经上述处理后无效或已严重威胁设备的安全时，应立即停止该风机运行。

（二）失速现象

失速现象也称旋转失速或旋转脱流。

1. 失速现象

（1）正常工况。流体顺着机翼叶片流动时，作用于叶片的有两种力，即垂直于流线的升力与平行于流线的阻力。

当气流完全贴着叶片呈流线型流动时，这时升力大于阻力，如图4-59（a）所示。

（2）失速工况。当气流与叶片进口形成正冲角，即$\alpha>0$，且此正冲角达到某一临界值时，叶片背面流动工况开始恶化，如超过临界值，边界层将受到破坏，在叶片背面尾端形成涡流区，这时，作用于叶片上的阻力增大，升力减小，如图4-59（b）所示。叶轮的做功能力大大减小，流体的扬程/全压将大大降低，叶道产生闭塞，这就是失速现象。

（3）旋转失速现象。当气流叶道的气流与叶片进口角发生偏离时，则出现气流冲角，如图4-59（c）所示。若气流冲角达到某一临界值，则将在某一个叶片上首先发生脱流现象。假定在流道2内首先由于脱流而产生阻塞现象，原先流入流道2的流体将分流入叶道1和3，并与原先流入叶道1和3的气流汇合，改变了原来气流的流向，使流入流道3的冲角进一步增大，促使叶片3发生脱流而致使流道3阻塞，流道3的阻塞又会引发叶片4背面脱流和流道4阻塞。这一过程持续地沿叶轮旋转相反的方向移动。实验表明，这种移动是以比叶轮本身旋转速度小的相对速度进行的，因此，在绝对运动中，就可观察到脱流区以（$\omega_0-\omega'$）的速度旋转，这种现象称为旋转脱流。

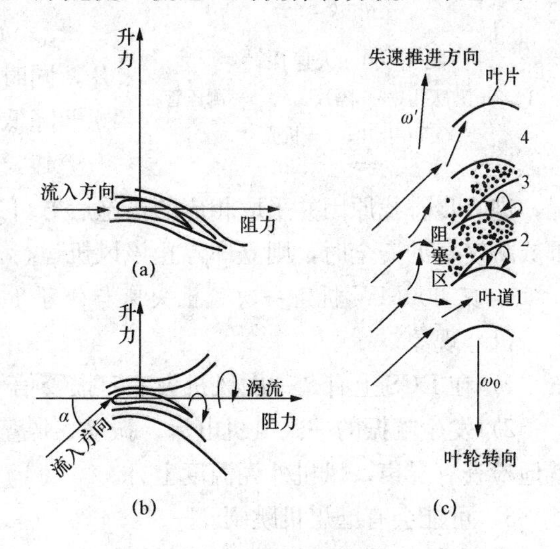

图4-59　失速现象

（a）正常工况；（b）失速工况；（c）旋转失速的形成

2. 失速的危害

旋转失速使叶片前后压力发生变化，在叶片上产生交变作用力。交变力会使叶片产生疲劳受损。如果作用在叶片上的交变力频率接近或等于叶片的固有频率，将发生共振而可能导致叶片断裂。另外，处于失速区工作的风机还极易发生喘振。因此，应避免轴流式泵与风机的工作点进入不稳定工况区。

为了及时发现风机进入旋转失速区内工作，有些轴流式风机装设有旋转失速监测装置。如ASN型轴流式风机采用的失速探针就是旋转失速报警装置。

3. 某600MW机组引风机失速与处理

(1) 现象。

1) DCS上有“引风机失速”报警信号。

2) 炉膛压力、风量大幅波动，锅炉燃烧不稳。

3) 失速风机电流大幅度晃动，就地有异声。

4) 失速风机的振动上升，风机壳体温度上升。

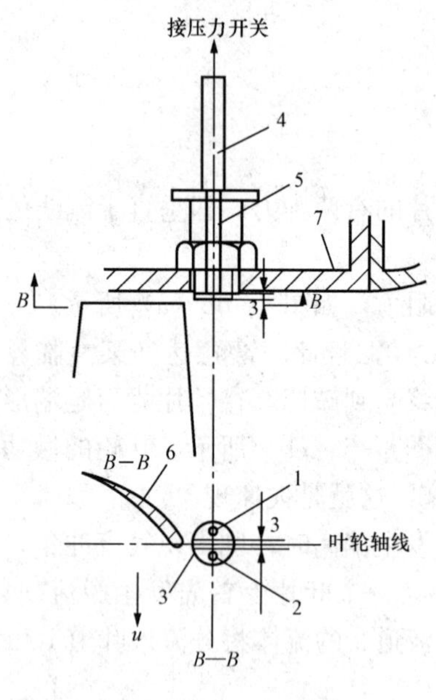

图4-60　失速探针

1、2—测压孔；3—隔片；4、5—测压管；6—叶片；7—机壳

失速探针如图4-60所示。

(2) 原因。

1) 受热面、空气预热器严重积灰或烟气挡板误关，引起系统阻力增大，造成静叶开度与烟气量不适应，使风机进入失速区。

2) 静叶调节幅度过大，使风机进入失速区。

3) 自动控制装置失灵，使一台风机进入失速区。

(3) 处理。

1) 立即将风机控制置于手动，关小失速的风机静叶，适当关小未失速风机静叶，同时调节送风机的动叶，维持炉膛压力在允许范围内。若机组高负荷下引风机发生失速应立即降低机组负荷。

2) 如风机并列时失速，应立即停止并列，关小发生脱流风机的入口导叶。

3) 如风烟系统的风门、挡板误关引起，应立即打开，同时调整静叶开度；如风门、挡板故障引起，应立即降低锅炉负荷，联系检修处理。

4) 经上述处理，失速现象消失，则稳定运行工况，进一步查找原因并采取相应的措施后方可逐步增加风机的负荷；经上述处理无效或已严重威胁设备的安全时，则立即停止该风机运行。

4. 某600MW机组一次风机失速与处理

(1) 现象。

1) 在DCS上有“一次风机失速”报警信号。

2) 发生喘振的一次风机电流、振动、风量、风压等参数大幅晃动，风机出口温度上升，就地检查有异声，风机外壳温度上升。

3) 可能会有磨煤机跳闸。

4) 风机振动达跳闸值时，风机跳闸。

(2) 原因。

1) 发生磨煤机跳闸，造成一次风系统阻力上升。

2）一次风系统挡板误关，引起系统阻力增大，造成风机动叶开度与风量不匹配，风机进入失速区。

3）风机动叶动作幅度过大，风机进入失速区。

4）动叶调节特性变差，使并列运行的两台风机发生“抢风”或自动控制失灵，使其中一台风机进入失速区。

5）风机动叶安装角度偏差过大或风机动叶叶顶间隙过大。

（3）处理。

1）立即将发生失速的风机动叶控制置于手动，并适当关小，同时注意监视各台磨煤机一次风量。

2）若风机并列操作中发生喘振，应停止并列，尽快关小失速风机动叶，查明原因消除后，再进行并列操作。

3）若因一次风系统的风门、挡板被误关引起风机喘振，应立即打开，同时调整动叶开度；若风门、挡板故障，立即降低锅炉负荷，调整制粉系统运行，联系检修处理。

4）经上述处理失速现象消失，则稳定运行工况，进一步查找原因并采取相应的措施后，方可逐步增加风机的负荷；经上述处理后无效或已严重威胁设备的安全时，应立即停止该风机运行。

（三）抢风现象

1. 抢风/抢水现象

具有马鞍型或驼峰型扬程/全压性能曲线的两台相同性能的泵与风机并联运行时，可能出现一台泵或风机流量很大，另一台流量很小的现象。在这种工况下，若稍有干扰，则两者迅速互换工作点，原来流量大的变小，流量小的变大。如此反复，以至于两台泵或风机不能正常并联运行。这种不稳定运行工况称为抢风或抢水现象。

2. 抢风/抢水现象分析

轴流式风机并联运行抢风现象分析如图 4-61 所示，两台同性能轴流式风机并联运行性能曲线Ⅰ和Ⅱ（虚线）的合成性能曲线为Ⅰ＋Ⅱ（实线）。相同性能驼峰型离心式泵抢水现象分析如图 4-62 所示，两台相同性能驼峰型离心式泵并联运行的性能曲线Ⅰ和Ⅱ（虚线）的合成性能曲线为Ⅰ＋Ⅱ（实线）。如果合成性能曲线与管道特性曲线 DE 的交点为 M，则两台泵或风机的工作点均为 A，即运行工况相同。不会出现抢风、抢水现象。但当工作点为

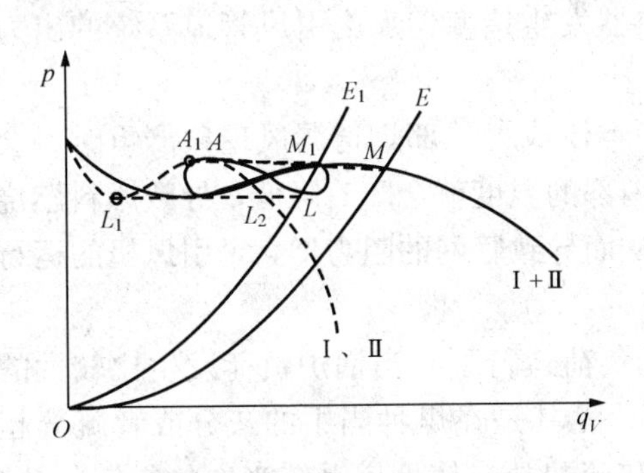

图 4-61　轴流风机并联运行抢风现象分析

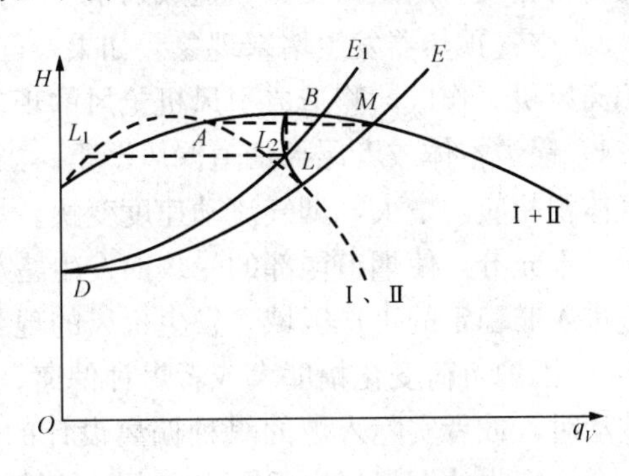

图 4-62　相同性能驼峰型离心式泵抢水现象分析

L 时，一台泵或风机的工作点为小流量的 L_1，而另一台为大流量 L_2，这时，若稍有干扰就会出现风机或泵的流量忽大忽小，反复互换的"抢风"或"抢水"现象，使泵或风机的并联运行不稳定。工作点 B 同 M 点；工作点 M_1 所对应的每台风机工作点 A_1 相同，是暂时的。

采用变速调节的同性能泵或风机并联运行，即使其性能曲线不是马鞍型或驼峰型，若调节时不能保持各泵或风机的转速相同，也可能产生上述现象。

为了避免泵或风机并联的不稳定运行工况，应限制其工作区域，保证并联运行泵或风机的工作点落在稳定工况区。采用变速调节的并联泵或风机手动调节时，应保持其转速一致。当泵或风机低负荷时可单台运行，在单台运行流量不能满足后再投入第二台并联运行。此外，可采用动叶调节，使工作点离开∞形区域。当抢风、抢水现象发生时，应采取开启排风门、再循环调节门等措施。

3. 引风机抢风与处理

(1) 现象。两台引风机并列运行，在低负荷运行进入不稳定区域时，风机电流大幅波动，最大可达几十安。在把引风机出力调平过程中，多次出现两引风机出力互换、电流交替上升和下降、工作点互换的情况，并伴随锅炉炉膛负压的大幅波动，无法收敛。

某厂锅炉两台抢风前 A、B 引风机电流为 195、196A，静叶开度为 36%、32%，炉膛负压-0.23kPa。抢风时 A、B 引风机电流分别为 217、181A，因两台引风机电流差值超过 30A 至 B 引风机静叶调节由自动跳至手动控制方式，在手动控制 B 引风机静叶开度以求调平工况过程中，两台引风机出现电流交替上升和下降，差值维持在 30A 左右，炉膛负压也随之大幅波动、无法收敛，最终被迫撤出 A 引风机自动，送风机自动、机组协调控制及 AGC 自动均随之跳出，经较长时间调整，才将机组工况调平。

(2) 引风机产生抢风原因分析。

1) 引风机的设计参数和锅炉的运行参数不相符。如果引风机的风机选型过大，则会使风量、风压裕量过大，与锅炉的烟风系统不匹配，就很有可能发生风机失速、抢风的现象。当并联的两台引风机在锅炉小负荷状态时工作点将非常接近失速区，如果工况稍有变动就会造成引风机抢风的现象。

2) 脱硫系统运行不正常。脱硫系统正常工作时，通过增压风机来克服脱硫系统增加的阻力，这样就使得锅炉引风机和增压风机串联在一起运行，当增压风机出力小于脱硫系统阻力时，将会使管网阻力变大，造成风机发生抢风的现象。

3) 空气预热器发生堵塞现象。如果空气预热器发生堵塞，那么引风管道系统的出力特性偏离风机工作区，将造成引风机抢风的现象。

4) 锅炉本体或者尾部烟道漏风严重。当锅炉本体或者尾部烟道漏风现象严重时，会使烟气体积相应的增大，烟气流动速度变快。炉膛内部的温度就会随着降低，导致燃料燃烧不完全、不充分，使烟道尾部的受热面发生堵灰，从而导致管网的阻力增大，引风机的运行工况点进入非稳定的工作区域，发生抢风的现象。

5) 锅炉负荷变化幅度大或者煤种偏离。在低负荷运行下，当锅炉负荷发生比较大的幅度波动时，或者实际入炉的煤种偏离设计的煤种，尤其是在煤种当中的灰分或者硫分超量时，燃烧产生的烟气当中就会产生大量的铁离子和硫酸盐，使烟道系统当中的空气预热器、省煤器等结渣堵灰，造成管网阻力增大，从而破坏管网阻力的特性曲线，造成引风机抢风的现象。

6）烟囱通风能力。烟囱会产生一个自行的向上通风力，烟囱本身的阻力就是通过自行通风力和增压风机的压力共同作用下克服的。实践证明，当烟囱高度保持不变时，烟囱的自行通风能力是和温度成正比的。因此，当锅炉的负荷降低，排烟温度降低时，烟囱的自行通风能力就会随着下降，烟气量也会随着下降，烟囱的阻力就会减小，当烟囱的自行通风力和烟囱阻力的下降速度不在同一个等级时，就会使整个管网的阻力上升，管网阻力的特性曲线遭到破坏，这也是造成引风机抢风的重要因素之一。

（3）锅炉引风机抢风问题的解决措施。对于漏风严重的锅炉本体或者尾部烟道所采取的防范措施主要是控制煤种，使得燃烧的煤种所含的硫分和灰分比较少。同时，对烟道支撑架进行及时的更换，每天都应该安排相应的检查，及时处理不正常的情况，防止烟道发生烟道漏风，用非金属伸缩节代替金属伸缩节。最后，对空气预热器进行严格的检修，在管箱上部加装防磨套管并且浇注耐火塑料加以防磨，运行上调节、控制好烟气流速，防止空气预热器漏风。

1）为了能够有效地降低烟道的阻力在停机时应该及时对烟道尾部的一些积灰进行清理，保持通道的干净。

2）保证煤种的质量是合格的，灰分和硫分含量不会太高，防止发生低温腐蚀和高温腐蚀的现象。

3）烟气流动速度要控制适当，能够达到减少灰尘沉积的目的即可。

4）尾部烟道受热面采用合理的结构和布置方式。

5）对操作人员进行相关的专业培训，使其能够熟练地掌握风机的工作特性和调整的方法。

对于烟囱自行通风能力欠佳的情况，首先应该控制煤种的质量，控制煤种当中灰分、硫分的含量，防止尾部烟道积灰、结渣，影响尾部烟道受热面的换热。另外，保证锅炉炉膛内部燃烧的情况良好，使排烟的温度控制在合理的范围之内。

四、原动机引起的振动

对于用电动机驱动的泵与风机，产生振动的原因主要有：

（1）磁场不平衡引起的振动。

（2）鼠笼式电动机转子笼条断裂引起的振动。

（3）电动机铁芯硅钢片过松而引起的振动。

五、泵与风机振动故障与处理

（一）引风机轴承振动大

1. 原因

（1）地脚螺栓松动或混凝土基础损坏。

（2）轴承损坏、轴弯曲、转轴磨损。

（3）联轴器松动或中心偏差大。

（4）叶片磨损或积灰。

（5）叶片损坏或叶片与外壳碰磨。

（6）风道损坏。

（7）热态停用后，转轴、叶轮冷却不均。

（8）风机喘振。

2. 处理

(1) 根据风机振动情况，加强对风机振动值、轴承温度、电动机电流、电压、风量等参数的监视。

(2) 尽快查出振源，联系检修人员处理。

(3) 应适当降低风机负荷，改变风机运行工况，观察风机振动情况。

(4) 当风机振动达到跳闸值时，应自动跳闸，否则应手动停运风机。

(二) 送风机轴承振动大

1. 原因

(1) 地脚螺栓松动或混凝土基础损坏。

(2) 轴承损坏、轴弯曲、转轴磨损。

(3) 联轴器松动或中心偏差大。

(4) 叶片损坏或叶片与外壳碰磨。

(5) 转动部分不平衡。

(6) 风道损坏。

(7) 风机喘振。

2. 处理

(1) 根据风机振动情况，加强对风机振动值、轴承温度、电动机电流、电压、风量等参数的监视。

(2) 振动是由喘振引起，按风机喘振处理。

(3) 尽快查出振源，必要时联系检修人员处理。

(4) 应适当降低风机负荷，当风机振动达跳闸值时，应自动跳闸；否则，手动停止风机运行。

(三) 一次风机轴承振动大

1. 原因

(1) 地脚螺栓松动或混凝土基础损坏。

(2) 轴承损坏、轴弯曲、转轴磨损。

(3) 联轴器松动或中心偏差大。

(4) 叶片损坏或叶片与外壳碰磨。

(5) 转动部分不平衡。

(6) 风机失速。

(7) 风道损坏。

2. 处理

(1) 根据风机振动情况，加强对风机振动值、轴承温度、电动机电流、电压、风量等参数的监视。

(2) 尽快查出振源，必要时联系检修人员处理。

(3) 若振动是由风机喘振引起，则按风机喘振处理。

(4) 应适当降低风机负荷，当风机振动大于 113μm 时，若保护拒动，则手动停止风机运行。

六、拓展阅读：泵与风机的其他故障及处理

1. 离心式泵运行中常见的故障及处理

离心式泵运行中常见的故障及处理见表4-12。

表4-12 离心式泵运行中常见的故障及处理

故障现象	故障原因	消除方法
泵启动后不出水或流量不足	(1) 启动前或抽真空不足，泵内有空气	停机、重新灌水或抽真空
	(2) 吸水管及真空表管、轴封处漏气	查漏并消除缺陷
	(3) 吸水液面降低，吸水口吸入空气	使吸入口浸没水中
	(4) 滤网、底阀或叶轮堵塞	清洗滤网，清除杂物
	(5) 底阀卡涩开启过小	检修或更换底阀
	(6) 几何安装高度过大，泵内汽蚀	降低安装高度
	(7) 吸水管阻力太大	清洗或改造吸水管
	(8) 轴流式泵动叶片固定失灵、松动	检修动叶片固定机构，调整叶片安装角
	(9) 叶轮反转或装反	改变电动机接线或重装叶轮
泵不能启动或启动后功率太大	(1) 轴封填料压得过紧	调整填料压盖紧力
	(2) 未通轴封冷却水或冷却水量不足	开通或开大轴封冷却水
	(3) 离心式泵开阀、轴流式泵闭阀启动	离心式泵闭阀、轴流式泵开阀启动
	(4) 泵内动、静部分摩擦	停机检修各部分动、静间隙及磨损状况
	(5) 联轴器安装不正确	重新安装或找正
	(6) 润滑不良导致轴承磨损	更换润滑油或更换轴承
	(7) 流量过大，转速过高	减小流量，降低转速
	(8) 轴弯曲	校轴或更换泵轴
运行中扬程降低	(1) 叶轮损坏，密封环磨损	检修或更换叶轮、密封环
	(2) 转速降低	清除电动机故障
	(3) 压水管损坏	关闭阀门，检修压力管
振动和异声	(1) 汽蚀	消除汽蚀
	(2) 旋转失速及水力冲击	尽量在设计工况下运行
	(3) 转子不平衡、不对中	重新找平衡、找正
	(4) 泵轴弯曲	校轴或更换泵轴
	(5) 基础薄弱或地脚螺栓松动	加强基础，拧紧地脚螺栓
	(6) 联轴器安装不良或螺母松动	重新安装联轴器，拧紧螺母
	(7) 泵内动、静部分有摩擦	调整动、静部分间隙
	(8) 在转子的临界转速运行	调整转速，使泵不在临界转速运行
	(9) 原动机振动	消除原动机振动问题

续表

故障现象	故障原因	消除方法
轴承过热	(1) 润滑油质不好，油量不足	检查油质，清洗或更换润滑油
	(2) 轴承磨损或不对中	检查、修复轴承
	(3) 联轴器安装不良、不对中	重新安装联轴器，使之对中
	(4) 轴弯曲	校轴或更换泵轴
	(5) 平衡装置失效	检修平衡装置
	(6) 轴承冷却水中断	检查开启冷却水阀门，疏通冷却水管
泵填料发热或泄漏太大	(1) 填料压得太紧或填料压盖不正	调整填料压盖，以滴水为宜
	(2) 密封环安装不对位	重新安装，使密封环孔正对密封水管口
	(3) 密封水管堵塞或密封水不清洁	疏通水管，除去水中杂质
	(4) 填料套与轴不同心	重新装配
	(5) 填料选择或安装不当	重新选择填料并安装
	(6) 填料磨损严重	更换填料
	(7) 轴套磨损严重	换轴套
	(8) 密封水或冷却水不足	保持密封水压强和必要的冷却水量
	(9) 轴弯曲	校轴或更换泵轴

2. 风机运行中常见的故障及处理

风机运行中常见的故障及处理见表 4-13。

表 4-13 风机运行中常见的故障及处理

故障现象	故障原因	消除方法
压强偏高，流量减小	(1) 气体温度降低或含杂质增加，使其密度增大	消除密度增大的因素
	(2) 风道或挡板堵塞	清扫风道，开大进、出口挡
	(3) 出风管道破裂或法兰不严密，有气体泄漏	焊补裂口、更换法兰垫片
	(4) 叶轮磨损严重	更换叶轮
压强偏低，流量增大	(1) 气体温度升高，致使气体密度减小	降低气体温度
	(2) 进风道破裂或管道法兰不严密，有空气漏入	焊补裂口，更换法兰垫片
电动机电流过大和温度过高	(1) 启动时进风挡板未关	关严进风挡板
	(2) 烟风系统漏风严重，流量超过规定值	加强堵漏，关小挡板开度
	(3) 轴承座剧烈振动	消除振动
	(4) 电动机本身原因	查明原因，予以消除
	(5) 电动机输入电压过低或电源单相断电	检查电源
	(6) 联轴器连接不正或间隙不均匀	重新找正
	(7) 输送的气体密度过大，使压强增大	消除密度增大的因素或减小流量

续表

故障现象	故障原因	消除方法
振动	（1）风机运行不稳定，发生喘振	消除产生喘振的因素
	（2）电动机轴、减速器轴及风机轴找正不良	进行调整，重新找正
	（3）叶轮与集流器或机壳内壁相碰	调整叶轮与集流器或机壳的间隙
	（4）联轴器与轴松动	紧固或配换
	（5）转子不平衡	重新找平衡
	（6）叶轮磨损严重	更换叶轮
	（7）基础薄弱或地脚螺栓松动	加强基础，拧紧地脚螺栓
	（8）管道支吊不良	加固或改进支吊架
	（9）机壳刚度不够，左右晃动	加固机壳
	（10）叶片上有铁锈、积灰等不均匀附着物	清理叶片上的附着物
	（11）机翼型空心叶片局部磨穿，粉尘进入叶片内部，使叶轮不平衡	更换或修补叶片
轴承温度过高	（1）风机振动	消除风机振动的因素
	（2）润滑油质不良或含有杂质等	更换润滑油
	（3）润滑油箱油位过低或油管路堵塞	向油箱加油或疏通油管路
	（4）冷油器工作不正常或未投入	检查、开启冷油器
	（5）轴承盖与座连接螺栓的紧力过大或过小	调整螺栓的紧力
	（6）轴承损坏	更换轴承
	（7）轴瓦磨损	修复
	（8）轴与轴承安装位置不正确，前后两轴承不同心	重新找正

习　题

1. 有一离心式水泵，其叶轮外径 $D_2=220$mm，叶片出口安装角 $\beta_{2y}=45°$，出口处的径向速度 $v_{2r}=3.6$m/s。设流体径向流入叶轮，试按比例画出出口速度三角形，并计算无限多叶片叶轮的理论扬程 $H_{T\infty}$。又若滑移系数 $K=0.8$，流动效率 $\eta_h=0.9$ 时，泵的实际扬程 H 是多少？

2. $n_1=950$r/min 时，水泵的特性曲线绘于图 4－63 上，试问当水泵转速减少到 $n_2=750$r/min 时，管路中的流量减少多少？管路特性曲线方程为 $H_c=10+17\,500q_V^2$（q_V 单位为 m³/s）。

3. 在转速 $n_1=2900$r/min 时，IS125-100-135 型离心式水泵的 q_V-H 性能曲线如图 4－64所示。管路性能曲线方程式 $H_c=60+9000q_V^2$（q_V 单位为 m³/s）。若采用变速调节，离心式泵向管路系统供给的流量 $q_V=200$m³/h，这时转数 n_2 为多少？

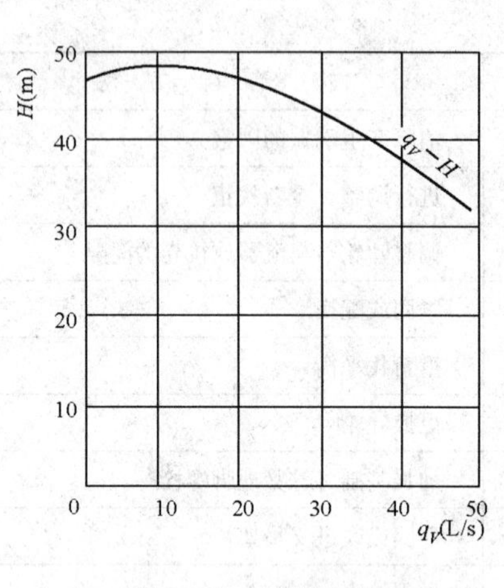

图 4-63　习题 2 图

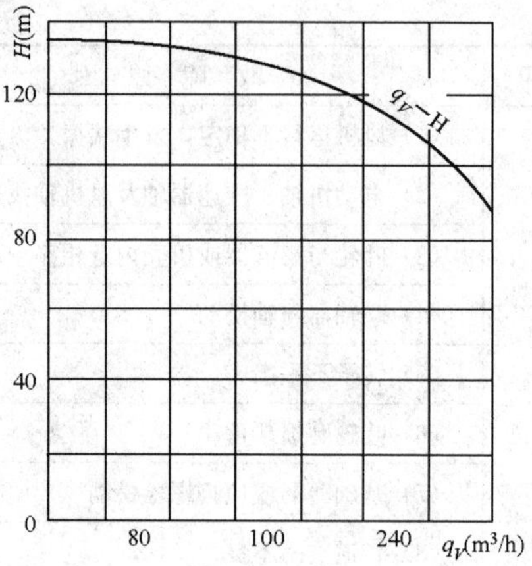

图 4-64　习题 3 图

4. 某台离心式水泵在海拔高度为 600m 的地方工作，该地区夏天的最高水温为 40℃，已知该泵样本中的允许吸上真空高度 $[H_s]=7.6$m，试求：

(1) 该泵在当地的允许吸上真空高度 $[H_s]$。

(2) 若吸水管内径 $d=500$mm，流量 $q_V=0.6\text{m}^3/\text{s}$，流动阻力损失水头为 1.2m，求该泵在当地的允许几何安装高度 $[H_g]$。

5. 有一台吸水管内径为 600mm 的泵，在标准大气压下输送常温清水，其工作流量为 $q_V=880$L/s，允许吸上真空高度为 3.5m，吸水管阻力约为 0.4m，求：

(1) 当几何安装高度为 3.0m 时，该泵能否正常工作？

(2) 如该泵安装在海拔为 1000m 的地区，抽送 40℃的清水，允许几何安装高度为多少？

6. 某离心式泵装置，已知吸水管直径 $d=50$mm，流量 $q_V=0.01\text{m}^3/\text{s}$，吸水管的水头损失 $h_w=0.45\text{mH}_2\text{O}$，求：

(1) 若水泵允许吸上真空高度 $[H_s]=6.5$m，则水泵允许几何安装高度 $[H_g]$ 为多少？

(2) 若吸水液面上压力 $p_o=101.33$kPa，水泵入口处的汽化压头为 0.238m，则水泵的允许汽蚀余量 [NPSH] 为多少？

7. 输送除氧器中饱和水的锅炉给水泵，其吸水管道流动阻力损失 $h_w=2.5$m，允许汽蚀余量 [NPSH]=35m，求该泵的倒灌高度。

参 考 文 献

[1] 郭立君，何川．泵与风机．4 版．北京：中国电力出版社，2008.
[2] 刘立．流体力学泵与风机．北京：中国电力出版社，2004.
[3] 张良瑜，谭雪梅，王亚荣．泵与风机．2 版．北京：中国电力出版社，2009.
[4] 张磊，彭德振．大型火力发电机组集控运行．北京：中国电力出版社，2006.
[5] 杨诗成，王喜魁．泵与风机．4 版．北京：中国电力出版社，2011.
[6] 安连锁．泵与风机．北京：中国电力出版社，2008.
[7] 柏学恭，田馥林．泵与风机检修．北京：中国电力出版社，2008.
[8] 赵鸿逵．热力设备检修工艺学．2 版．北京：中国电力出版社，2006.
[9] 安连锁．泵与风机．北京：中国电力出版社，2001.
[10] 毛正孝．泵与风机．2 版．北京：中国电力出版社，2006.
[11] 刘崇和，张勇．汽轮机检修．北京：中国电力出版社，2004.
[12] 张燕侠．流体力学 泵与风机．2 版．北京：中国电力出版社，2013.
[13] 续魁昌，王洪强，盖京方．风机手册．北京：机械工业出版社，2010.
[14] 邵泽波，王海波．风机维修手册．北京：化学工业出版社，2009.
[15] 蒋青，刘广兵．实用泵技术问答．北京：中国标准出版社，2009.
[16] 山东电力集团．水泵检修工．北京：中国电力出版社，2005.
[17] 赵志群．职业教育工学结合一体化课程开发指南．北京：清华大学出版社，2009.
[18] 戴士弘，毕蓉．高职教改课程教学设计案例集．北京：清华大学出版社，2007.